X 波段天气雷达标校规范

韩　旭 ◎ 主编

气象出版社
China Meteorological Press

内容简介

本书介绍了2022年标准化以后的五种X波段天气雷达的标校规范，包括YLD1-D型天气雷达、YLD2-D型天气雷达、YLD3-D型天气雷达、YLD4-D型天气雷达和YLD7-D型天气雷达五种型号，每种型号分为伺服系统、发射机、接收机和系统指标四个部分，详细介绍了这五种雷达性能参数测试过程中仪表和软件的使用方法及标校技术流程，并附有大量的设备操作图片和软件界面截图。本书内容完整、结构清晰、图文并茂，可作为X波段天气雷达保障人员在日常工作中的参考资料，也可作为台站技术人员的工作手册。

图书在版编目（CIP）数据

X波段天气雷达标校规范 / 韩旭主编. -- 北京 : 气象出版社, 2024. 9. -- ISBN 978-7-5029-8310-9

Ⅰ. TN959.4-65

中国国家版本馆CIP数据核字第2024UU2180号

X Boduan Tianqi Leida Biaojiao Guifan

X波段天气雷达标校规范

出版发行：气象出版社

地　　址：北京市海淀区中关村南大街46号　　邮政编码：100081

电　　话：010-68407112（总编室）　010-68408042（发行部）

网　　址：http://www.qxcbs.com　　E-mail：qxcbs@cma.gov.cn

责任编辑：彭淑凡　　终　　审：张　斌

责任校对：张硕杰　　责任技编：赵相宁

封面设计：艺点设计

印　　刷：北京建宏印刷有限公司

开　　本：787 mm×1092 mm　1/16　　印　　张：16

字　　数：314千字

版　　次：2024年9月第1版　　印　　次：2024年9月第1次印刷

定　　价：88.00元

本书编委会

主　编：韩　旭　中国气象局气象探测中心

副主编：陈庆亮　山东省气象工程技术中心

李　强　广西壮族自治区气象技术装备中心

高　原　新疆维吾尔自治区气象技术装备保障中心

黎志波　江西省气象探测中心

潘新民　河南省气象探测数据中心

委　员：刘　远　桂林市气象局

李　璐　中国气象局气象探测中心

朱默研　中国气象局气象探测中心

张　帅　中国气象局气象探测中心

代雅茹　中国气象局气象探测中心

刘　洁　中国气象局气象探测中心

简　丹　中国气象局气象探测中心

张　成　北京华云东方探测技术有限公司

刘银峰　北京华云东方探测技术有限公司

于晓楠　北京华云东方探测技术有限公司

祁爱荣　北京华云东方探测技术有限公司

前　言

“十四五”期间，国家投资建设了200部X波段全固态天气雷达。2021年补短板工程建设第一批雷达，按照2019年功能规格需求书要求的性能和功能进行建设。随着全固态技术的不断成熟和行业内对全固态雷达认识的不断加深，2022年中国气象局气象探测中心按照中国气象局的要求，形成了标准化设计方案，并在第二批建设的X波段天气雷达中应用，进行了技术标准统一，提升了16项技术指标，并对结构、接口等进行了统一，使雷达性能整体上达到国际先进水平。

2024年8月，技术标准统一后的X波段天气雷达逐渐开始业务准入，为保证业务运行雷达的数据质量，定期标校十分重要，这在很大程度上决定了雷达回波的准确性和组网数据的一致性。尤其是X波段天气雷达的全固态体制较新一代天气雷达的速调管体制在雷达结构上有较大变化，需要可操作性强的技术手册，作为台站技术人员的参考资料。

本书介绍了2022年标准化以后的X波段全固态双线偏振天气雷达的标校方法和流程，包括YLD1-D型天气雷达（西安华腾微波有限责任公司生产）、YLD2-D型天气雷达（华云敏视达雷达（北京）有限公司生产）、YLD3-D型天气雷达（四创电子股份有限公司生产）、YLD4-D型天气雷达（航天新气象科技有限公司生产）和YLD7-D型天气雷达（成都锦江电子系统工程有限公司生产）五种型号，每种型号分为伺服系统、发射机、接收机和系统指标四个部分，详细介绍了这五种雷达性能参数测试过程中仪表和软件的使用方法及标校技术流程，并附有大量的设备操作图片和软件界面截图。在此，特别感谢以上五个厂家在本书编写过程中提供的帮助与支持。

本书内容完整、结构清晰、图文并茂，可供 X 波段天气雷达保障人员在工作中参考使用。希望本书能够在 X 波段天气雷达测试标校业务实践中发挥一定作用，为 X 波段天气雷达正常稳定运行做出积极的贡献。

如有不当之处，敬请广大读者批评指正。

作者

2024 年 9 月

目　录

第1章

基本要求和天馈线系统

1.1 概　　述

1.1.1 人身安全

(1)在对天线开展检测标定工作时,将安全开关置于“安全”位置。

(2)爬高作业时,注意防止人员跌落。

(3)雷达发射脉冲期间,严禁拆除和打开防护面板,严禁带电拆装,防止发射机微波辐射泄漏对工作人员产生危害。

1.1.2 设备安全

(1)严禁在雷达发射脉冲期间切换脉冲宽度(简称脉宽)。

(2)严格按照操作规程开、关机。

1.1.3 仪表安全

(1)使用前检查仪表计量检定期,确保仪表性能指标正常。

(2)确保仪表处在温湿度适宜、散热和防尘良好的工作环境中,避免强磁场、震动和腐蚀。

(3)仪表应在充分预热后(一般 30 min)再开始使用。

(4)仪表与仪表之间、仪表与设备之间须可靠接地。保护地线不能悬空,不能与电网中的中线相连。仪表与设备间需保持等电位。

(5)在使用仪表前,务必仔细查阅和了解仪表的额定输入范围,避免电压、电流或功率超过量程而损毁仪表。

(6)仪表未经许可不能拆卸分解仪表。

(7)对控制手柄、旋钮、接线柱要用力得当。

1.2　仪表使用

1.2.1　示波器

以泰克 TDS3032B 数字示波器为例。

1.2.1.1　示波器自检

每次使用示波器之前，应使用示波器本身自带的方波测试信号，检查示波器是否处在正常状态。

TDS3032B 数字示波器（或同类示波器）带有自检信号端子（图 1-1）。

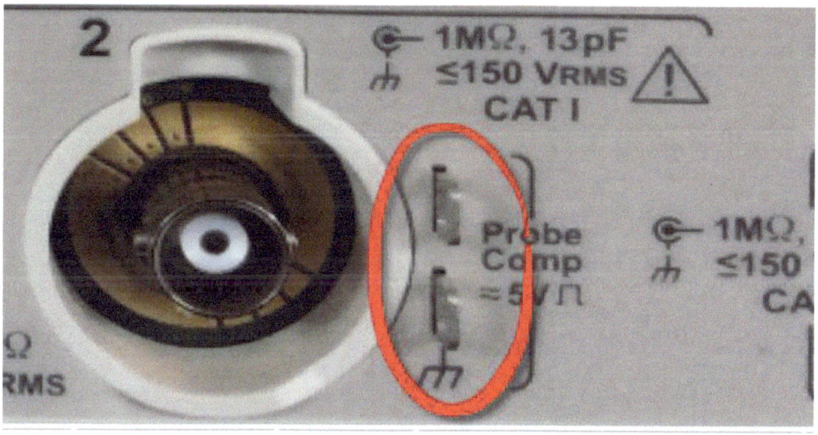

图 1-1　示波器自检信号端子

自检时，探头地线接③号端子，探头正极接②号端子，如图 1-2 所示。

自检信号为 5 V、1 kHz 方波，如图 1-3 所示，①号区域表示匹配阻抗设置为 1 MΩ，②号区域显示网格线每格为 5 V，③号区域表示方波信号频率为 1 kHz。注意：自检时，匹配阻抗设置为 1 MΩ。

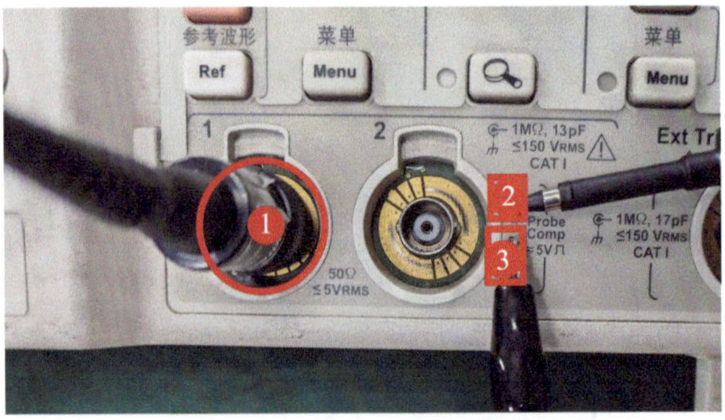

图 1-2　自检信号探头连接

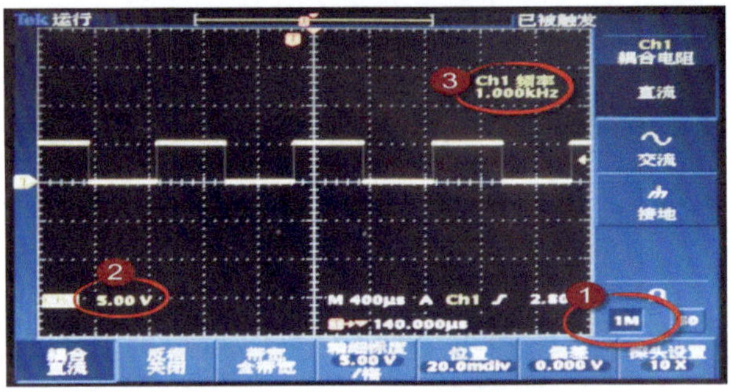

图 1-3　示波器自检信号

1.2.1.2　匹配阻抗设置

(1)按“Menu”按钮(图 1-4)。

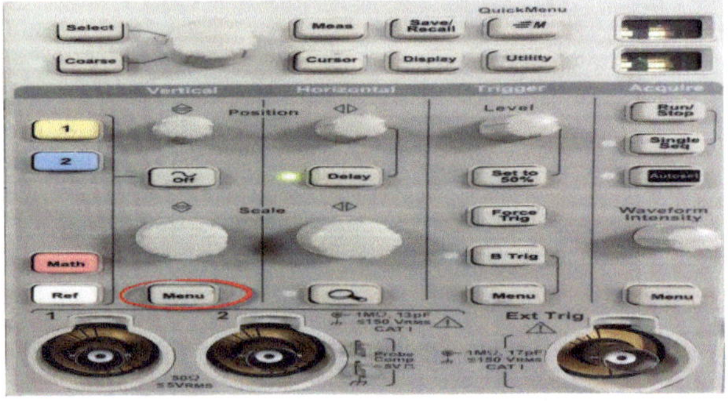

图 1-4　匹配阻抗设置

(2)按图 1-5 中①号按钮,同时观察②号区域 1 MΩ 和 50 Ω 两个软件按钮的状态。图中所示状态为选择了 50 Ω 匹配阻抗。经检波器输入的信号,选择 50 Ω 匹配阻抗,否则选择 1 MΩ 匹配阻抗。

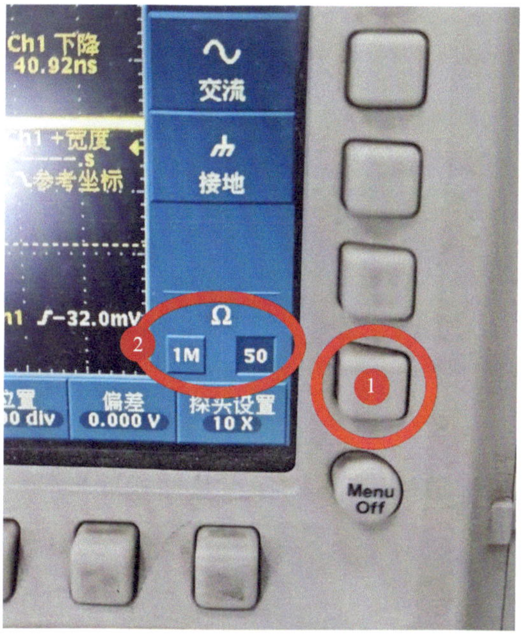

图 1-5　匹配阻抗设置

1.2.1.3　测量参数选择

在测试定标过程中需用示波器测试的主要参数有脉冲宽度、上升时间、下降时间、脉冲重复频率等。

(1)按“Meas”按钮(图 1-6)。

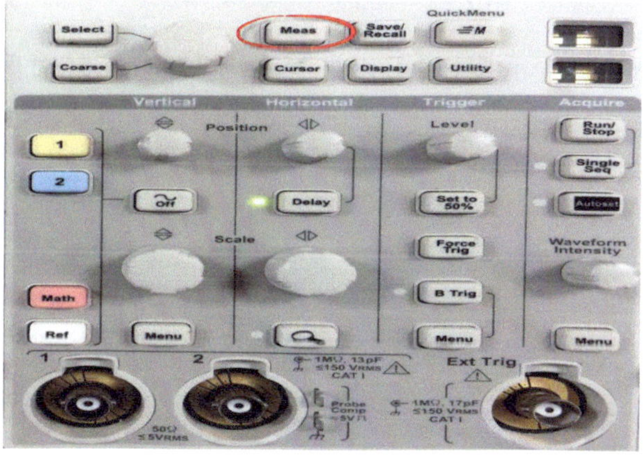

图 1-6　测量按钮选择

(2)图 1-7 中②号区域为测试项名称显示，可以按①号按钮，选择所需测试项。

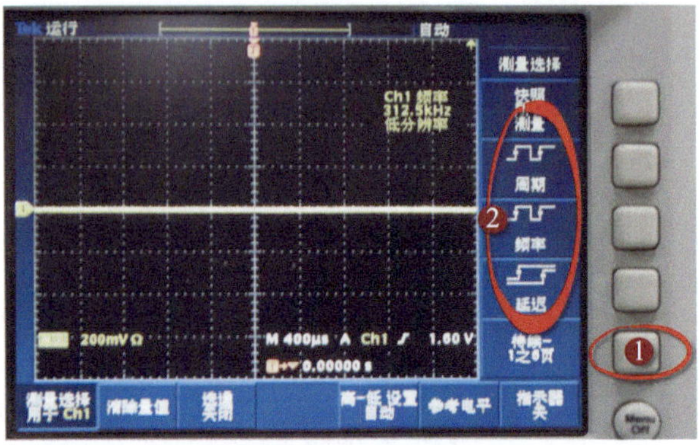

图 1-7　测量值选择

(3)按图 1-8 中红圈所示按钮，可选择正脉冲宽度。

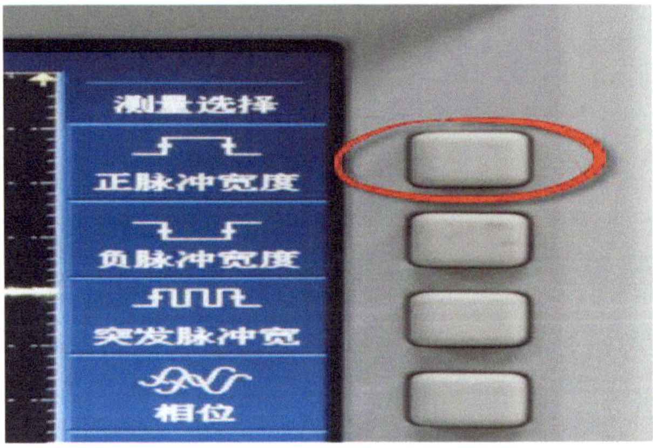

图 1-8　选择脉冲宽度测量值

(4)按图 1-9 中红圈所示按钮，可以选择上升时间、下降时间。

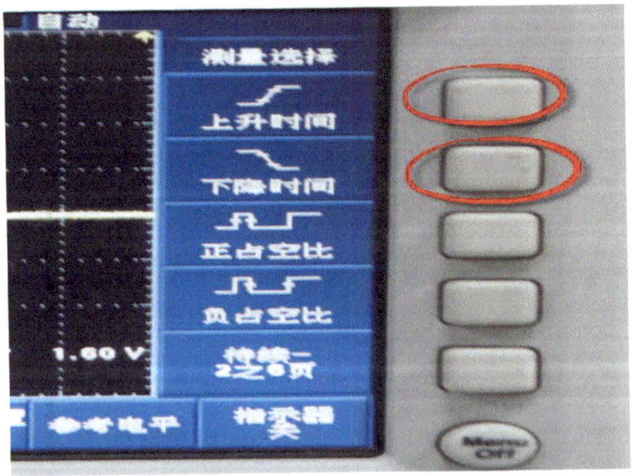

图 1-9　选择上升、下降时间测量值

（5）按图 1-10 中红圈所示按钮，可以选择脉冲重复频率。

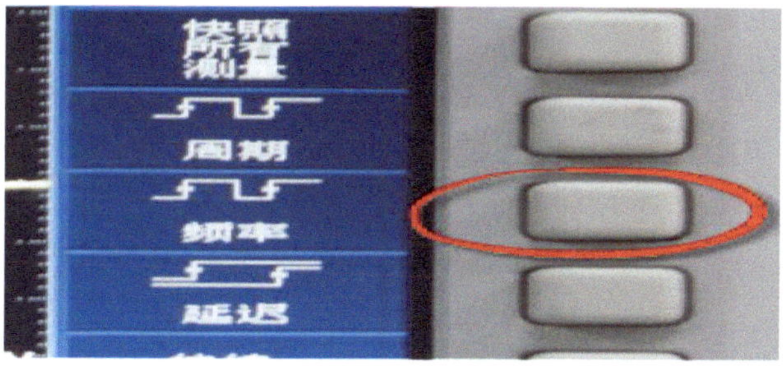

图 1-10　选择脉冲重复频率测量值

1.2.2　功率计

以 Agilent E4418A 型平均功率计为例进行说明。

1.2.2.1　功率计校准

（1）在功率计断电状态下，用专用电缆将功率计“CHANNEL”端口（见图 1-11 中的②号区域）连接功率探头。

（2）然后功率探头连接至功率计主机的“POWER REF”端口（见图 1-11 中的①号区域）。

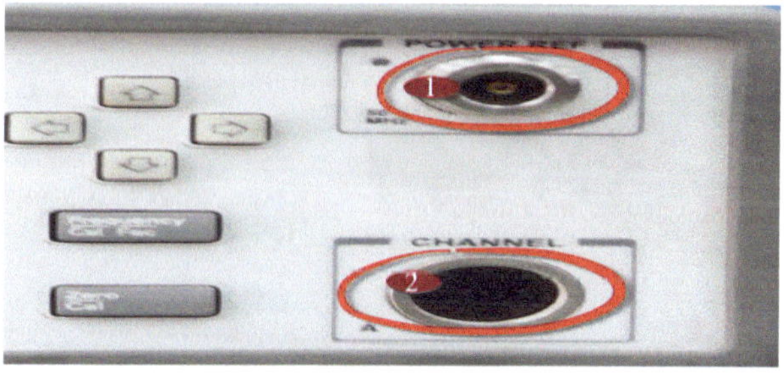

图 1-11　功率计端口

（3）功率计加电，按图 1-12 中的①号按钮，功率计液晶显示屏如图 1-12 所示。

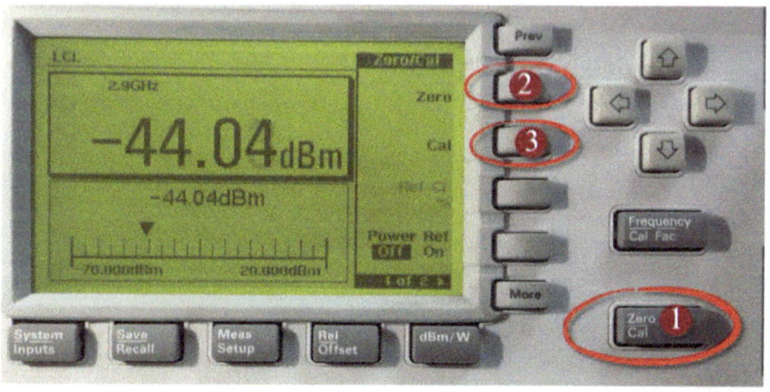

图 1-12　功率计调零及标校

(4)按图 1-12 中的②号按钮，功率计开始自动调零，液晶显示屏如图 1-13 所示。

(5)待调零结束后，按图 1-12 中的③号按钮，功率计开始自动标校，液晶显示屏如图 1-14 所示；功率计自动标校，实际上就是测量“POWER REF”端口输出的 50 MHz 信号功率是否为 1 mW 或 0 dBm。

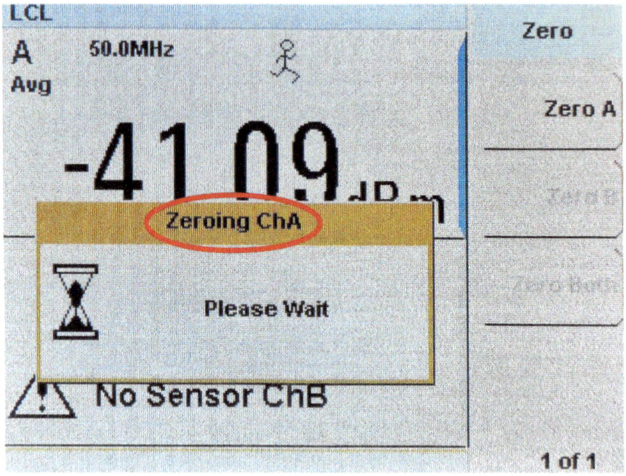

图 1-13　功率计调零界面

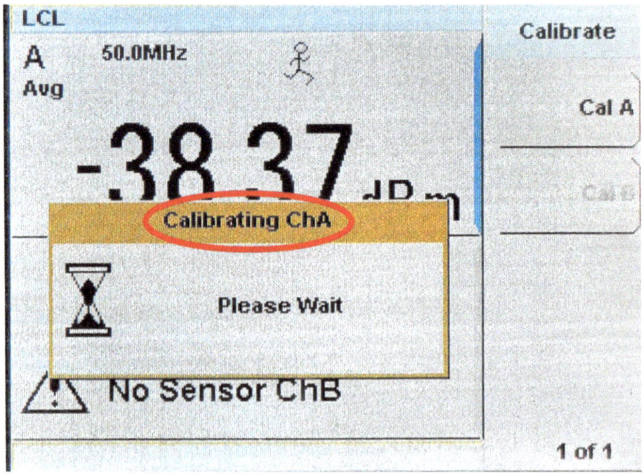

图 1-14　功率计标校界面

1.2.2.2　工作频率设置

频率设置方法参见图 1-15、图 1-16。

(1)首先按图 1-15 中①号按钮，然后按图 1-15 中②号按钮，功率计液晶显示屏界面如图 1-15所示。

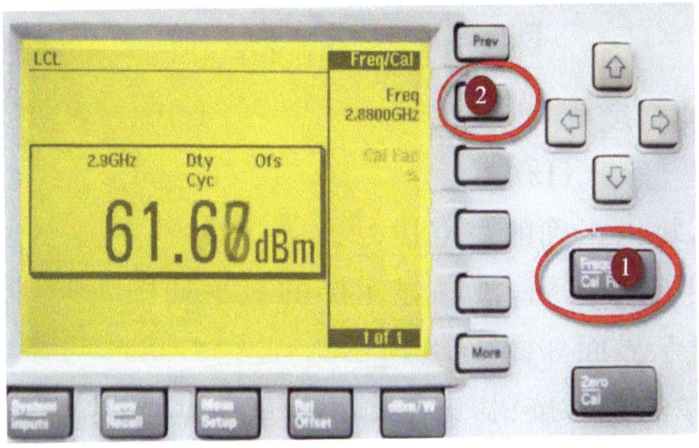

图 1-15　功率计频率设置步骤一

(2)利用图 1-16 中②号区域的箭头设定①号区域显示的数据(②号区域的方向键,左、右箭头调整①号区域中黑色方块光标的位置,上、下箭头控制①号区域中黑色方块位置的数字增加、减小),设定完毕后,根据①号区域的数值,用③号区域的按钮确定频率单位。

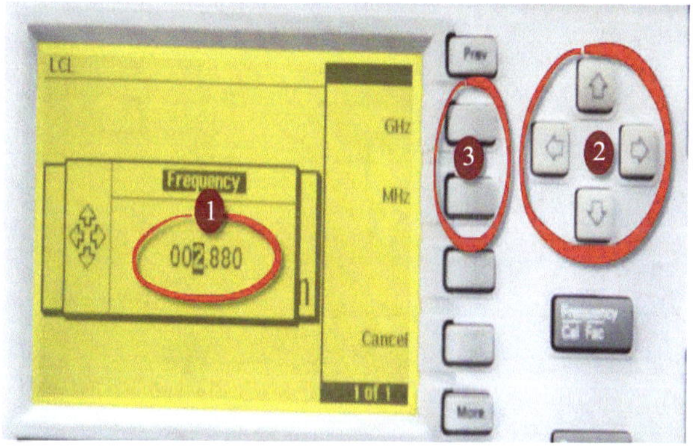

图 1-16　功率计频率设置步骤二

1.2.2.3　偏移量(Offset)设置

偏移量计算公式为

$$\text{Offset}=L_1+L_2+0.5 \tag{1-1}$$

式中:L_1——定向耦合器的耦合度(dB),可从耦合器铭牌上查询获得;

L_2——测试电缆损耗(dB),通过实际标校测试电缆获得;

0.5——插入损耗(dB)。

1.2.2.4　占空比(Duty Cycle)设置

占空比计算公式为

$$\text{Duty Cycle}=\frac{\tau\times F}{10000}\times\% \tag{1-2}$$

式中：τ——发射脉冲宽度(μs)；

F——脉冲重复频率(Hz)。

根据实际情况，算出正确的占空比。

(1)按图 1-17 中①号按钮，液晶显示屏的显示如图 1-17 所示，然后按图 1-17 中②号按钮，液晶显示界面如图 1-18 所示。

(2)按图 1-18 中的①号按钮，占空比开关在“Off”和“On”之间切换，“On”表示占空比设置有效，“Off”表示占空比设置无效。

(3)按图 1-18 中的②号按钮，液晶显示屏显示如图 1-19 所示。

(4)根据计算出的正确占空比，利用功率计前面板右侧的方向键，设置图 1-19 中①号区域的数字(左、右箭头调整黑色光标位置，上、下箭头调整黑色光标处数字的大小)，按②按钮确认(注意是“%”而非“‰”)。

图 1-17　占空比设置步骤一

图 1-18　占空比设置步骤二

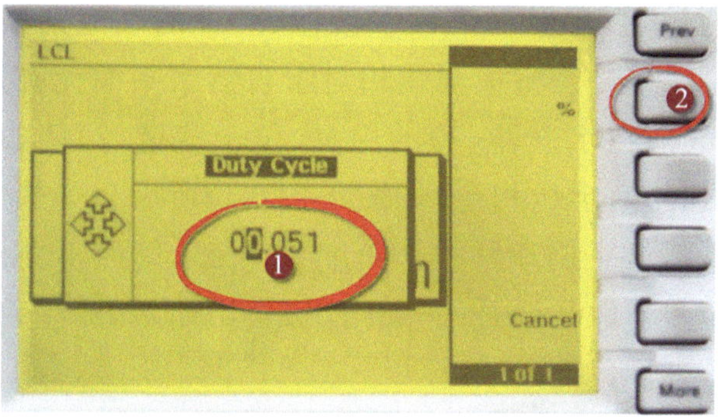

图 1-19　占空比设置步骤三

1.2.3　合像水平仪

合像水平仪构造如图 1-20 所示。

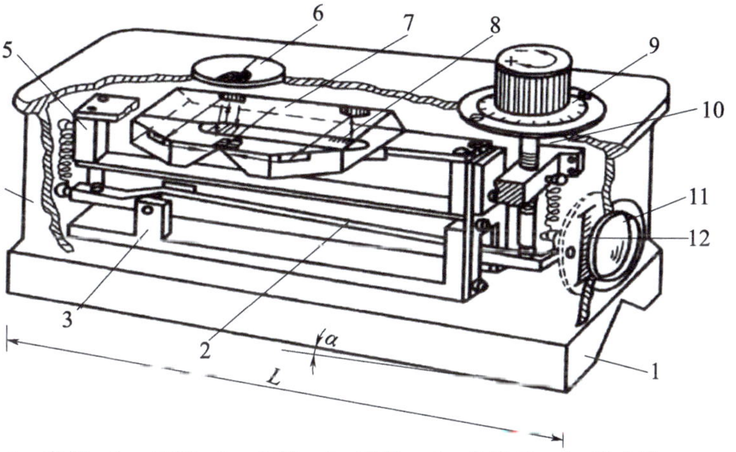

1—底板；2—杠杆；3—支承；4—壳体；5—支承架；6—放大镜；
7—棱镜；8—水准器；9—微分筒；10—测微螺杆；11—放大镜；12—刻线尺

图 1-20　合像水平仪构造示意图

合像水平仪是否调平时的气泡位置如图 1-21 所示。

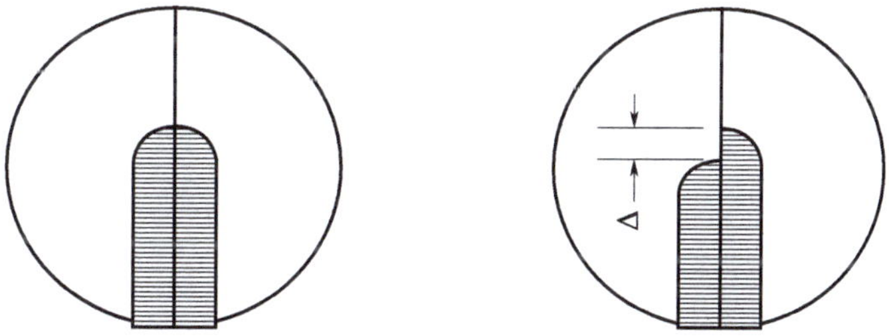

(a) 调平　　(b) 未调平

图 1-21　合像水平仪气泡位置示意图

参见图 1-20，测量时，合像水平仪水准器(8)中的气泡两端经棱镜(7)反射的两半像从放大镜(6)观察。当桥板两端相对于自然水平面无高度差时，水准器(8)处于水平位置。则气泡在水准器(8)的中央，位于棱镜(7)两边的对称位置上，因此，从放大镜(6)看到的两半像相合，如图 1-21 (a)所示。如果桥板两端相对于自然水平面有高度差，则水平仪倾斜一个角度 α，因此，气泡不在水准器(8)的中央，从放大镜(6)看到的两半像是错开的，如图 1-21(b)所示，产生偏移量 Δ。

1.3 天馈线系统

1.3.1 主要技术指标

天线罩：尺寸不小于 4.5 m(偏差不超过 5%)，引入波束指向偏差≤0.05°，引入波束展宽≤0.05°，交叉极化隔离度影响≤1.0 dB，双程射频损失≤1.2 dB。

天线座水平度：≤30″。

天线分系统：天线反射体直径 2.4 m+1%(适用补短板二期及其后建设的雷达)，水平和垂直波束宽度≤1.0°，第一旁瓣(即副瓣)电平≤−29 dB，远端旁瓣电平(±10°以外)≤−35 dB，水平和垂直极化天线增益≥44 dB，功率增益偏差≤0.3 dB，3 dB 处水平和垂直极化波束宽度差异≤0.05°，水平和垂直极化波束指向一致性<0.05°，水平和垂直交叉极化隔离度≥35 dB，双极化正交度为 90°±0.03°。

馈线：水平(H)和垂直(V)通道发射支路损耗、接收支路损耗的差异均≤0.4 dB，驻波比≤1.5：1。

1.3.2 测试

1.3.2.1 测试仪表

天线罩及天线参数测试：天线测试平台。

馈线参数测试：信号源、频谱仪，或者矢量网络分析仪。

1.3.2.2 天线罩电性能测试

1.3.2.2.1 射频损失

测量天线罩单程损耗，并用单程损耗值的两倍计算双程损耗。

(1)未加天线罩时按 1.3.2.3.4 步骤测量天线增益；

(2)加天线罩后按 1.3.2.3.4 步骤再次测量天线增益；

(3)增益差即为天线罩单程损耗。

1.3.2.2.2　引入波束偏差

(1)无天线罩时，按 1.3.2.3.1 步骤画出天线波瓣图；

(2)加天线罩后，按 1.3.2.3.1 步骤再次画出天线波瓣图；

(3)比较波瓣图中最大值出现的方位差值即为天线罩引入的波束偏差。

1.3.2.2.3　引入波束展宽

(1)无天线罩时，按 1.3.2.3.1 步骤画出天线波瓣图，测量波束宽度；

(2)加天线罩后，按 1.3.2.3.1 步骤再次画出天线波瓣图，测量波束宽度；

(3)比较两次测量波束宽度差，即为引入波束展宽。

1.3.2.2.4　引入交叉极化隔离度影响

(1)无天线罩时，按 1.3.2.4 步骤测量交叉极化隔离度；

(2)加天线罩后，按 1.3.2.4 步骤再次测量交叉极化隔离度；

(3)比较两次测量交叉极化隔离度差异，即为引入交叉极化隔离度影响。

1.3.2.3　天线方向图测试

1.3.2.3.1　波束宽度测试

(1)按图 1-22 所示框图，连接好所用仪器仪表。装配完被测天线后，将被测天线架设在具备通视条件的适当高度的测试转台上。

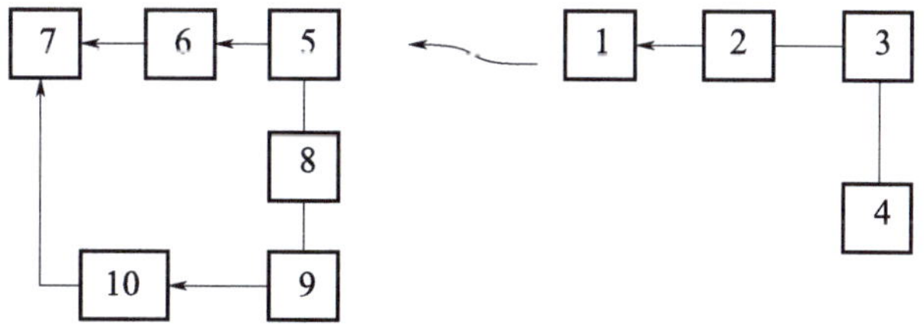

1—辅助发射天线；2—信号发生器；3—吊笼(可升降)；4—铁塔；5—被测天线；6—频谱仪；7—函数绘图仪(天线方向图测试系统)；8—测试转台；9—光电码盘；10—码盘控制器

图 1-22　天线方向图测试框图

(2)将吊笼升至 100 m，将发射天线与接收天线(即 H 通道)均设置为水平极化模式；并根据收发距离计算仰角，调整辅助发射天线下俯指向被测天线。

(3)转动接收天线与发射天线对准，极化匹配。

(4)将频谱仪输出端接到函数绘图仪(或天线方向图测试系统)，将码盘控制器输出端接到函数绘图仪(或天线方向图测试系统)。

(5)设置码盘起始角度,使起始角度与 ϕ_{max} 相差 20°(天线方向图测试系统在控制界面输入起始角度),并将被测天线转动至起始点。

(6)将码盘控制器手动预置到 40°测量挡(天线方向图测试系统在控制界面选择),再转动被测天线,此时函数绘图仪(或天线方向图测试系统)将自动绘出±20°的波瓣图,天线转角满 40°以后绘图仪(或天线方向图测试系统)将自动停止工作。从图中读出 H 通道 E 面的 3 dB 波束宽度 E_1。

(7)将发射天线(旋转 90°)和接收天线(即 V 通道)均设置为垂直极化模式,重复上述(3)—(6)步骤即可测出天线系统垂直极化的波瓣图,从图中读出 V 通道 H 面的 3 dB 波束宽度 H_1。

(8)分别将接收天线 H 通道转为垂直极化,V 通道转为水平极化,重复上述(3)—(6)步骤即可测出天线系统相应状态的波瓣图,分别从图中读出相应状态的 3 dB 波束宽度,此时 H 通道 H 面的 3 dB 波束宽度记为 H_2,V 通道 E 面的 3 dB 波束宽度记为 E_2。

(9)按以下公式进行数据处理。

E 面双极化波束宽度差 W_1(°):$W_1=|E_1-E_2|$;

H 面双极化波束宽度差 W_2(°):$W_2=|H_1-H_2|$。

1.3.2.3.2 第一副瓣电平测试

(1)按图 1-22 框图连接好所用仪器仪表。

(2)将发射天线和接收天线(H 通道)均设置为水平极化模式,频率按要求设置。

(3)转动接收天线与发射天线对准,极化匹配。

(4)在±20°范围内转动接收天线,用绘图仪(或天线方向图测试系统)测出天线波瓣图,从图中读取 H 通道 E 面的第一副瓣电平。

(5)将发射天线和接收天线(V 通道)均设置为垂直极化模式,频率按要求设置。

(6)重复步骤(3)—(5),从图中读取 V 通道 H 面的第一副瓣电平。

(7)分别将接收天线 H 路转为垂直极化,V 路转为水平极化,分别测试出 H 通道 H 面和 V 通道 E 面的波瓣图,并从图中读出第一副瓣电平。

1.3.2.3.3 远端副瓣电平测试

(1)按图 1-22 框图连接好所用仪器仪表。

(2)将发射天线和接收天线(H 通道)均设置为水平极化模式,频率按要求设置。

(3)转动接收天线与发射天线对准，极化匹配。

(4)在±20°范围内转动接收天线，用绘图仪(或天线方向图测试系统)测出天线波瓣图，从图中读取 H 通道 E 面的远端副瓣电平。

(5)将发射天线和接收天线(V 通道)均设置为垂直极化模式，频率按要求设置；重复步骤(3)—(4)，从图中读取 V 通道 H 面的远端副瓣电平。

(6)分别将接收天线 H 通道转为垂直极化，V 通道转为水平极化，分别测试出 H 通道 H 面和 V 通道 E 面的波瓣图，并从图中读出远端副瓣电平。

1.3.2.3.4　天线功率增益测试

(1)按图 1-23 所示框图连接好所用仪器仪表。

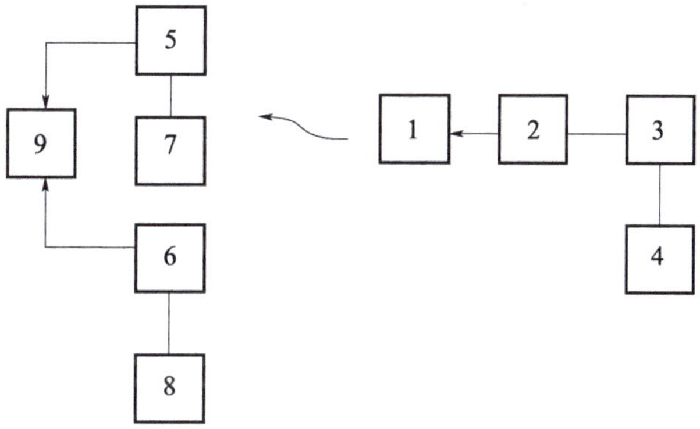

1—辅助发射天线；2—信号发生器；3—吊笼(可升降)；4—铁塔；
5—被测天线；6—标准增益喇叭；7—测试转台；8—电控升降平台；9—频谱仪

图 1-23　天线功率增益测试框图

(2)发射天线和接收天线(H 通道)均设置为水平极化模式，按测试频率要求进行频率设置。

(3)转动待测天线和发射天线对准，极化匹配。

(4)使用频谱仪测量接收功率，并记录为 P_1。

(5)用标准增益天线(增益为 G_0)替代待测天线；在被测天线等高位置处，转动增益喇叭和发射天线对准，极化匹配。

(6)调节升降平台使喇叭在与被测天线等高位置上下数个波长范围内缓慢升降，频谱仪测出地面干涉所形成 S 曲线中最大干涉点及其上下两个最小值之均值 A_{min}，最后升降平台停于最大干涉点位置，读取频谱仪显示功率，并记为 P_2。

(7)反复多次测试被测天线、喇叭接收的信号功率和 S 参数曲线，则被测天线在该频率的增益按式(1-3)计算：

$$G_1=(P_1-P_2)+G_0+\Delta G_1 \tag{1-3}$$

式中：G_1——天线水平极化增益，单位为分贝(dB)；

P_1——被测天线接收信号功率，单位为分贝毫瓦(dBm)；

P_2——标准增益喇叭接收信号功率，单位为分贝毫瓦(dBm)；

G_0——标准增益喇叭增益，单位为分贝(dB)；

ΔG_1——喇叭增益修正，单位为分贝(dB)，按式(1-4)计算：

$$\Delta G_1 = 20\lg \frac{2\rho}{1+\rho} \tag{1-4}$$

式中：ρ——反射系数，按式(1-5)计算：

$$\rho = 10^{\frac{P_2 - A_{min}}{20}} \tag{1-5}$$

式中：P_2——最大接收值，由频谱仪测出；

A_{min}——上下最小干涉点分贝数均值，由频谱仪测出。

(8)将发射天线和接收天线(V 通道)均设置为垂直极化模式，重复步骤(3)—(7)，可测出天线垂直极化增益 G_2：

$$G_2 = (P_3 - P_4) + G_0 + \Delta G_2 \tag{1-6}$$

式中：G_2——天线垂直极化增益，单位为分贝(dB)；

P_3——被测天线接收信号功率，单位为分贝毫瓦(dBm)；

P_4——标准增益喇叭接收信号功率，单位为分贝毫瓦(dBm)；

G_0——标准增益喇叭增益，单位为分贝(dB)；

ΔG_2——喇叭增益修正，单位为分贝(dB)，按式(1-4)计算。

1.3.2.4 交叉极化隔离度测试

(1)按图 1-22 所示框图连接好所用仪器仪表。

(2)将发射天线和接收天线设置为水平极化，频率按要求设置。

(3)转动接收天线(H 通道)与发射天线对准，水平极化匹配。

(4)重复测出 H 通道的波瓣图，从波瓣图中读出天线接收最大值并记录为 P_1。

(5)将发射天线设置为垂直极化模式；转动接收天线，用波瓣采集系统测出天线交叉极化波瓣图，从图中读取交叉极化电平最大值 P_2。

(6)同时将发射天线和接收天线设置为垂直极化，重复测出 V 通道的波瓣图，从波瓣图中读出天线接收最大值并记录为 P_3。

(7)将发射天线设置为水平极化模式；转动接收天线，用波瓣采集系统测出天线交叉极化波瓣图，从图中读取交叉极化电平最大值 P_4。

(8)数据处理：按式(1-7)计算天线水平极化状态下的交叉极化隔离度 J_1(dB)；按式(1-8)计算天线垂直极化状态下的交叉极化隔离度 J_2(dB)。

$$J_1 = P_2 - P_1 \tag{1-7}$$

$$J_2 = P_4 - P_3 \tag{1-8}$$

1.3.2.5　双极化正交度测试

(1)按图 1-22 所示框图连接好所用仪器仪表。

(2)将发射天线和接收天线(H 通道)设置为水平极化,频率按要求设置。

(3)转动接收天线与发射天线对准,水平极化匹配。

(4)记录当前转台伺服控制器的极化角 T_0。

(5)发射天线和接收天线(V 通道)均设置为垂直极化模式,频率按要求设置。

(6)转动接收天线与发射天线对准,水平极化匹配。

(7)记录当前转台伺服控制器的极化角 T_1。

(8)按式(1-9)计算天线双极化正交度偏差 θ(°)。

$$\theta = T_1 - T_0 \tag{1-9}$$

1.3.2.6　收发支路损耗测量

1.3.2.6.1　连接线缆损耗测量

(1)采用参考测量法,通过信号源和频谱仪,测试射频连接电缆总损耗,信号源输出雷达工作频点上某一固定值的连续波信号(例如:信号源注入 0 dBm 的信号),查看频谱仪读数,标定到仪表中,使得两段连接线缆损耗在频谱仪中显示为零。

(2)第一步将两根射频线用双阴转接头连接,两头分别接信号源和频谱仪。

(3)设置信号源参数(图 1-24～图 1-27):FREQ=9400 MHz,AMPTD=0 dBm,选择“RF ON/OFF”。

图 1-24　选择“FREQ”按键

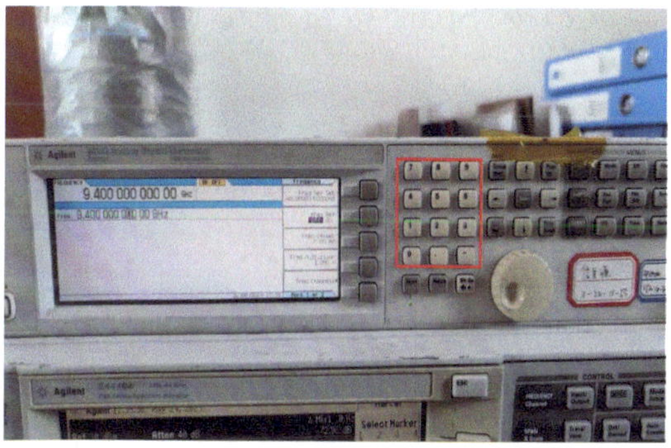

图 1-25　数字按键输入雷达频率值

图 1-26　选择 AMPTD 并输入 0 dBm 强度值

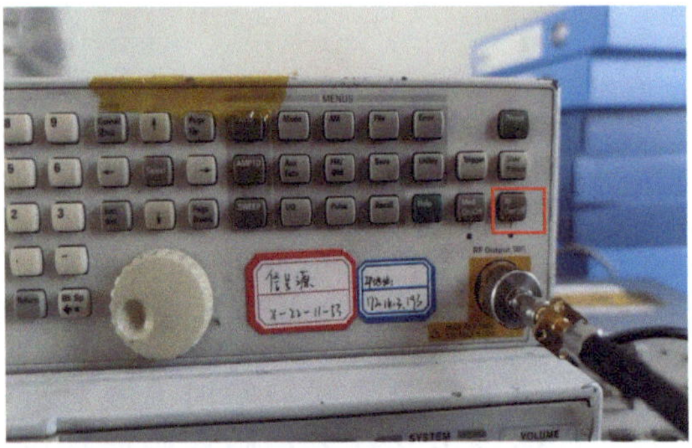

图 1-27　选择 RF ON/OFF

(4)信号源参数设置结束。

(5)频谱仪参数设置。

(6)按“FREQUENCY Channel”输入 9400 MHz(图 1-28)。

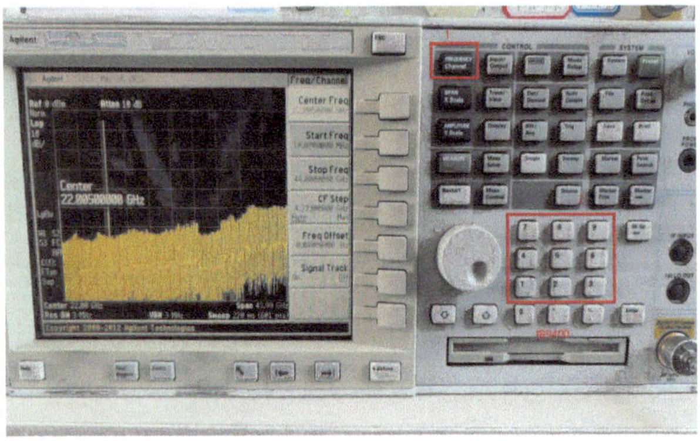

图 1-28　输入中心频率值

(7)按“Span”按钮输入 10 MHz(图 1-29)。

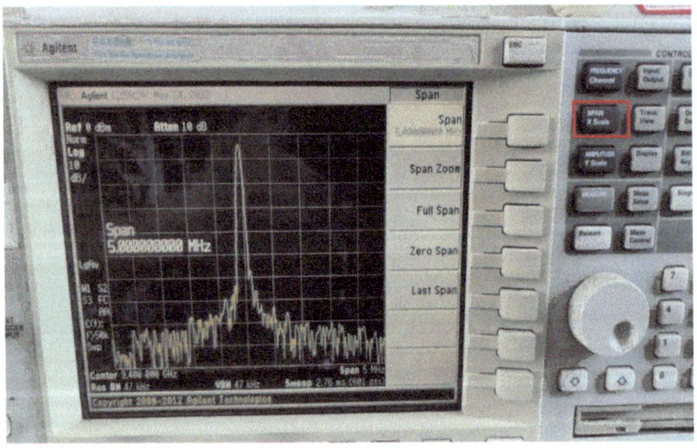

图 1-29　输入 Span 值

(8)按“BW”输入 18 kHz(图 1-30)。

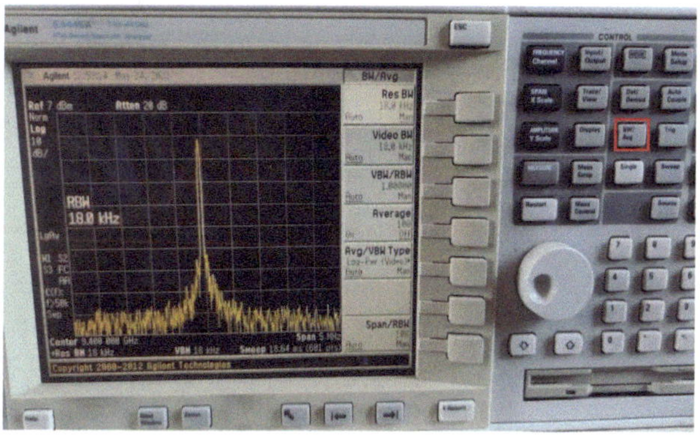

图 1-30　输入 BW 值

(9)按“Peak Search”→“Marker”→“Delta”(图 1-31)。

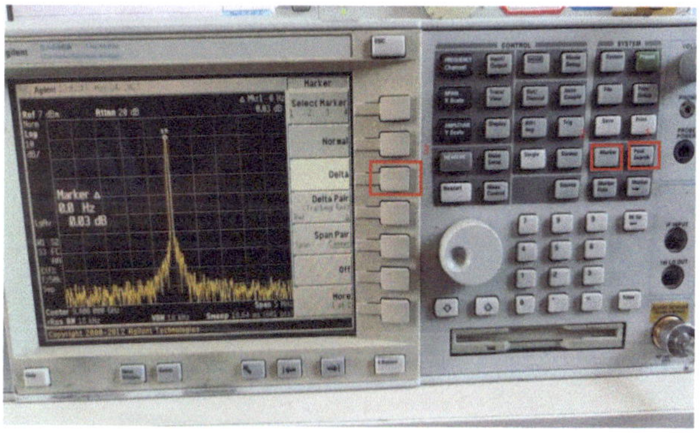

图 1-31　标记 Delta 参数

(10)频谱仪参数设置结束。

1.3.2.6.2　发射支路损耗测试

(1)将信号源和频谱仪通过前述测试线缆分别连接至相应波导同轴转换器，此时两个仪表都不能断电重启且不能更改仪表参数设置，然后分别读取不同连接端口信号源和频谱仪的读数；

(2)切换波导开关，测试单发双收及双发双收模式下损耗值；

(3)计算发射支路损耗，公式为：发射支路损耗＝信号源输出功率值－频谱仪显示功率值＋发射机测试耦合值。

信号注入端(图 1-32)：发射箱 XS04，信号通过 SMA 插座输入定向耦合器，定向耦合器的耦合度可在发射机箱内。

信号接收端：如图 1-33，断开天线系统波导，在靠近转台端波导口，使用波导一同轴转换器，将波导中的信号通过电缆送入矢量网络仪。

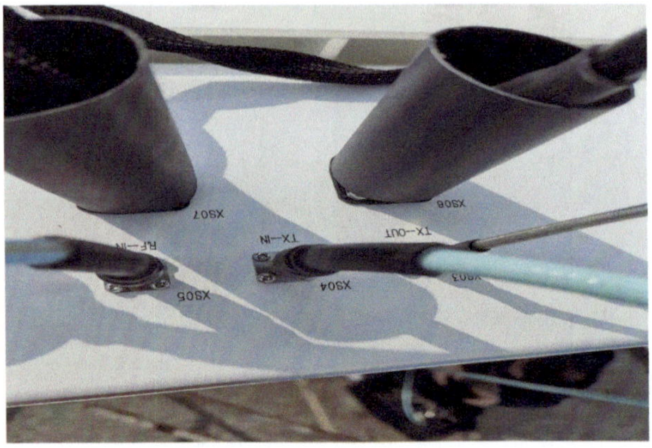

图 1-32　信号源注入口位置截图

图 1-33　通道频谱仪测量口位置截图

雷达包含两种极化状态共计三个发射损耗：单发双收水平（H）发射损耗；双发双收水平（H）发射损耗，双发双收垂直（V）发射损耗。单发、双发的区别在于波导开关的状态，H、V 的区别在于所连接的波导。

1.3.2.6.3　接收支路损耗测试

（1）信号源、频谱仪通过前述测试线缆和波导同轴转换器分别连接天线波导、接收机输入端（低噪声放大器前端），此时两个仪表都不能断电重启且不能更改仪表参数设置，然后分别读取不同连接端口信号源和频谱仪的读数；

（2）计算接收支路损耗，公式为：接收支路损耗＝信号源输出功率值－频谱仪显示功率值。

信号注入端：波导口，见图 1-34。

信号接收端：对应的限幅器输出口如图 1-35 所示。

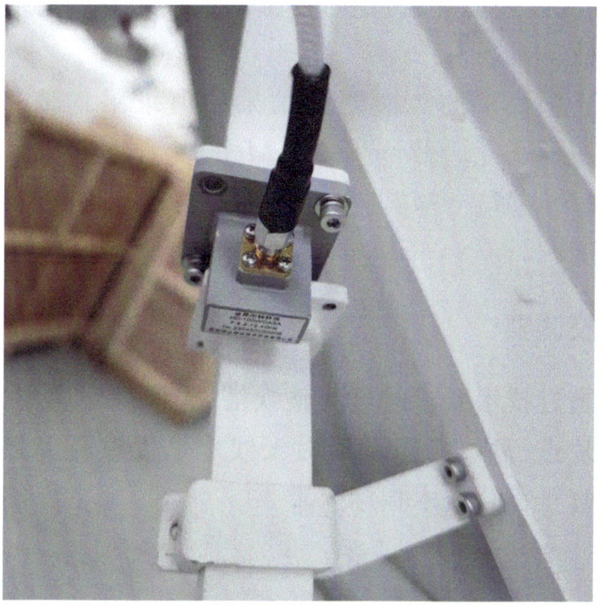

图 1-34　波导口位置

图 1-35　接收与信号处理箱限幅器输出口

1.3.3　天线座水平度标校

1.3.3.1　标校流程

(1)将合像水平仪放置在天线转台水平面上。

(2)控制天线分别停在方位 0°、45°、90°、135°、180°、225°、270°和 315°。在每个角度处调整合像水平仪达到水平状态，记录合像水平仪的读数 M_α。

(3)顺时针推动天线一周后,再逆时针推动天线一周,分别记下合像水平仪在上述 8 个位置的读数。

(4)将方位角相差 180°的 2 次测试结果差值求平均值作为天线座真实水平度 $\Delta\theta$,即 $\Delta\theta=|\theta_{\alpha}-\theta_{\alpha+180}|/2\approx1.03|M_{\alpha}-M_{\alpha+180}|$。取 $1.03|M_{0}-M_{180}|$、$1.03|M_{45}-M_{225}|$、$1.03|M_{90}-M_{270}|$和 $1.03|M_{135}-M_{315}|$四组计算值中最大值作为天线座实际水平度。

1.3.3.2 标校调整

天线座水平度超过技术要求时可调整铁塔、天线固定底座(图 1-36)的固定螺钉松紧或者增加垫片进行微调,微调后对天线水平度重复上述测试流程,再次测试,重复上述操作,直至符合技术指标要求。

图 1-36 天线座调整

第 2 章

YLD1-D 型天气雷达性能参数测试及标校

2.1　伺服系统

2.1.1　测试仪表

利用雷达测试软件(SPT)自动测试。

2.1.2　角度控制精度测试

利用雷达测试软件控制天线转动至 12 个不同的方位角(0°、30°、60°、90°、120°、150°、180°、210°、240°、270°、300°、330°)和俯仰角(0°、5°、10°、15°、20°、25°、30°、35°、40°、45°、50°、55°)，预置值与实测值的差值即为角度控制精度。

(1)打开 SPT 软件(图 2-1)。

(2)打开天线控制，在控制项中选择方位定位及俯仰定位，设置所测角度(图 2-2)，读取软件显示实测值并做记录。

图 2-1　SPT 软件图标

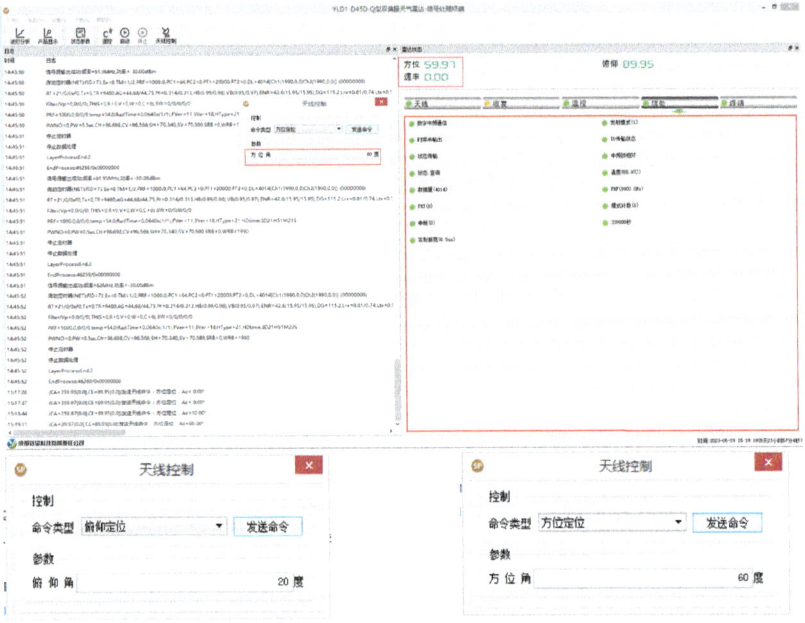

图 2-2　角度控制精度标校

2.1.3　天线扫描速度测试

在雷达 SPT 测试软件中分别设置天线方位角和俯仰角扫描速度为指标要求的最大扫描速度，从软件中获取天线方位角和俯仰角扫描速度最大测量值，并与预置值进行比较，软件自动计算扫描速度误差。

(1)打开 SPT 软件。

(2)打开“天线控制”，在控制项中选择“方位扫描”(图 2-3)及“俯仰扇扫”(图 2-4)，设置所测速度，读取软件显示实测值并做记录。

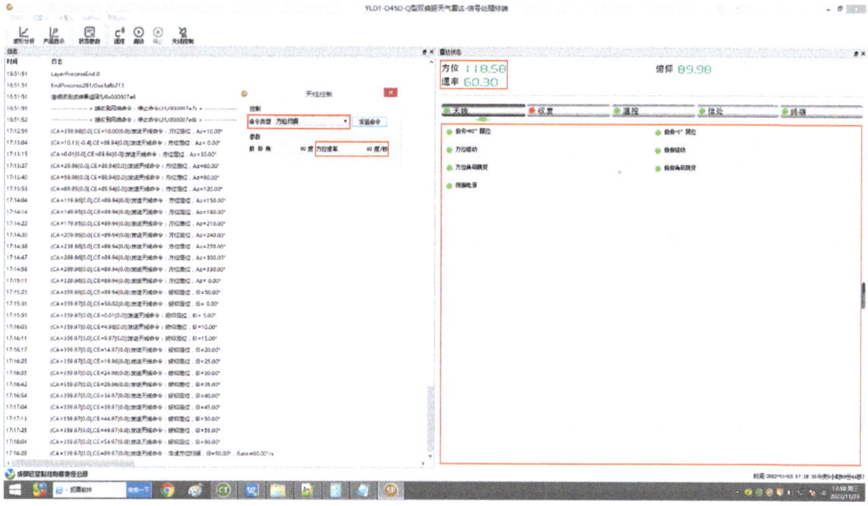

图 2-3　方位扫描界面

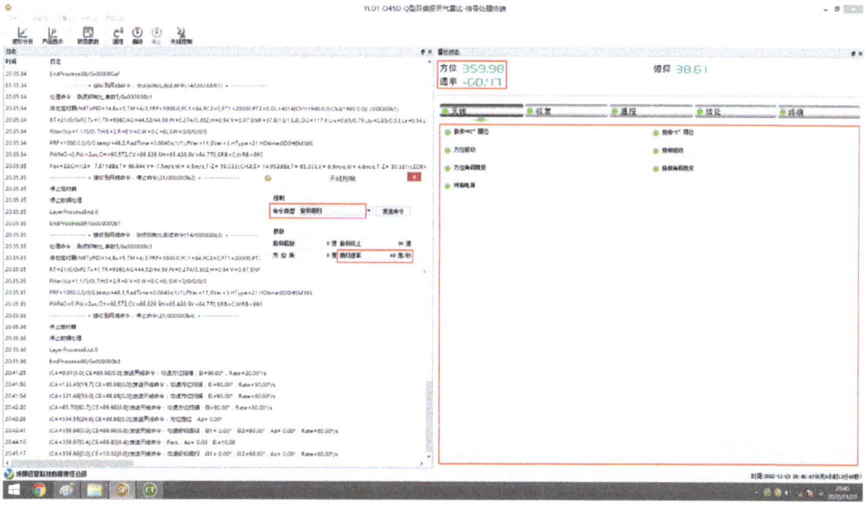

图 2-4　俯仰扇扫界面

2.1.4 天线波束指向误差测试

天线波束指向误差测试采用太阳法，太阳法需具备以下条件：确保雷达终端软件上的经纬度准确，晴天，太阳高度角在 20°～50°，雷达系统时间与北京时间一致。

在同一时间段，3 次测试太阳的实际位置，计算出雷达波束指向与太阳理论位置的误差。

(1)打开 SPT 软件，选择“分析”，选择“太阳法测试”(图 2-5)。

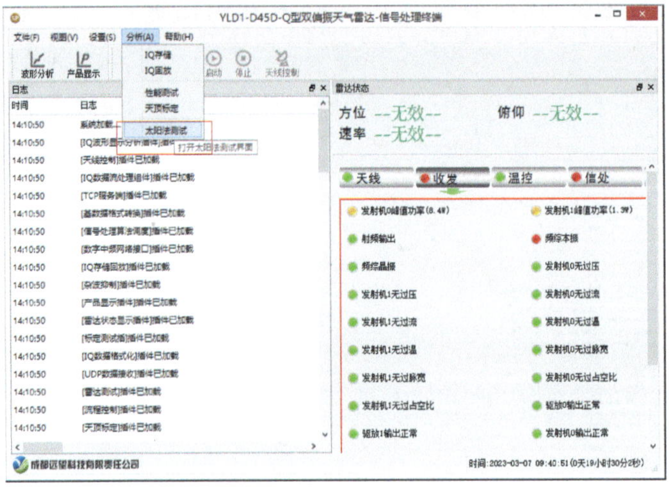

图 2-5 太阳法测试

(2)选择“选项”，选择“方位定位”，选择“俯仰定位”，选择“方位测试”，选择“俯仰测试”(图 2-6)，点击“更新”。

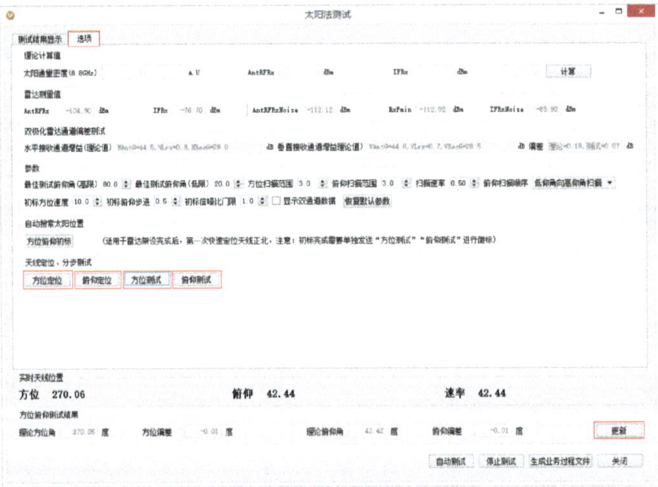

图 2-6 测试选项

(3)选择“测试结果显示”(图 2-7),点击“更新”。

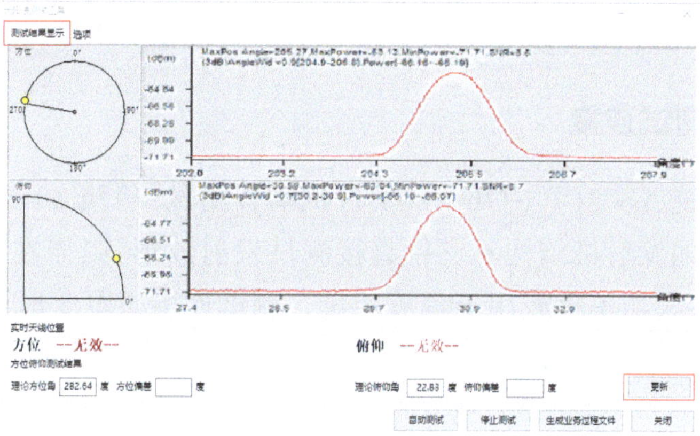

图 2-7　太阳法测试结果

2.2　发 射 机

2.2.1　测试仪表

检波器、示波器、功率探头、功率计(如使用 USB 功率探头可不使用功率计)、频谱仪。

2.2.2　发射射频脉冲包络测试

2.2.2.1　参数定义

包络宽度 τ:脉冲包络前、后沿半功率点(0.707 电压点)之间的时间间隔。如脉冲包络的平顶幅度为 U_m,从脉冲前沿 $0.7U_m$ 到后沿 $0.7U_m$ 的时间间隔为脉冲宽度,单位为微秒(μs)。

上升时间 τ_r:从脉冲前沿 $0.1U_m$ 到前沿 $0.9U_m$ 的时间间隔为脉冲上升沿时间,单位为纳秒(ns)。

下降时间 τ_f:从脉冲后沿 $0.9U_m$ 到后沿 $0.1U_m$ 的时间间隔为脉冲下降沿时间,单位为纳秒(ns)。

顶降 δ：如脉冲包络的最大幅度为 U_{max}，那么 $\delta=\frac{U_{max}-U_m}{2U_m}\times100\%$，单位为百分数（%）。

2.2.2.2 测试连接

在发射分系统 XS03(TX-OUT)（发射机耦合测试口）接 20 dB 衰减器连接检波器和示波器。如发射机结构不支持直接测试发射波形，则需在发射机定向耦合器处测试，并连接大功率负载用于释放能量。测试连接如图 2-8 所示。

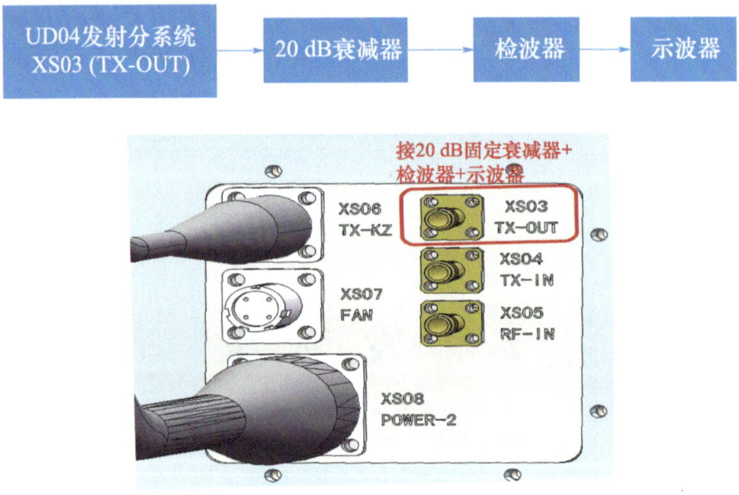

图 2-8　发射脉冲包络测试仪表连接图

2.2.2.3 测试流程

(1)在终端电脑上运行信号处理终端(SPT)及控制终端(CT)（图 2-9）。

(2)在信号处理终端(SPT)点击设置，选择调机测试（选择该项后会提示权限确认，需输入密码，默认密码为 cdyw），具体设置如下（图 2-10）。

- 选择要求的脉宽
- 噪声源开关：噪声源不输出
- 射频激励开关：射频激励开
- 脉冲调制：脉冲方式输出
- 射频四位开关：通道不打开
- 移相控制：不移相
- 硬件脉压控制：脉压

图 2-9　控制终端图标

- KD 测试模式:正常扫描模式
- 发射机每次开一路
- DDS 输出:输出
- 射频数控衰减控制码:0

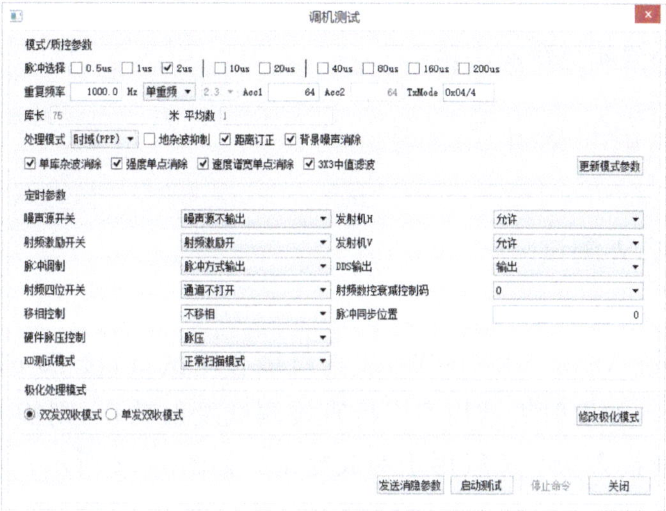

图 2-10 参数配置界面

(3)配置完成后点击启动测试。

在测试软件上控制雷达发射脉冲宽度分别为 0.5 μs、1.0 μs、2.0 μs、10 μs、20 μs、40 μs、80 μs、160 μs 和 200 μs,通过示波器分别读取对应脉冲包络的脉冲宽度、上升时间、下降时间、顶降(图 2-11)。

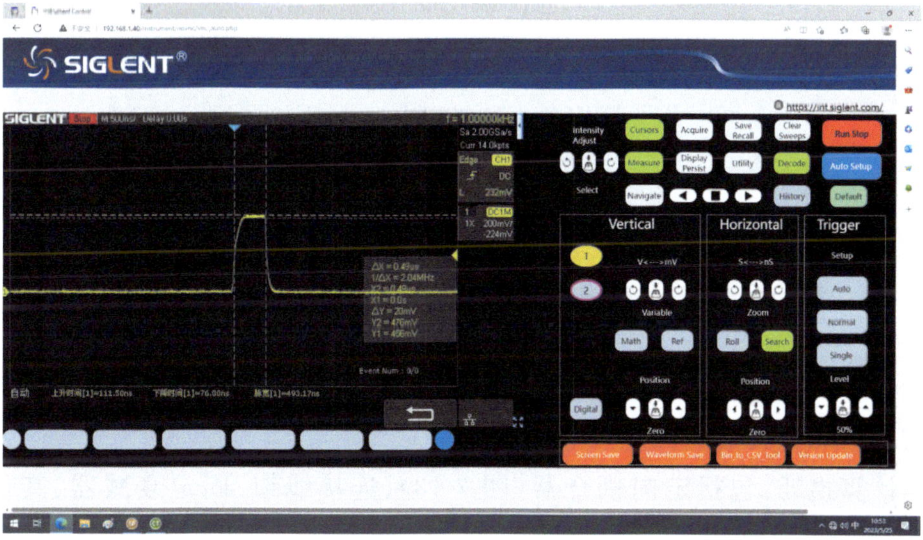

图 2-11 示波器设置

2.2.2.4 注意事项

(1)切换脉冲宽度时雷达发射必须停止。

(2)测试前确保在发射机输出端定向耦合器上接有 20 dB 固定衰减器,否则可能会烧坏示波器。

(3)占空比不要超过额定上限。

2.2.3 发射机输出功率测试标校

2.2.3.1 机外测试

2.2.3.1.1 测试连接

在发射分系统 XS03(TX-OUT)(发射机耦合测试口)接 20 dB 衰减器连接功率探头和功率计。如发射机结构不支持直接测试发射功率,则需在发射机定向耦合器处测试,并连接大功率负载用于释放能量。如图 2-12 所示。

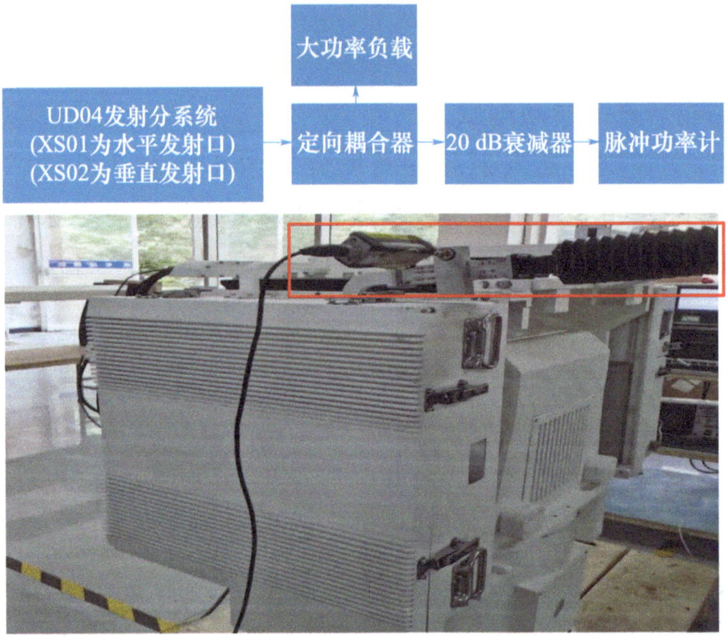

图 2-12 发射机输出功率测试框图和测试连接图(定向耦合器处测试)

2.2.3.1.2 测试流程

(1)计算损耗:包括定向耦合器(图 2-13)、连接线缆、固定衰减器、其他损耗(图 2-14)等。

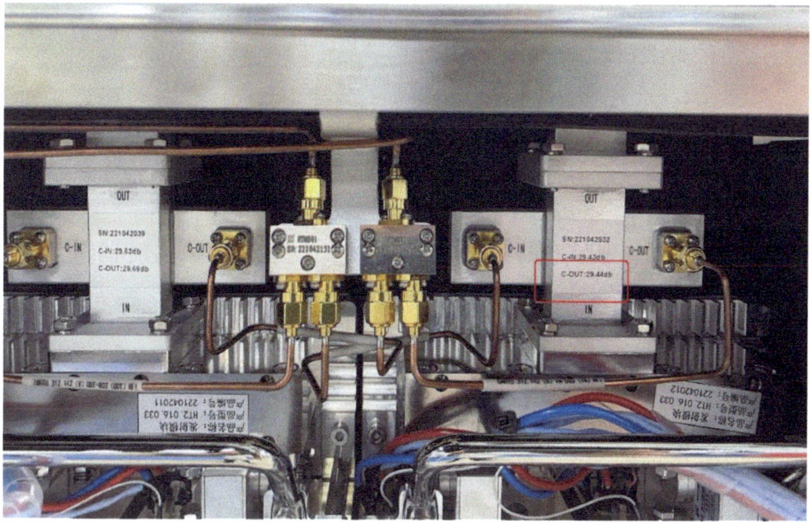

图 2-13　定向耦合器耦合度 C-OUT

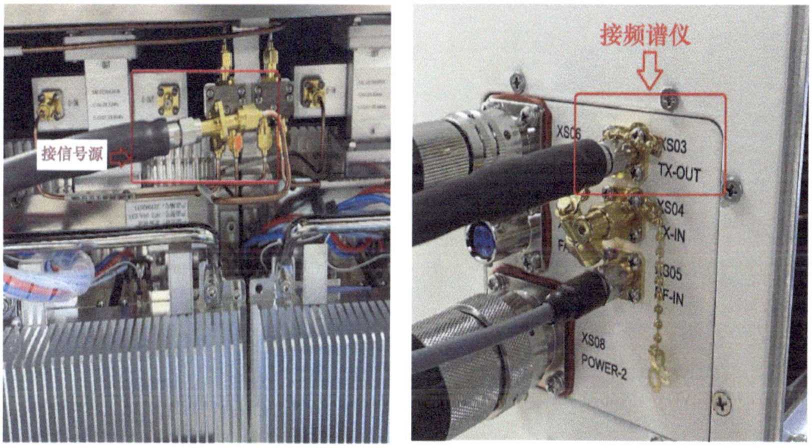

图 2-14　C-OUT 至 XS03 损耗测试(一般损耗不会变化)

(2)在终端计算机运行信号处理终端(SPT)及控制终端(CT)。

(3)参数配置流程同脉冲包络测试。

(4)在测试软件调机测试里面控制雷达发射脉冲宽度,分别测量 0.5 μs、1.0 μs、2.0 μs、10 μs、20 μs、40 μs、80 μs、160 μs、200 μs 以及 500 Hz、1000 Hz、2500 Hz 对应的脉冲峰值功率。

2.2.3.1.3　注意事项

(1)切换脉冲宽度时雷达发射必须停止。

(2)测试前确保在发射机输出端定向耦合器上接有 20 dB 固定衰减器,否则可能会烧坏功率探头。

(3)占空比不要超过额定上限。

(4)如使用峰值功率计,不需要设置占空比。

2.2.3.2 机内测试流程

(1)在终端计算机上运行信号处理终端(SPT)。

(2)参数设置同机外测试(机内测试可同时允许两路发射机输出)。

(3)读取 SPT 上的收发状态显示中功率显示值。

2.2.3.3 标校调整

当机内机外功率差值超过 0.2 dB 时[计算公式为:10×lg(机外功率/机内功率)],需调整机内功率,使其与机外功率一致,具体方法为:

(1)找到功率显示配置文件(图 2-15),地址为 SPT 软件所安装地址盘:\Program Files\Cdyw\RadarX\SPT\Config\PowerMonitor.xml。

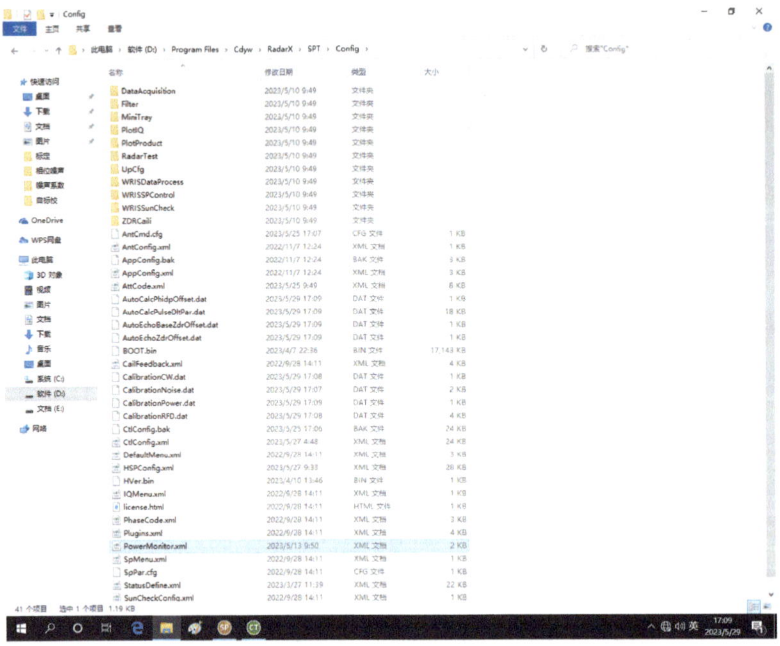

图 2-15　机内功率调整配置文件

(2)机内机外功率差值直接修改 dBm 值,文件中 V 和 dBm 值分别为 H 通道检波电压和功率值,V_2 和 dBm_2 值分别为 V 通道检波电压和功率值。文件内 dBm 数值加上该值,即为新的数值,更新数值并保存文件。注意:由于配置文件中每个通道只有一组值,不区分不同脉宽,所以在调整数值时,尽量以中脉宽(20 μs 或40 μs)机外功率为基准,进行机内功率调整(图 2-16)。

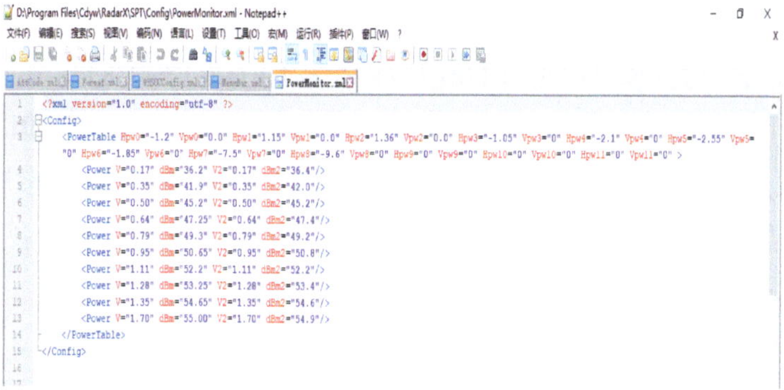

图 2-16　机内功率调整图

(3)重启程序,重新进行机内测试,查看机内机外功率差值是否满足要求。

2.2.4　发射脉冲射频频谱测试

2.2.4.1　测试连接

发射分系统 XS03(TX-OUT)接 10 dB 衰减器连接频谱仪(图 2-17)。

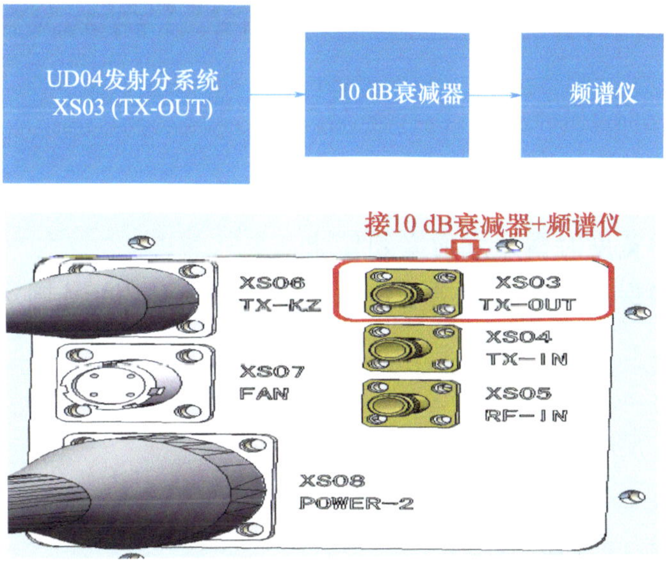

图 2-17　发射脉冲频谱测试框图和测试连接图

2.2.4.2　测试流程

(1)在终端电脑上运行信号处理终端(SPT)及控制终端(CT)。

(2)参数设置同 2.2.2 发射射频脉冲包络测试。

(3)在频谱仪上按照雷达工作频点设置中心频率,频宽“Span”设置为200 MHz,分辨率带宽(RBW)30 kHz,视频带宽(VBW)300 kHz,扫描时间“Sweep Time”设置为 1 s,扫描点数设置 2001,幅度“AMPTD”调节幅度峰值点到频谱仪最上一格,选择轨迹(Trace),选择最大保持(MaxHold),选择峰值搜索“Peak Search”,选择差值标记“Marker/Delta”,在此状态下读取中心频率谱线衰减−10 dB 至−40 dB时的左频偏数据和右频偏数据并记录,计算谱宽。

(4)分别测试脉冲宽度为 0.5 μs 和 1 μs 时的频谱(图 2-18)。

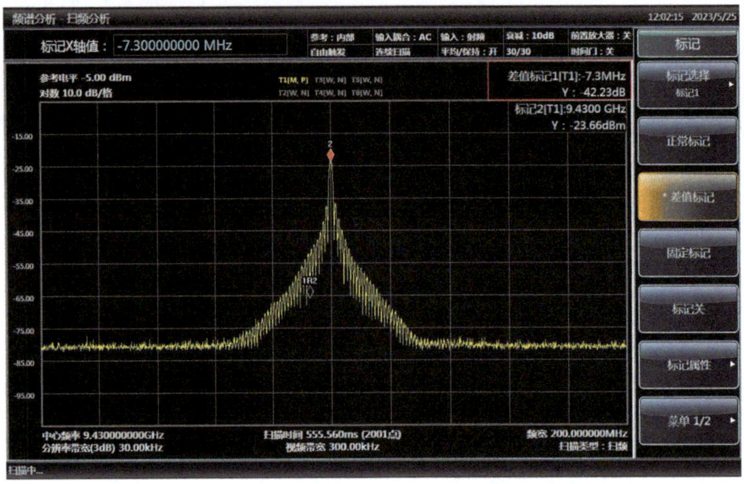

图 2-18 −40 dB 左频偏窄脉冲频谱示意图

2.2.4.3 注意事项

(1)切换脉冲宽度时雷达发射必须停止。

(2)测试前确保在发射机输出端定向耦合器上接有 20 dB 固定衰减器,否则可能会烧坏频谱仪。

2.2.5 发射机输出极限改善因子及杂噪比测试

2.2.5.1 测试连接

同 2.2.4 发射脉冲射频频谱测试。

2.2.5.2 测试流程

(1)在终端计算机上运行信号处理终端(SPT)及控制终端(CT)。

(2)参数设置同脉冲包络测试。

(3)在频谱仪上按照雷达工作频点设置中心频率，软件设置 1000 Hz 重频时，频谱仪频宽“Span”设置为 2 kHz(软件设置 2000 Hz 重频时，频谱仪频宽“Span”设置为 4 kHz)，幅度“AMPTD”调节幅度峰值点到频谱仪最上一格，带宽“BW”设置为 3 Hz，选择轨迹“Trace”，选择平均“Average”，选择峰值搜索“Peak”，选择差值标记“Next Peak”(1000 Hz 重频设置为 0.5 kHz，2000 Hz 重频设置为 1 kHz)，读取极限改善因子测试值。计算极限改善因子，公式为：$I=\mathrm{SNR}+10\lg B-10\lg F$，其中，$I$ 为改善因子，SNR 为信噪比，B 为频谱仪分析带宽(BW)，F 为雷达重复频率。

(4)找到底噪值，选择差值标记“Marker Delta”，选取两个脉冲间底噪上的最大值，将光标移动至该点，读取的测试值即为杂噪比。

(5)重复步骤(1)—(4)，获得 2000 Hz 对应的极限改善因子(图 2-19)和杂噪比(图 2-20)。

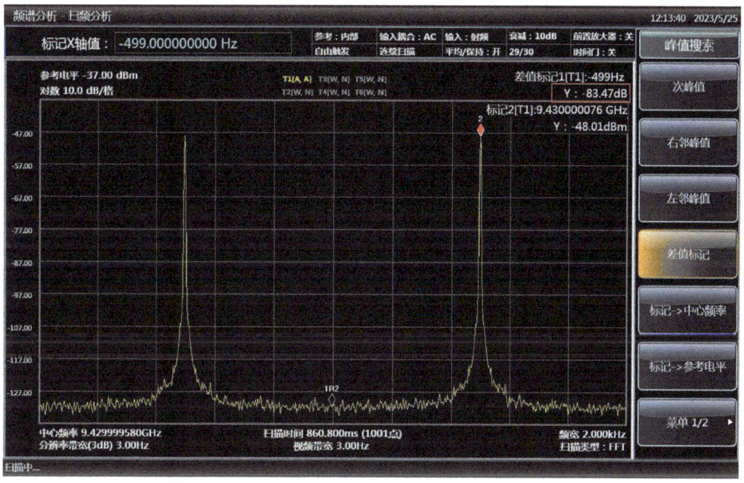

图 2-19 极限改善因子示意图

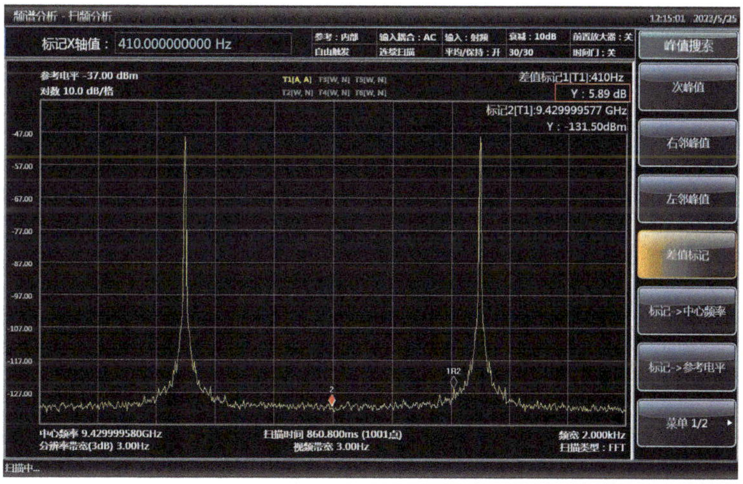

图 2-20 杂噪比示意图(红点位置)

2.3 接收机

2.3.1 测试仪表

信号源、示波器、检波器、频谱仪、噪声源。

2.3.2 接收系统线性动态特性测试

2.3.2.1 机外测试

2.3.2.1.1 测试连接

将信号源接至雷达 UD05 接收与信处(即信号处理,下同)分系统对应接口:XS01 RX-H(水平通道接收口)、XS02 RX-V(垂直通道接收口)。

使用网线将信号源和终端电脑连接。如图 2-21、图 2-22 所示。

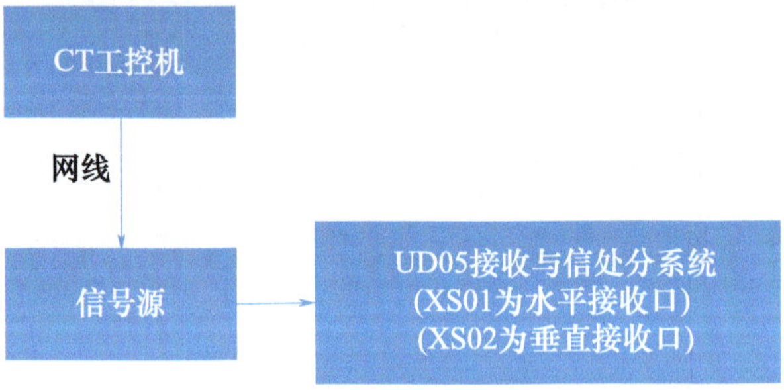

图 2-21 接收系统线性动态特性测试框图

2.3.2.1.2 测试流程

(1)查看信号源 IP 地址,将计算机 IP 与信号源 IP 地址设置在同网段(即最后一个字段数字不同):信号源上选择系统/本地→LAN 端口配置→IP 显示;在信号处理终端(SPT)选择分析→性能测试(选择该项后会提示权限确认,需输入密码,默认密码为 cdyw)→信号源配置,设置本地 IP 与信号源 IP;设置信号源控制测试,设置雷达频率;发送频率配置,显示“发送成功”即为设置成功。如图 2-23 所示。

(2)在信号处理终端(SPT)选择分析→性能测试(选择该项后会提示权限确认,需输入密码,默认密码为 cdyw)→性能测试界面→动态范围测试→选择“机外”“连续波”。

图 2-22　接收系统线性动态特性测试连接图

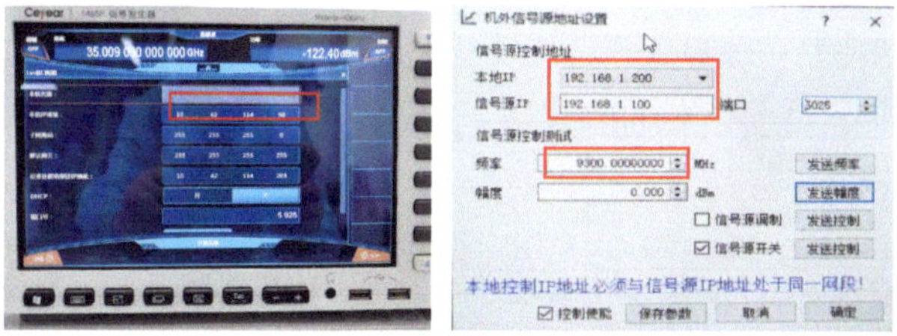

图 2-23　机外测试信号源设置

(3)动态范围测试设置(图 2-24)：

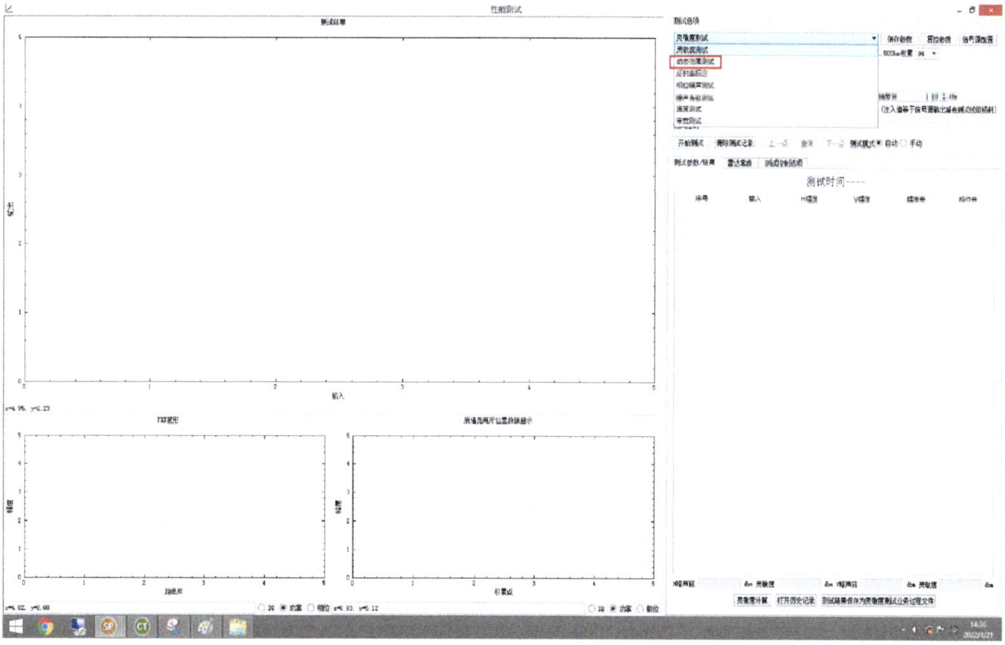

图 2-24　机外动态测试界面

• 选择要求的脉宽

• 信号源输出频率：雷达中心频率

• 信号源输出功率：−115～−10 dBm，步进为 1 dB(信号源输出功率应加上测试线缆损耗)

• 机外测试线损：实测值

• 测试模式：自动

(4)设置完成后点击“开始测试”，测试完成后，在数据栏中选中其中一行数据，点击右键，选择“保持数据”。

(5)读取测量值并进行记录(图 2-25)。

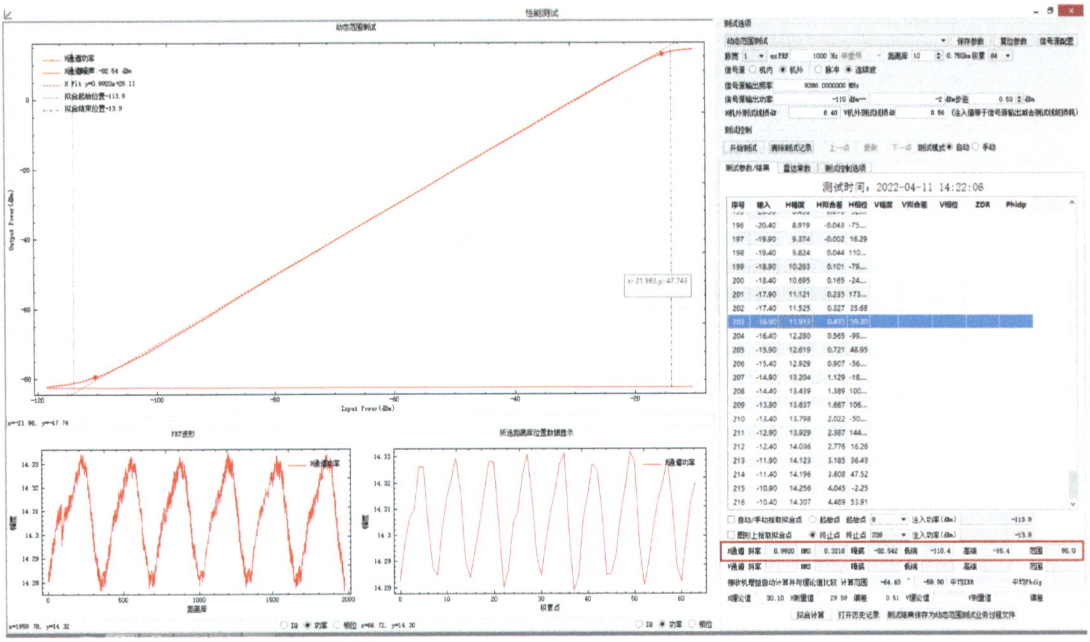

图 2-25　机外测试记录

(6)更换脉宽、接收通道。

(7)重复步骤(4)—(6)，获得相应测试结果。

2.3.2.2　机内测试

(1)恢复机内线缆连接。

(2)将“机外”设置为“机内”，重复机外测试步骤(4)—(7)可获取机内动态范围测试结果。

2.3.2.3　测试调整

当机外动态范围正常、机内斜率不达标或出现台阶状曲线时，可通过调整 SPT 安装目录：\Program Files\Cdyw\RadarX\SPT\Config 下的配置文件 AttCode 重新进行补偿计算和修正。

2.3.3　最小可测功率测试

2.3.3.1　测试连接

在动态范围线缆连接的基础上，信号源 Gate/Pulse 端口用线缆连接信号处理器 XS01 端口（触发信号）。如图 2-26 所示。

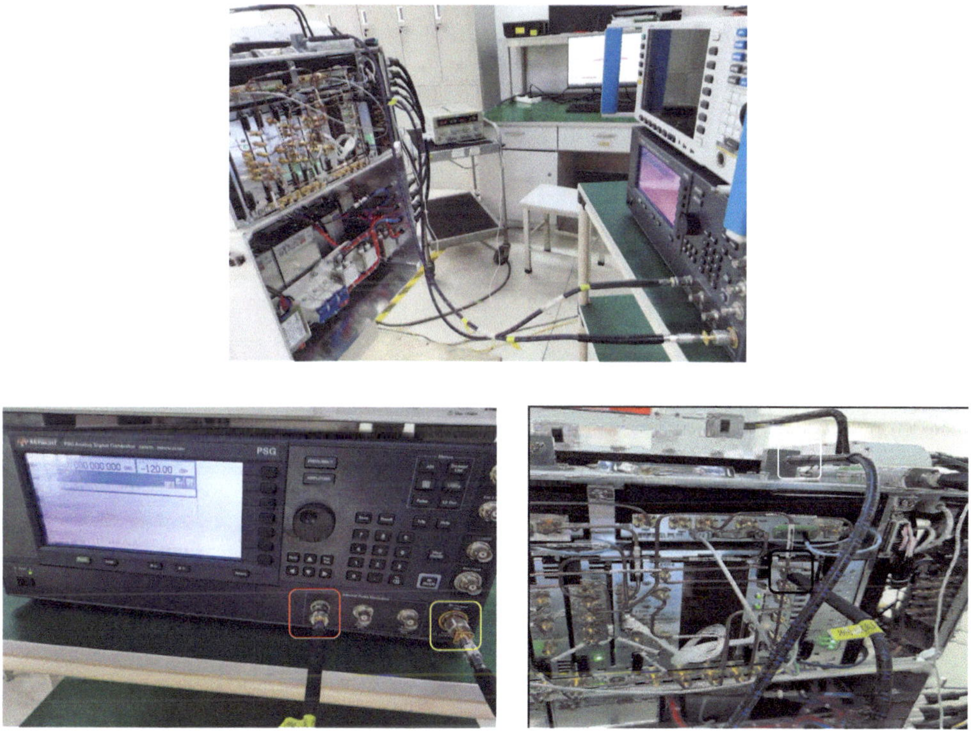

图 2-26　测试连接图

2.3.3.2　测试流程

（1）信号源设置：点击信号源 Pulse 键，选择 Pulse Source（Int Triggered），选择 Pulse Width，设置脉宽（0.5 μs/1.0 μs）。

(2)使用网线将终端计算机与信号源连接,查看信号源 IP 地址,将计算机 IP 与信号源 IP 地址设置在同一网段。在信号处理终端(SPT)选择分析→性能测试(选择该项后会提示权限确认,需输入密码,默认密码为 cdyw)→信号源配置,设置本地 IP 与信号源 IP。设置信号源控制测试,设置雷达频率。发送"频率配置",显示"发送成功"即为设置成功(图 2-27)。

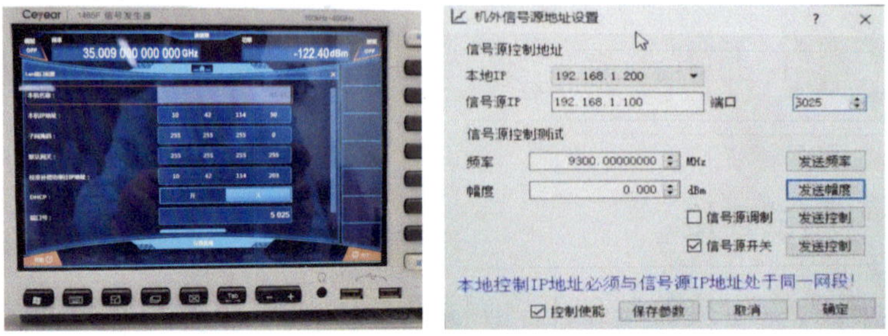

图 2-27　灵敏度测试信号源设置

(3)在信号处理终端(SPT)选择分析→性能测试(选择该项后会提示权限确认,需输入密码,默认密码为 cdyw)→性能测试界面→灵敏度测试(图 2-28)。

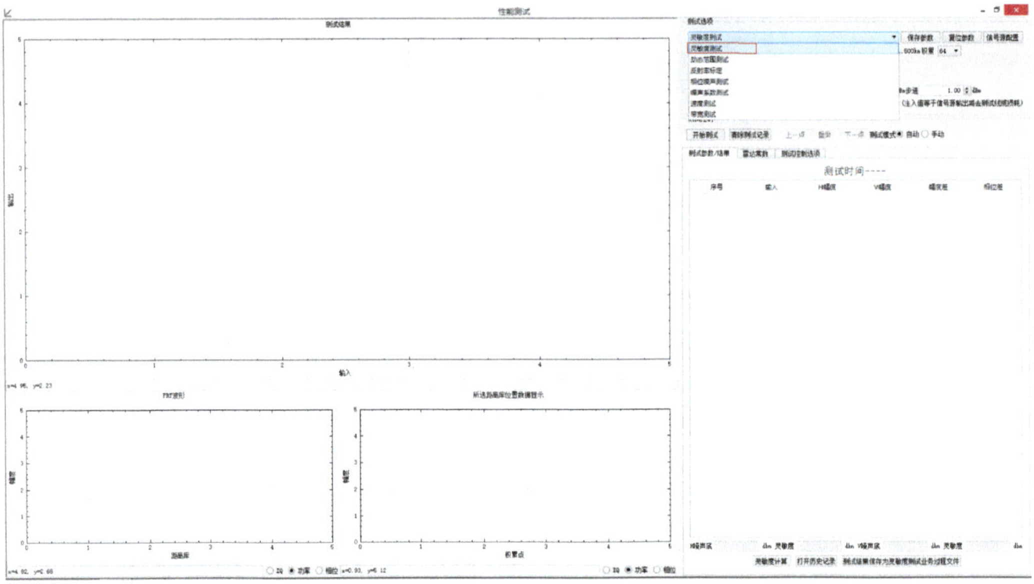

图 2-28　灵敏度测试选择

(4)灵敏度测试设置:

• 选择要求的脉宽

• 信号源输出频率:雷达中心频率

• 信号源输出功率:−115～−75 dBm,步进为 1 dB(信号源输出功率应加上测试线缆损耗)

- 机外测试线损：实测值
- 测试模式：自动

(5)设置完成后点击开始测试，测试完成后读取测量值并进行记录(图 2-29)。

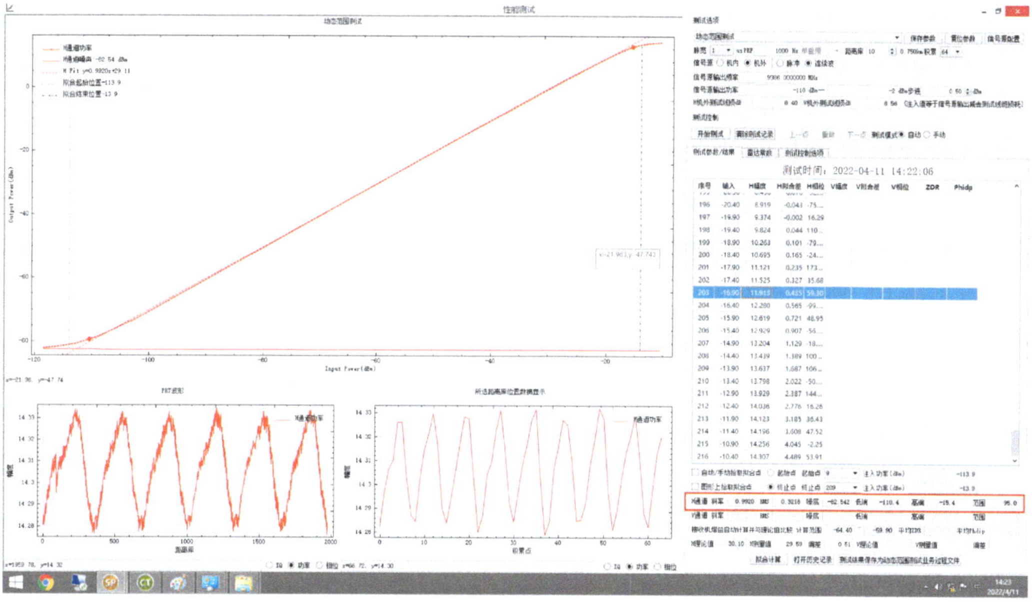

图 2-29　灵敏度测试记录

(6)测试完成后，在数据栏中选中其中一行数据，点击右键，保存数据。

(7)更换脉宽后重复前一个脉宽操作，即可得到更改脉宽后的测试值。

(8)更换连接通道，重新选择相应通道，重复上述操作。

2.3.4　接收机数字带宽测试

2.3.4.1　测试连接

(1)将信号源输出接至信号处理器端输入口 XS04(H 通道)。

(2)使用网线将终端电脑与信号源连接(图 2-30)。

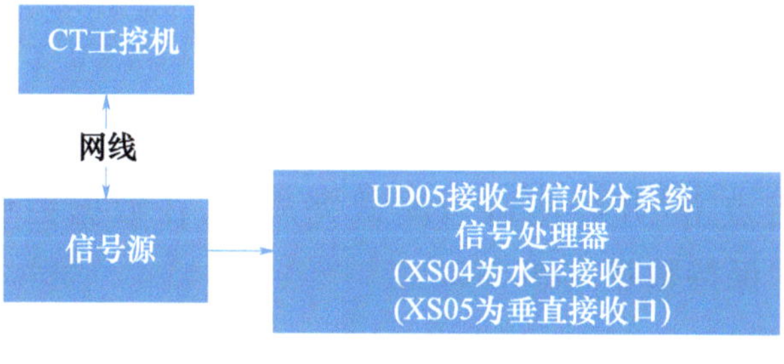

图 2-30　带宽测试框图

2.3.4.2 测试流程

(1)查看信号源 IP 地址,将计算机 IP 与信号源 IP 地址设置在同一网段。

(2)信号源上选择系统/本地→LAN 端口配置→IP 显示。

(3)在信号处理终端(SPT)选择分析→性能测试(选择该项后会提示权限确认,需输入密码,默认密码为 cdyw)→信号源配置,设置本地 IP 与信号源 IP。

(4)设置信号源控制测试,设置雷达频率。

(5)发送频率配置,显示"发送成功"即为设置成功。

(6)在信号处理终端(SPT)选择分析→性能测试(选择该项后会提示权限确认,需输入密码,默认密码为 cdyw)→性能测试界面→带宽测试(图 2-31)。

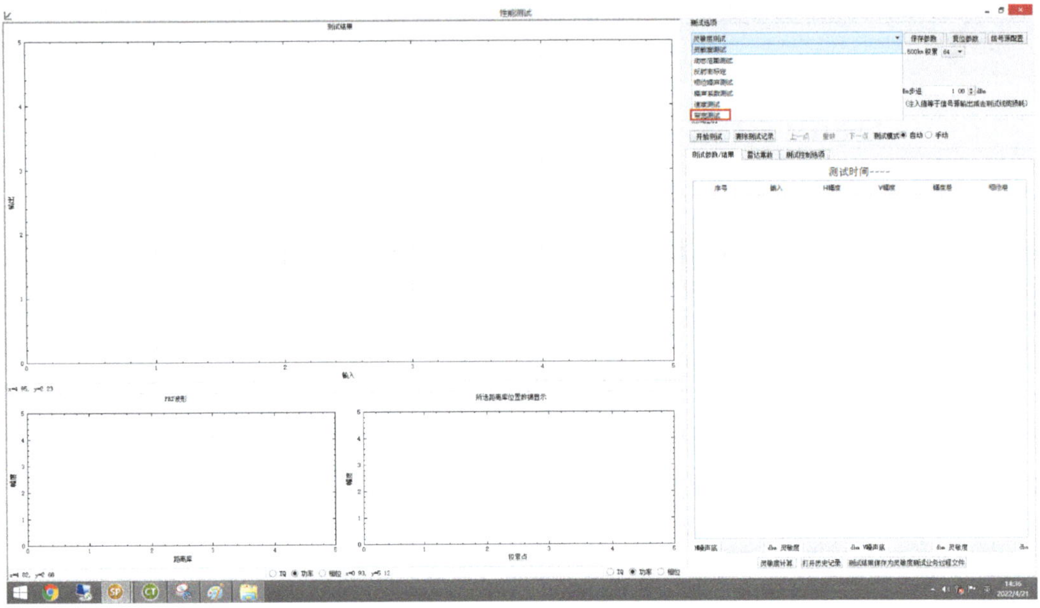

图 2-31 带宽测试流程

(7)带宽测试设置:

- 选择要求的脉宽
- 信号源输出频率:57～63 MHz,步进为 0.1 MHz
- 信号源输出功率:－30 dBm
- 测试模式:自动

(8)设置完成后点击"开始测试",测试完成后读取测量值并进行记录。

(9)设置完成后点击"开始测试",测试完成后,在数据栏中选中其中一行数据,点击右键,选择"保持数据"(图 2-32)。

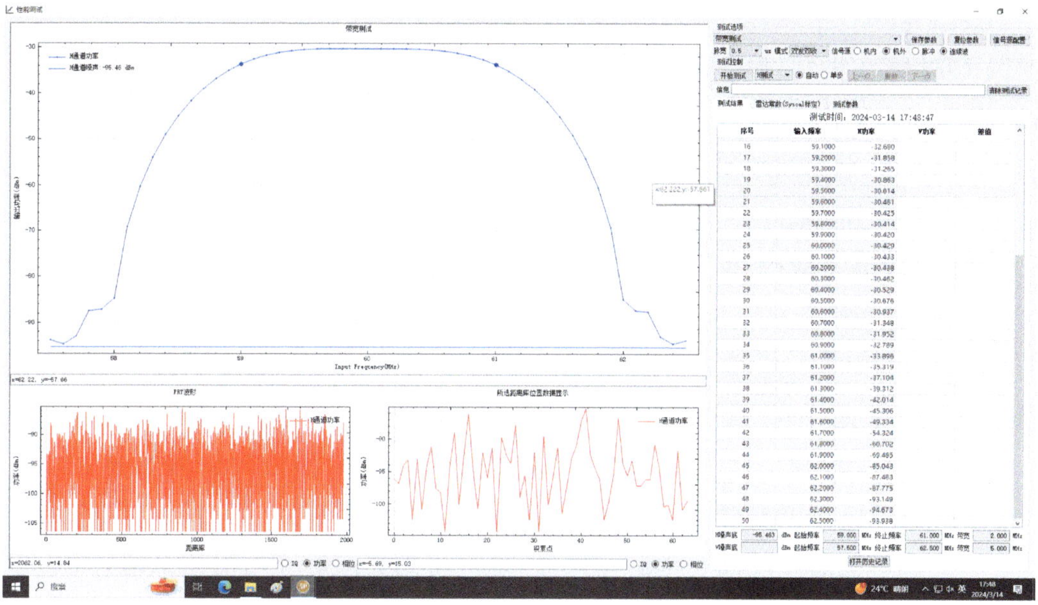

图 2-32　带宽测试记录

(10)更换脉宽后重复前一个脉宽操作，即可得到更改脉宽后的测试值。

(11)更换连接通道信号处理器 XS05(V 通道)，重新选择相应通道，重复上述操作。

2.3.5　接收机脉冲压缩比测试

2.3.5.1　测试连接

频谱仪连接接收机 XS08 端口。

2.3.5.2　测试流程

(1)在信号处理终端(SPT)选择设置→调机测试(选择该项后会提示权限确认，需输入密码，默认密码为 cdyw)，进行配置，配置完成后点击启动测试，调机参数配置如下：

- 选择使用的脉宽
- 噪声源开关：噪声源不输出
- 射频激励开关：射频激励开
- 脉冲调制：发射机耦合通道打开

- 射频四位开关：射频通道打开
- 移相控制：不移相
- 硬件脉压控制：脉压
- KD(TD)测试模式：正常扫描模式
- 发射机：根据需要测试的通道选择允许或禁止
- DDS 输出：输出
- 射频数控衰减码：0

(2)频谱仪设置

点击频谱仪“Meas”，选择“Occupied BW”，频率“Frep”设置 68 MHz，频宽“Span”设置 5 MHz，带宽“BW”设置 50 kHz，扫描时间“Sweep Time”设置 1 s，选择“Meas Setup”，选择“x dB”输入－3 dB，通过信号处理终端(SPT)发射信号脉宽 40 μs 和 200 μs，在频谱仪在读取接收机带宽，压缩比为脉宽×带宽。

(3)更换脉宽后重复前一个脉宽操作，即可得到更改脉宽后的测试值(图 2-33)。

注：由于雷达为非线性调频，此方法得到的测试结果仅供参考。

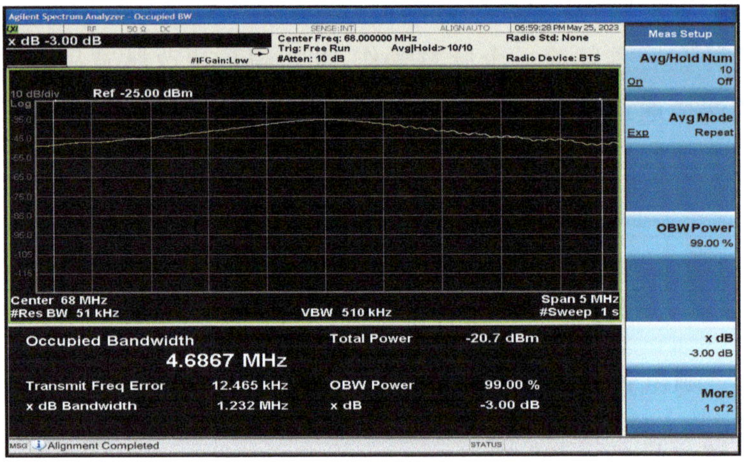

图 2-33　脉冲压缩比测试结果

2.3.6　脉冲压缩主副瓣比测试

(1)在信号处理终端(SPT)选择设置→调机测试(选择该项后会提示权限确认，需输入密码，默认密码为 cdyw)，进行配置，配置完成后点击“启动测试”，调机参数配置如下(图 2-34)：

- 选择使用的脉宽
- 噪声源开关：噪声源不输出

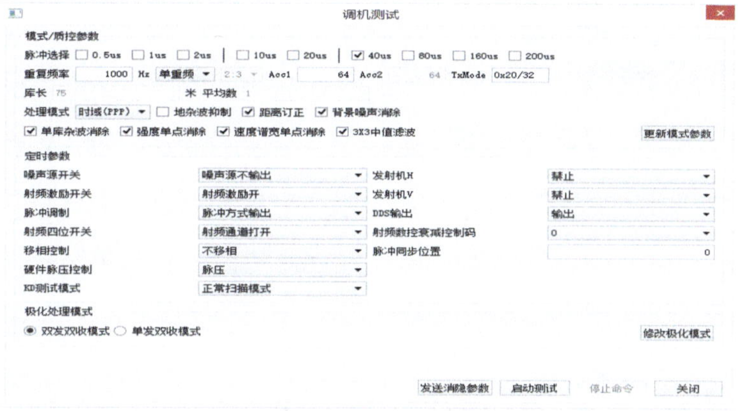

图 2-34　调机参数配置

- 射频激励开关：射频激励开
- 脉冲调制：脉冲方式输出
- 射频四位开关：射频通道打开
- 移相控制：不移相
- 硬件脉压控制：脉压
- KD(TD)测试模式：正常扫描模式
- 发射机：禁止
- DDS 输出：输出
- 射频数控衰减码：0

(2)打开 SPT 软件，选择“波形分析”，“PRT 数据分析”，选择“回波 PW1”(H 通道或 V 通道)，显示方式设置“功率”，选择“组合位置”，图形选择“自适应”。

(3)点击“PRT 数据分析”，点击“启动数据接收”，点击“停止数据接收”，选取“第一峰值(主瓣)”及“第二峰值(副瓣)”，如图 2-35 所示。

(4)通过雷达测试软件读取脉压(即脉冲压缩)主瓣最大值 A 和脉压副瓣最大值 B，脉压主副瓣比 $=A-B$。计算出差值得出主副瓣比。

2.3.7　噪声系数测试标校

2.3.7.1　测试连接

将噪声源连接至雷达 UD05 接收与信处分系统对应接口：XS01(RX-H)为水平通道接收口，XS02(RX-V)为垂直通道接收口。如图 2-36 所示。

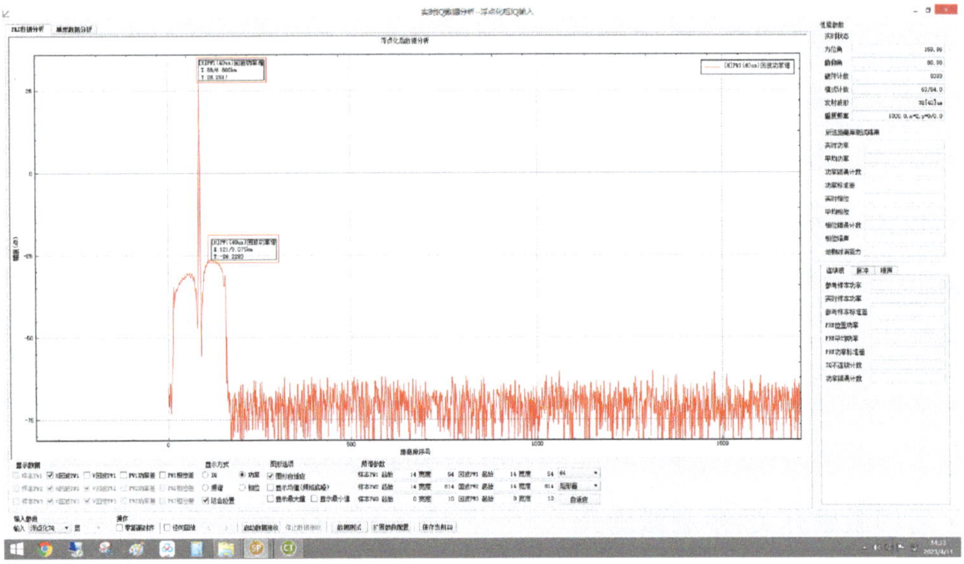

图 2-35　主副瓣比测试结果

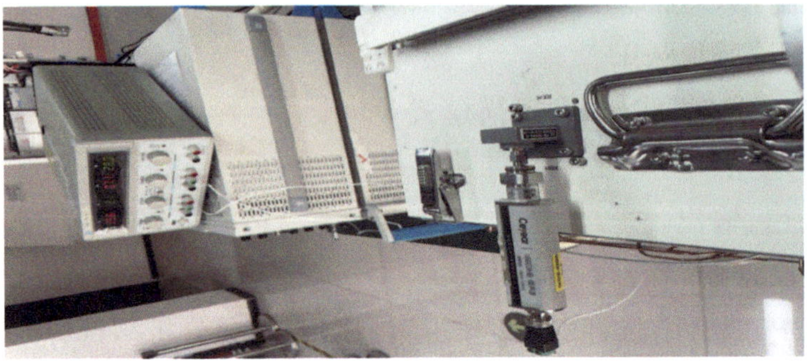

图 2-36　噪声系数测试连接

2.3.7.2　机外测试

(1)在信号处理终端(SPT)选择分析→性能测试(选择该项后会提示权限确认,需输入密码,默认密码为 cdyw)→性能测试界面→噪声系数测试。

(2)噪声系数测试设置(图 2-37):

- 选择使用的脉宽
- 机外超噪比:以噪声源标注为准
- 测试线缆损耗:以实测值为准

(3)设置完成后点击开始测试(图 2-38),会显示“请输入机外冷噪声”,点击确认,冷噪声测试完成后会提示“请输入机外热噪声”,此时打开噪声源电源,然后点击“确认”。

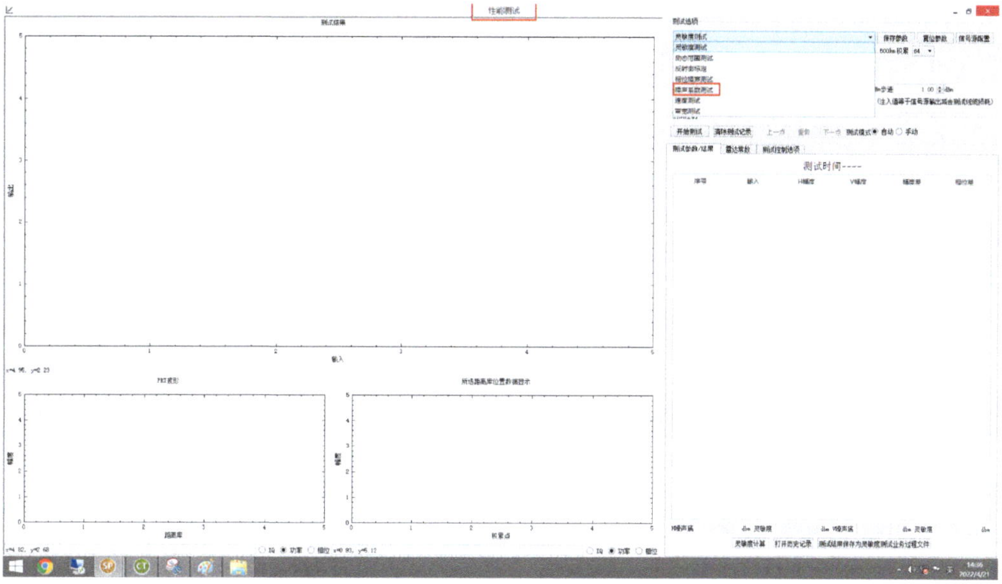

图 2-37　机外噪声系数测试设置

图 2-38　机外噪声系数测试流程

(4)测试完成后读取噪声系数测量值,将该测量值进行记录(图 2-39)。

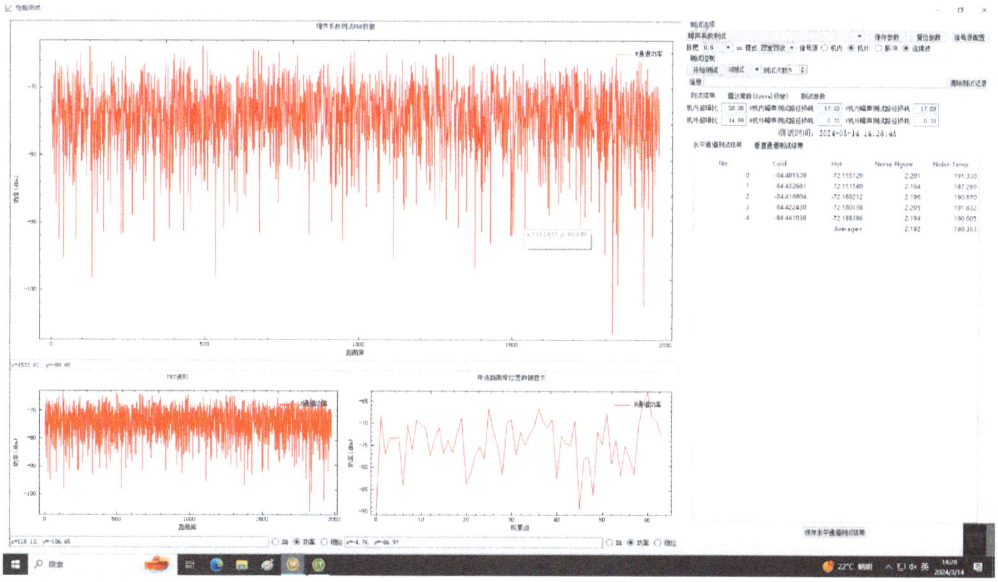

图 2-39　机外噪声系数测试记录

(5)记录参数后，更换噪声源连接口至另一个通道，重复操作后可以得到另一个通道机外噪声系数。

2.3.7.3 机内测试

(1)在信号处理终端(SPT)选择分析→性能测试(选择该项后会提示权限确认，需输入密码，默认密码为 cdyw)→性能测试界面→噪声系数测试(图 2-40)。

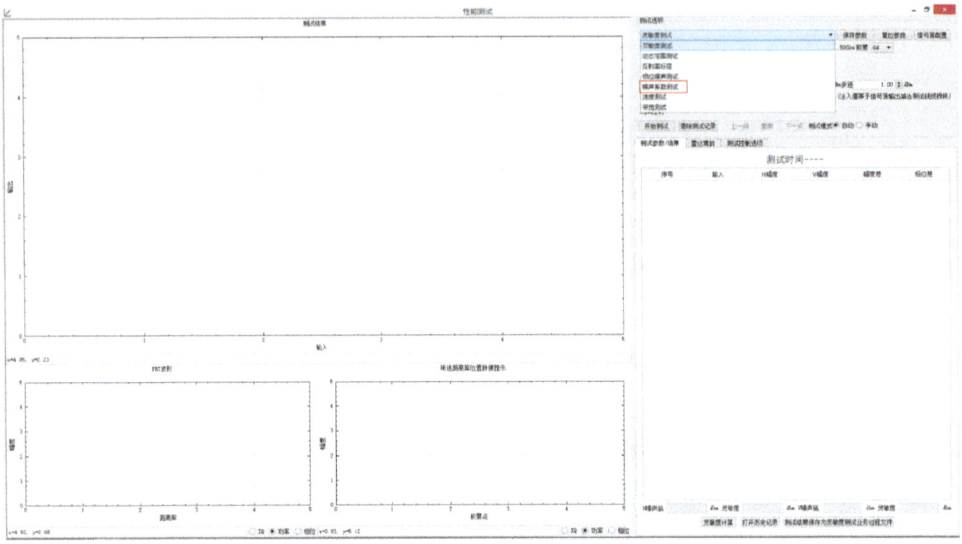

图 2-40 机内噪声系数测试设置

(2)设置完成后点击“开始测试”，会先后自动控制进行冷噪声、热噪声测试。

(3)测试完成后读取噪声系数测量值将该测量值进行记录(图 2-41)。

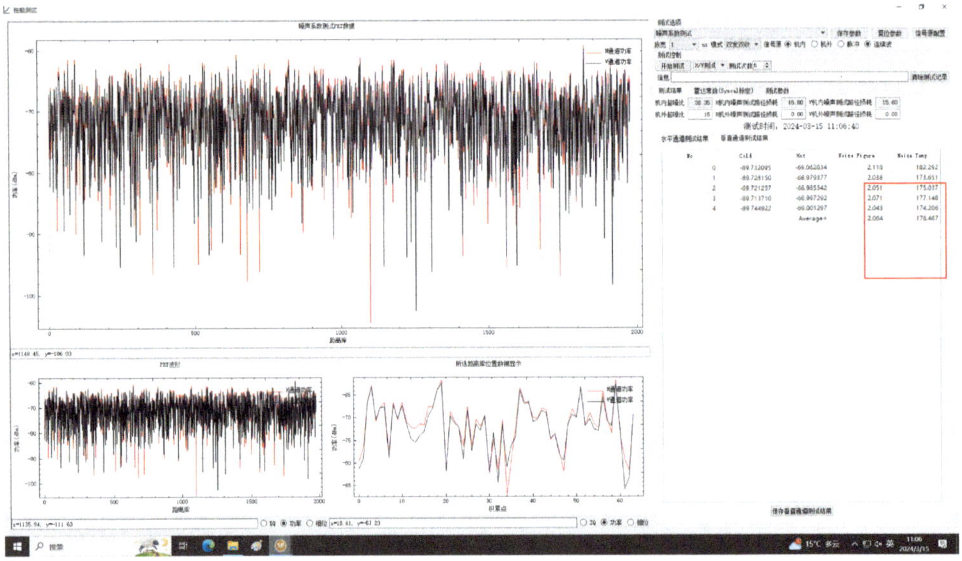

图 2-41 机内噪声系数测试记录

(4)记录参数后，切换脉宽、切换通道，重复操作后可以得到其他机内噪声系数。

2.3.7.4　标校调整

如果机内和机外测试结果不一致，按照以下步骤调整机内噪声：

(1)在 SPT 软件中选择设置→雷达参数。

(2)调整噪声源超噪比(超噪比与噪声系数调整关系 1∶1)，如图 2-42 所示。

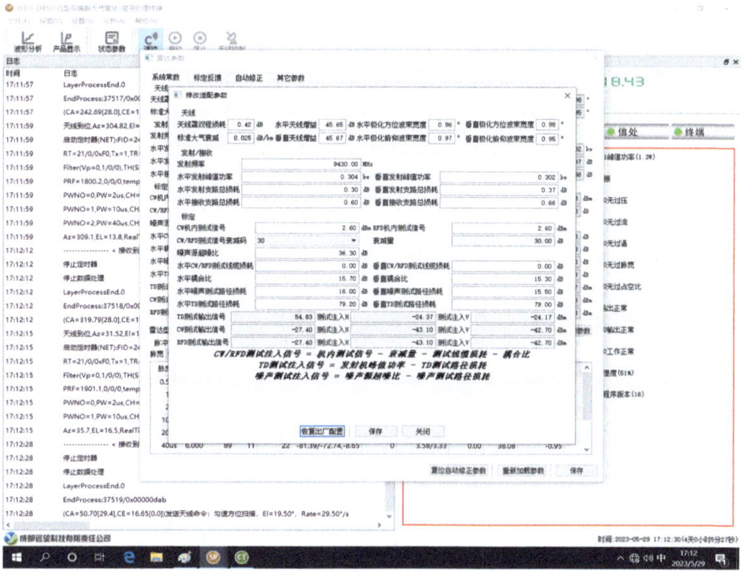

图 2-42　机内噪声源超噪比设置

(3)调整超噪比后，再次进行测试，直到机内机外测试结果满足要求。

2.4　系统指标

2.4.1　测试仪表

信号源。

2.4.2　系统相干性检验

(1)在信号处理终端(SPT)选择分析(图 2-43)→性能测试(选择该项后会提

示权限确认，需输入密码，默认密码为 cdyw)→性能测试界面→相位噪声测试(图 2-44)。

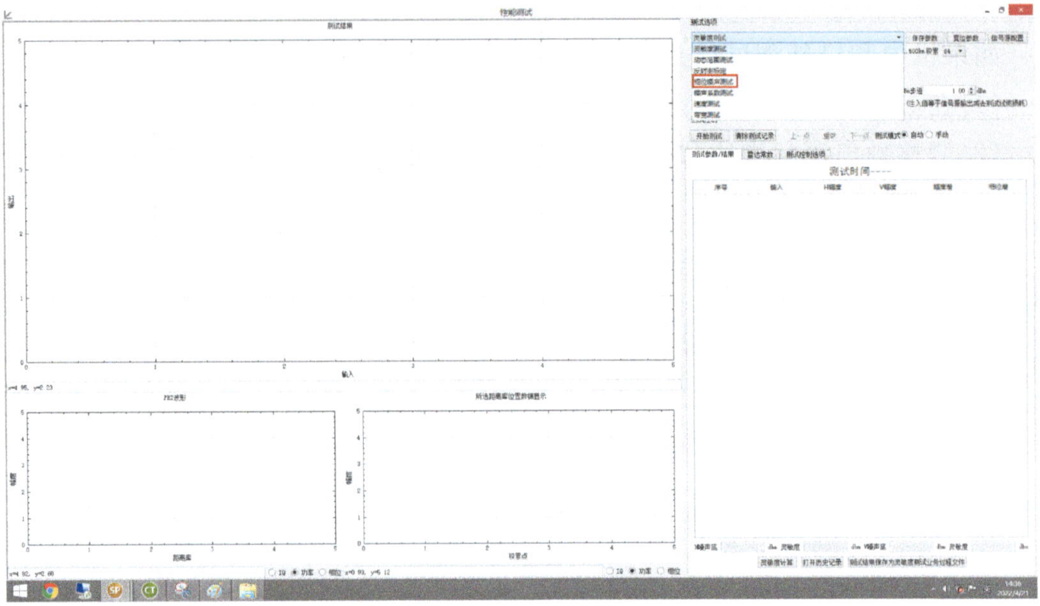

图 2-43　相位噪声选择

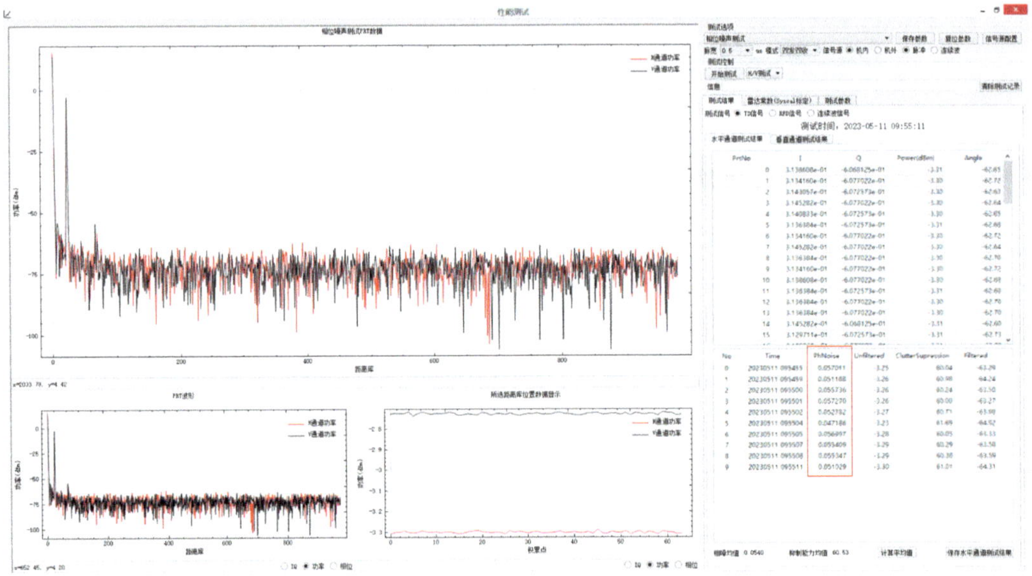

图 2-44　相位噪声测试记录

(2)设置完成后点击“开始测试”，测试完成后查看 PhNoise 值并记录，取相位噪声 10 次测量值的平均值来表征系统相干性。

2.4.3　估算地物对消能力检验

通过雷达终端软件设置滤波器的凹口宽度≤1 m/s，信号处理器选择 PPP 模式，控制雷达将发射脉冲经衰减延迟后送入接收机，对该信号的 I、Q 值采样并送入地杂波滤波器进行滤波，比较 10 个模拟地物回波在对消前和对消后的强度差值，求其平均值，来表征滤波前后的地物对消能力。

点击“信号处理终端”(CT)，选择“遥控”，点击“扫描模式”，选择“标定测试”，选择杂波抑制→脉宽(1 μs)→确认→运行(30 s)，点击“测试结果”，选择“杂波抑制测试”，选择“查看历史测试记录”，选择 10 组参数并记录(图 2-45)。

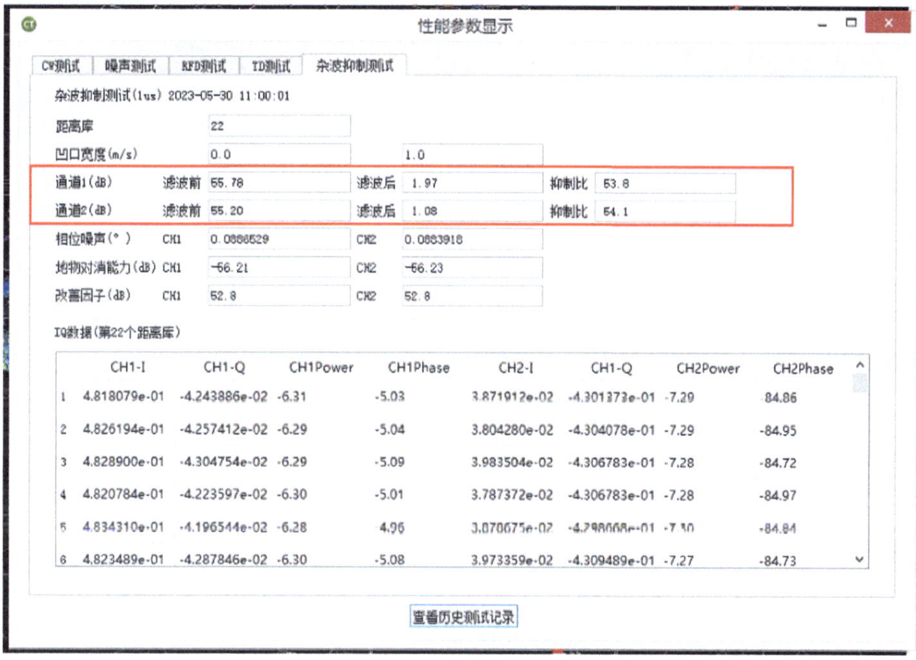

图 2-45　估算地物对消能力测试图

2.4.4　实际地物对消能力检验

雷达正常扫描，查看 0.5°仰角时的回波，将鼠标放置在地物处，单击左键，查看当前位置地物滤波前及滤波后的值，差值即为实际地物对消能力(图 2-46)。

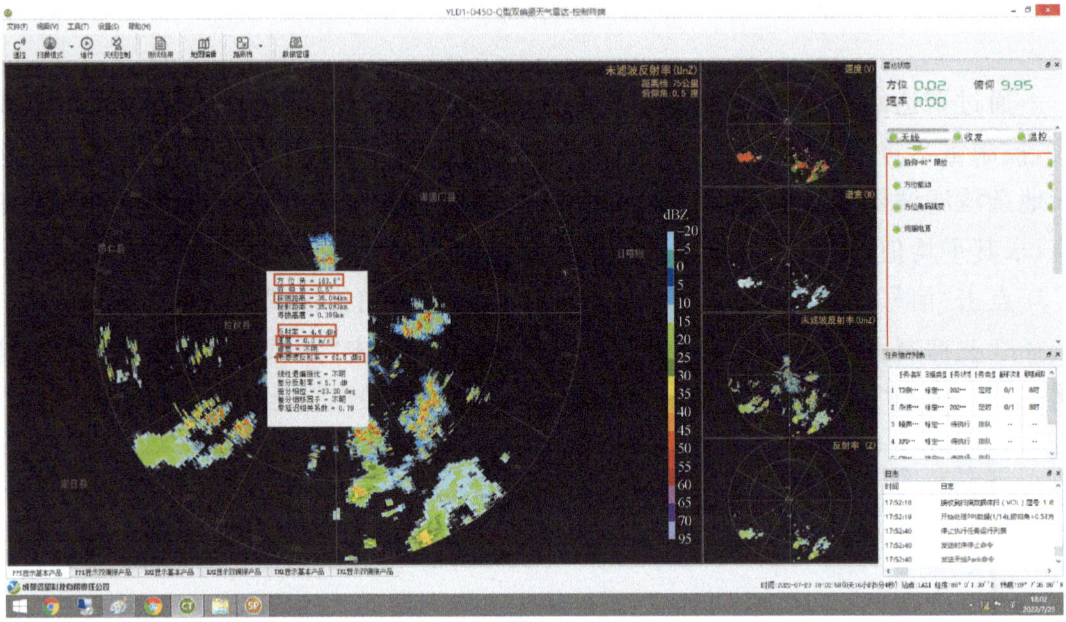

图 2-46　实际地物对消能力测试

2.4.5　径向速度测量检验

2.4.5.1　机外测试

2.4.5.1.1　测试连接

信号源连接至雷达 UD05 接收与信处分系统对应接口：XS01(RX-H)为水平通道接收口，XS02(RX-V)为垂直通道接收口。

2.4.5.1.2　计算公式

径向速度测试理论值 V_1（单位为 m/s）与最大不模糊速度 V_{max}（单位为 m/s）计算公式如下：

$$V_1 = -(\lambda \times f_d)/2$$

$$V_{max} = \pm(\lambda \times F)/4$$

式中：λ——雷达波长，单位为米(m)；

f_d——多普勒频移，单位为赫兹(Hz)；

F——脉冲重复频率，单位为赫兹(Hz)。

退速度模糊方法如下：

$$V_3=\begin{cases}V_2 & V_1\times V_2\geqslant 0\\ V_2-2|V_{\max}| & V_1<0<V_2\\ V_2+2|V_{\max}| & V_2<0<V_1\end{cases}$$

式中：V_2——终端显示值(单位为 m/s)；

V_3——退模糊后的测量值(单位为 m/s)。

单脉冲重复频率速度测量误差 ΔV_1、单脉冲重复频率和双脉冲重复频率测速差值 ΔV_2 计算公式分别如下：

$$\Delta V_1=V_3-V_1$$

$$\Delta V_2=V_3-V_4$$

2.4.5.1.3　测试流程

(1)在信号处理终端(SPT)选择分析→性能测试(选择该项后会提示权限确认，需输入密码，默认密码为 cdyw)→性能测试界面→速度测试(图 2-47)。

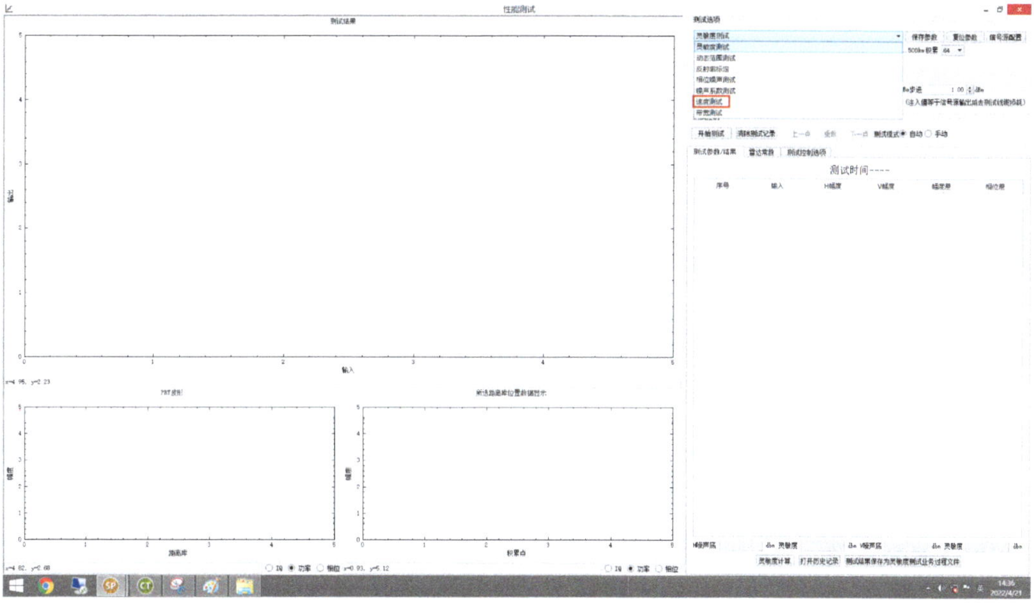

图 2-47　机外径向速度测试选择

(2)信号源输出频率为雷达中心频点，信号源输出功率为 −30 dBm，选择“机外、连续波”，找到“速度零点”，频偏测试范围 −3000～3000 Hz，步进 200 Hz，点击“开始测试”。

(3)如需切换通道则返回参数界面点击“修改”，进行通道选择，重复上述操作。

(4)在终端获取速度显示值 V_2，计算出退速度模糊后的测量值 V_3，并与理论值 V_1 进行比较。

(5)设置信号处理器重复频率模式为双脉冲重复频率模式(2∶3 或 3∶4)，找到速度零点，进行多普勒频移(±3000 Hz、步进 200 Hz)，在终端获取速度显示值 V_4，并与 V_3 进行比较。

(6)水平通道和垂直通道分别进行 10 个点的单脉冲重复频率模式和双脉冲重复频率模式的径向速度测试。

(7)测试完成后，在数据栏中选中其中一行数据，点击右键，选择“保持数据”(图 2-48)。

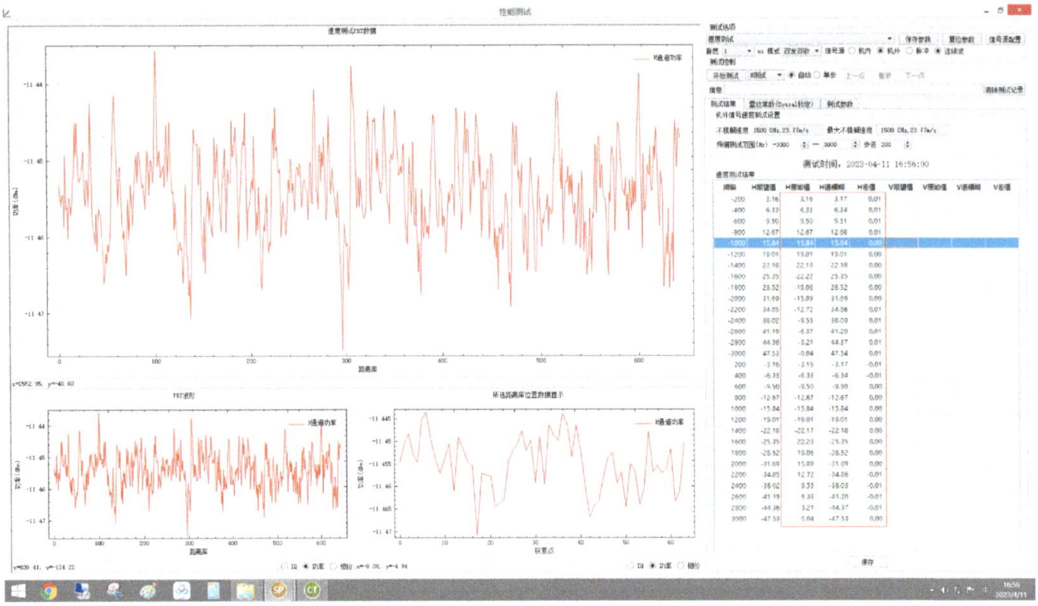

图 2-48　机外径向速度测试结果

2.4.5.2　机内测试

恢复雷达线缆连接，即 XS01(RX-H)应接好波导或者负载。

(1)在信号处理终端(SPT)选择分析→性能测试(选择该项后会提示权限确认，需输入密码，默认密码为 cdyw)→性能测试界面→速度测试(图 2-49)。

(2)选择“机内”，点击“开始测试”，系统将按照设置的移相先后顺序，测试并记录速度测量结果。

(3)如需切换通道，则返回参数界面点击“修改”，进行通道选择，重复上述操作。

(4)在终端获取速度显示值 V_2，计算出退速度模糊后的测量值 V_3，并与理论值 V_1 进行比较。

(5)设置信号处理器重复频率模式为双脉冲重复频率模式，在终端获取速度显示值 V_4 并与 V_3 进行比较。

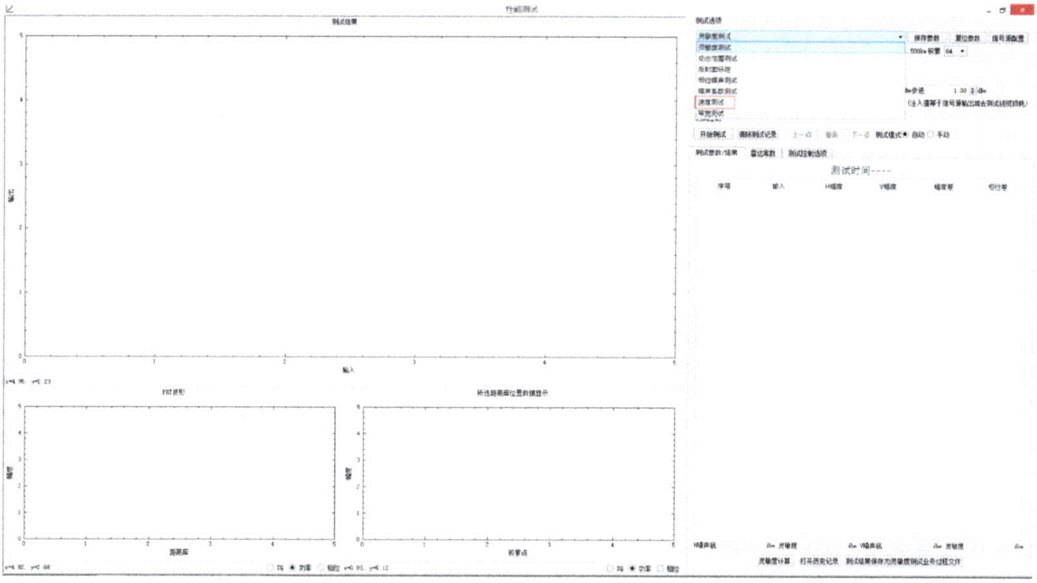

图 2-49 机内径向速度测试选择

（6）水平通道和垂直通道分别进行 10 个点的单脉冲重复频率模式和双脉冲重复频率模式的径向速度测试（图 2-50）。

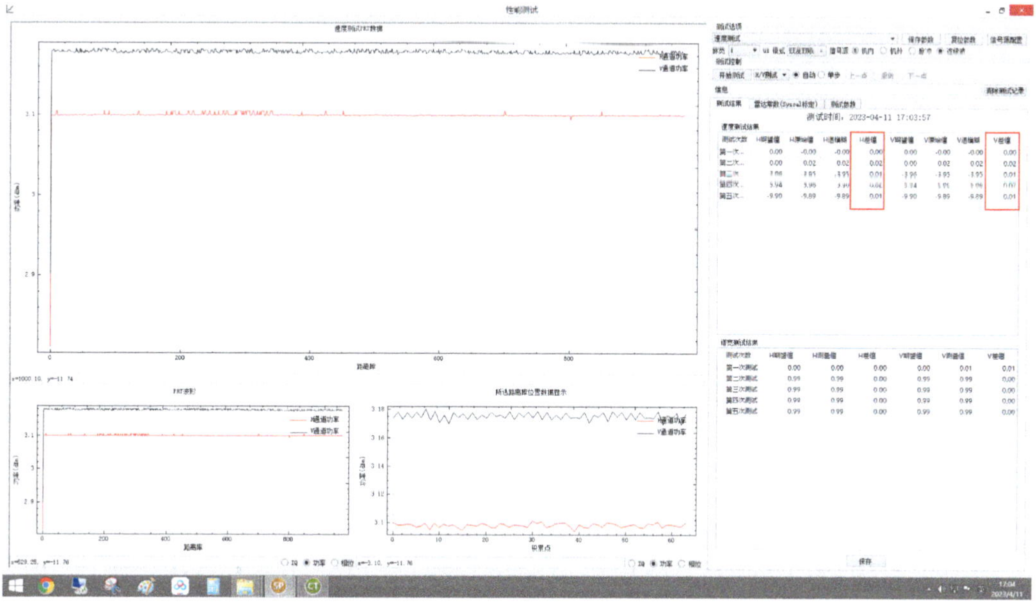

图 2-50 机内径向速度测试结果

2.4.6 双偏振参数测试标校

2.4.6.1 机外测试

(1)线缆损耗校准

由于功分器无法将信号功率准确地分为两路一致的信号，需对功分器的损耗进行校准。步骤如下：

信号源连接功分器→功分器连接测试线 H/V(测试 H 通道线损时，V 通道线接负载，同样，测试 V 通道时，H 通道线接负载)→进行线损校验→信号源频点设置(雷达频点)→信号源功率(0 dBm)→频谱仪频点设置(雷达频点)→频宽(100 kHz)→带宽(1 kHz)→开信号源→H/V 取线损值。

(2)测试连接

信号源连接功分器，分为两路分别注入 UD05 接收与信处分系统 XS01(RX-H)和 XS02(RX-V)(图 2-51)。

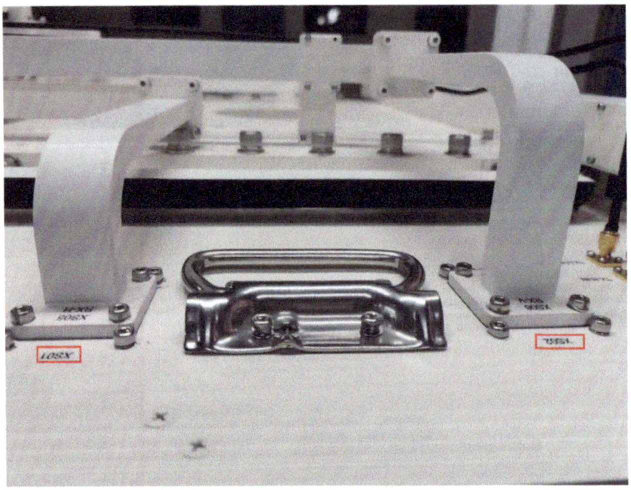

图 2-51 机外双偏振参数测试信号注入口

(3)测试流程

雷达测试计算机打开 SPT 软件→性能测试→动态范围测试→设置脉宽(1 μs)→设置重频(1000 Hz)→信号源输出功率(−115～0 dBm)→步进(1 dB)→设置 H/V 通道线损→选择 H/V 通道→开始测试(图 2-52)。

将动态范围测试数据提取出来，取信噪比≥20 dB 且信号强度值比机内动态范围上拐点低至少 10 dB 的数据进行计算，得出差分反射率及差分传播相移标准差来分别检验幅度一致性和相位一致性(图 2-53)。

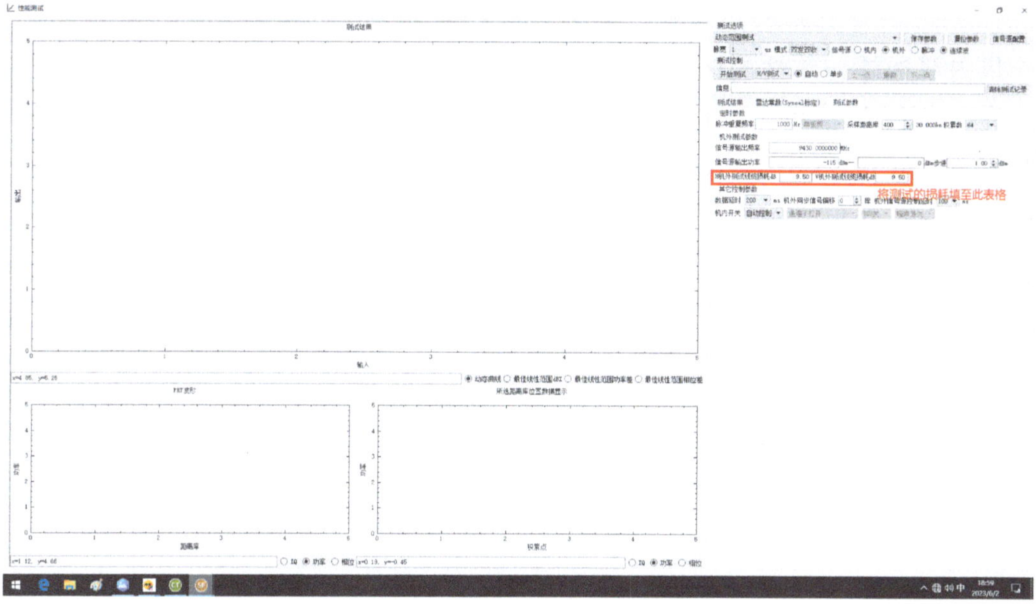

图 2-52　机外双偏振参数测试参数配置

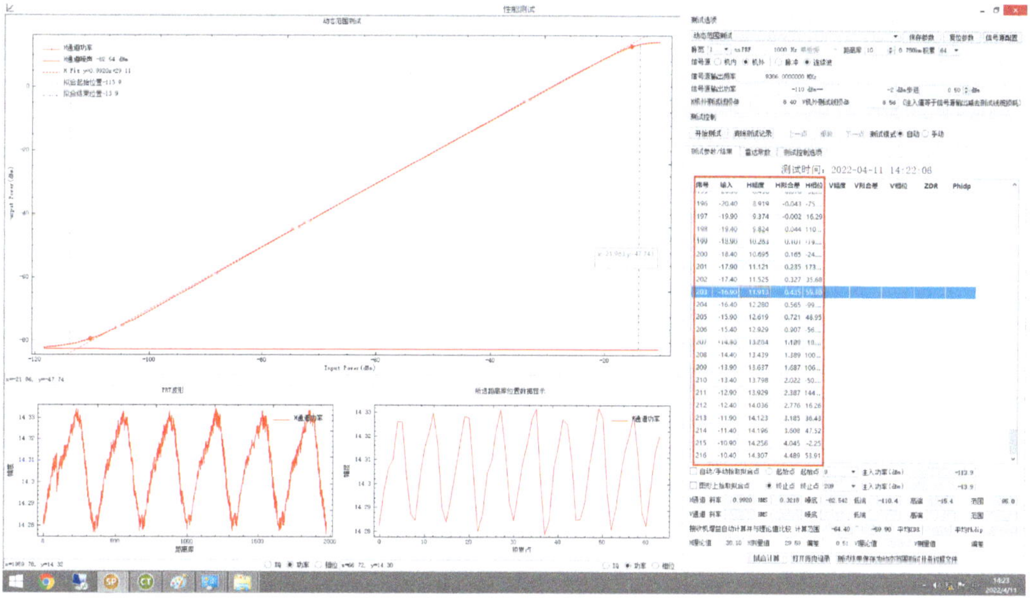

图 2-53　机外双偏振参数测试结果

差分反射率及差分传播相移标准差计算公式如下：

$$\sigma=\mathrm{sqrt}\{[(x_1-x)^2+(x_2-x)^2+\cdots+(x_n-x)^2]/n\}$$

2.4.6.2 机内测试

机内双通道一致性测试方法与机外动态范围测试方法一致，将动态范围测试数据提取出来，取信噪比≥20 dB 且信号强度值比机内动态范围上拐点低至少 10 dB 的数据进行计算，得出差分反射率及差分传播相移标准差（公式同上）来分别检验幅度一致性和相位一致性（图 2-54）。

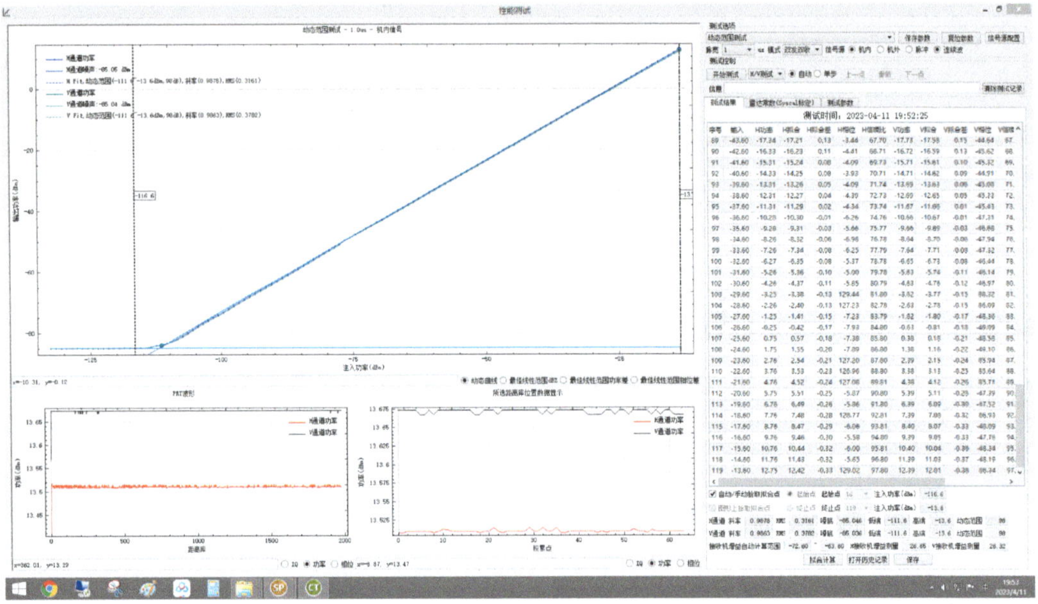

图 2-54　机内双通道一致性测试结果

2.4.6.3 测试调整

如果机内双通道一致性测试中双偏振参数超差，则可通过调整 SPT 软件→设置→雷达参数（图 2-55），其中通过修订水平耦合比和垂直耦合比来调整双偏振参数一致性。

2.4.7 回波强度测试标校

2.4.7.1 机内接收机前端注入功率标校

（1）用频谱仪连接至 UD05 接收与信处分系统 XS07（CAL-OUT）（图 2-56），频谱仪设置雷达中心频点，频宽（Span）设置 10 MHz，带宽（BW）设置 30 kHz。打开 SPT 软件→设置→调机参数（图 2-57），设置脉冲调制为“持续高电平输出”，发射机 H 和 V 设置“禁止”，在频谱仪上分别测试脉冲信号和连续波信号标定信号功率(图 2-58)，测试结果填入雷达参数表格中，具体为 SPT→设置→雷达参数(图 2-59)。

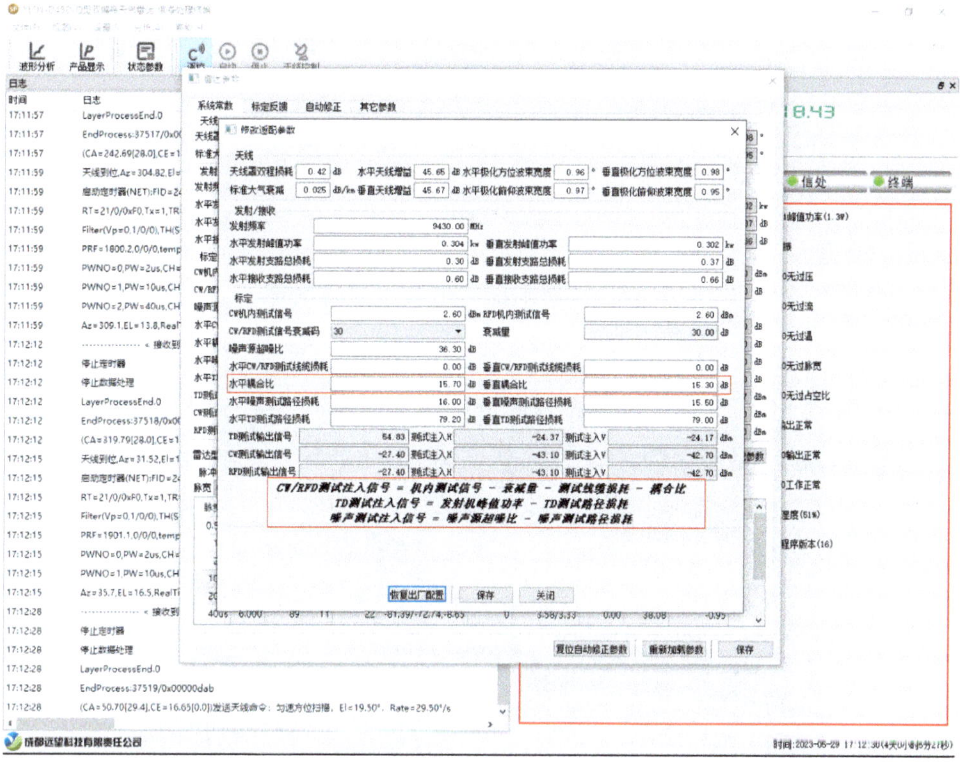

图 2-55　双通道一致性雷达参数设置

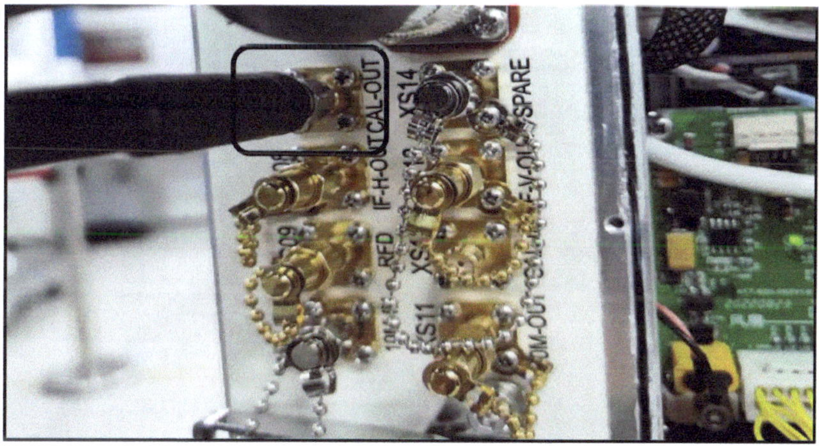

图 2-56　标定信号输出功率测试口

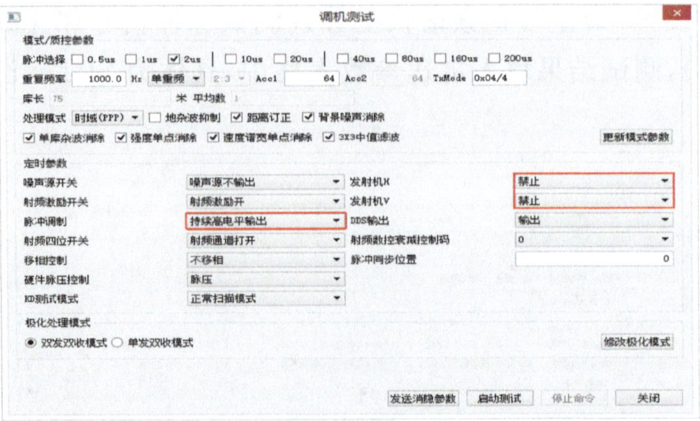

图 2-57　回波强度调机测试参数设置

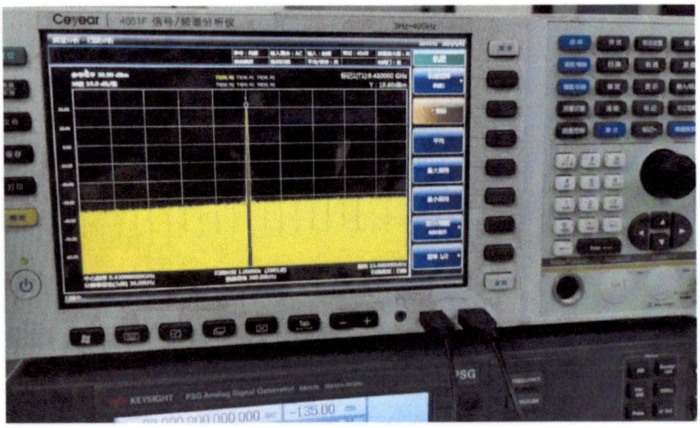

图 2-58　频谱仪设置与读数

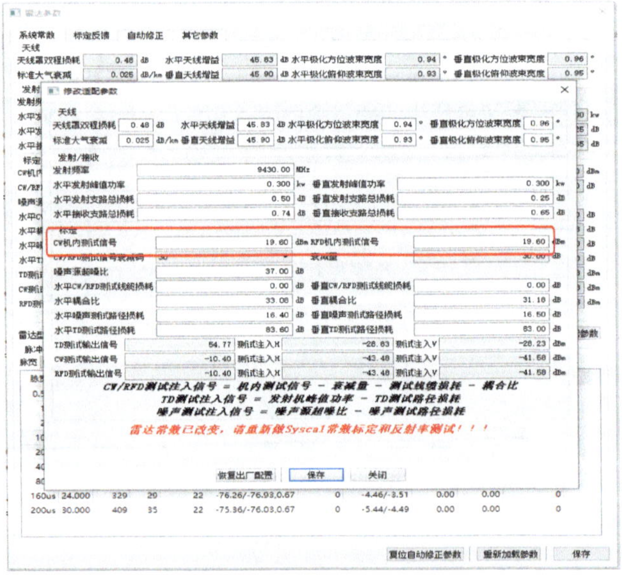

图 2-59　雷达参数——机内测试信号填写

(2)测试标定线路插损(耦合比)

由于前面机内标定输出信号使用的是频谱仪,为了保证测试准确,用频谱仪对信号源及连接线缆进行校准。连接方式如图 2-60 所示,设置信号源输出雷达中心频点,功率为 0 dBm,打开信号源射频开关,在频谱仪上设置相应频点,Span 设置 10 MHz,BW 设置 30 kHz,峰值搜索,读取功率值,该值即为线缆插损,将此插损补偿进测试系统,如插损为－2.5 dB,则设置信号源输出功率为－27.5 dBm,此时通过该线缆后输出的功率为－30 dBm。

图 2-60　用频谱仪校准信号源和测试线缆输出功率

水平耦合比测试:设置信号源输出(计入线损后)－30 dBm,信号源通过波导同轴转换器接入 UD05 的 XS01(RX-H)接口,频谱仪接入 UD05 的 XS08(IF-H-OUT)(图 2-61),频谱仪中心频点设置 60 MHz,Span 设置 10 MHz,BW 设置 30 kHz,峰值搜索(Peak Search),再设置差值标记(Marker Delta);再将信号源输出线缆接至 UD05 的 XS12(CAL-IN),信号源设置不变,读取频谱仪的差值读数,即为水平通道耦合比。

垂直耦合比测试:设置信号源输出(加入线损后)－30 dBm,信号源通过波导同轴转换器接入 UD05 的 XS02(RX-V)接口,频谱仪接入 UD05 的 XS13(IF-V-OUT)(图 2-62),频谱仪中心频点设置 60 MHz,Span 设置 10 MHz,BW 设置 30 kHz,峰值搜索(Peak Search),再设置差值标记(Marker Delta);再将信号源输出线缆接至 UD05 的 XS12(CAL-IN),信号源设置不变,读取频谱仪的差值读数,即为垂直通道耦合比。将两个数据(图 2-63、图 2-64)填入雷达参数中。

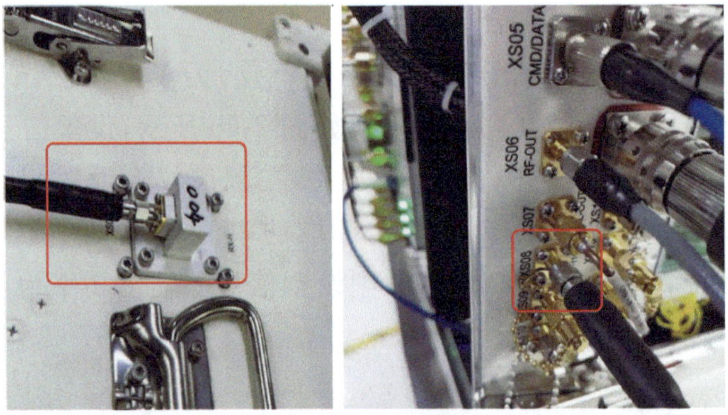

图 2-61　水平耦合比测试信号源接入点和频谱仪接入点

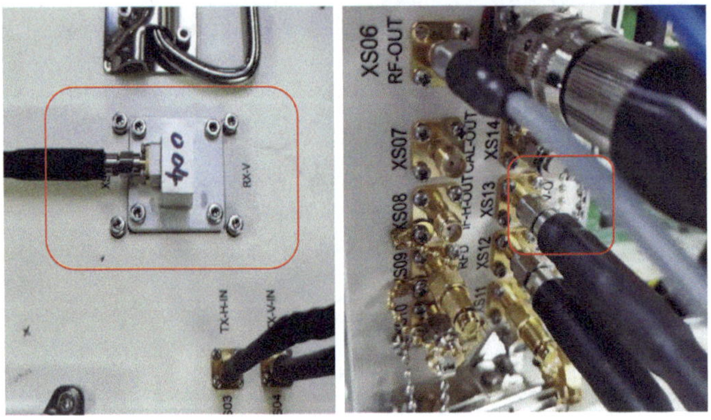

图 2-62　垂直耦合比测试信号源接入点和频谱仪接入点

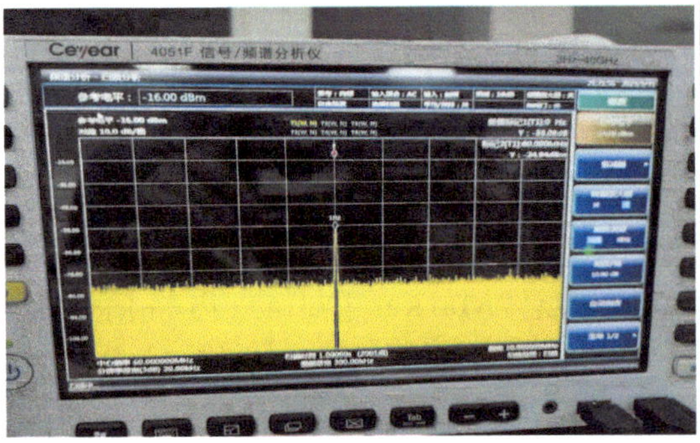

图 2-63　水平耦合比测试示例

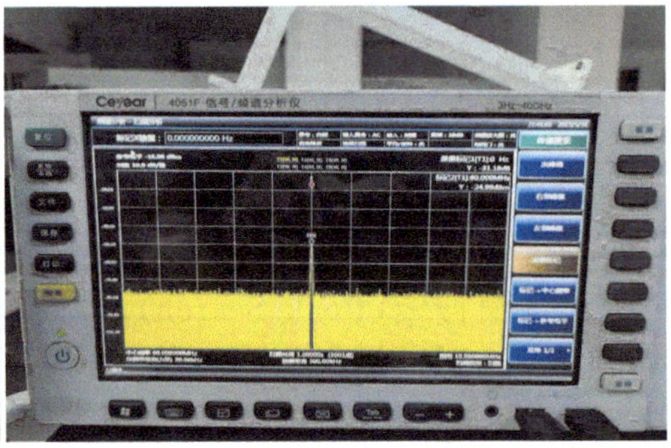

图 2-64　垂直耦合比测试示例

注意：UD05 的 XS08(IF-H-OUT)为水平通道接收机中频输出耦合通道，XS13(IF-V-OUT)为垂直通道接收机中频输出耦合通道，耦合度为 20±2 dB，所以从该接口测试出的中频功率比主通道的功率低约 20 dB，用参考测量法测试水平耦合比时，可忽略此耦合度，如果测试接收机增益，需将此耦合度加上，或者直接在接收模块的 XS03 接口测试，如图 2-65 所示。耦合比填写如图 2-66 所示。

点击“保存”按钮，保存雷达参数修改，此时会提示“雷达常数已改变，请重新做 Syscal 常数标定和反射率测试!!!”。

(3)重新进行 Syscal 标定

打开 SPT 软件→分析→性能测试(图 2-67)；选择“反射率标定”，勾选“Syscal 标定”复选框(图 2-68)；点击“开始测试”进行 Syscal 标定(图 2-69)。测试通过后点击“保存 Syscal 测试结果”(图 2-70)，会有提示框出现，点击“是”。

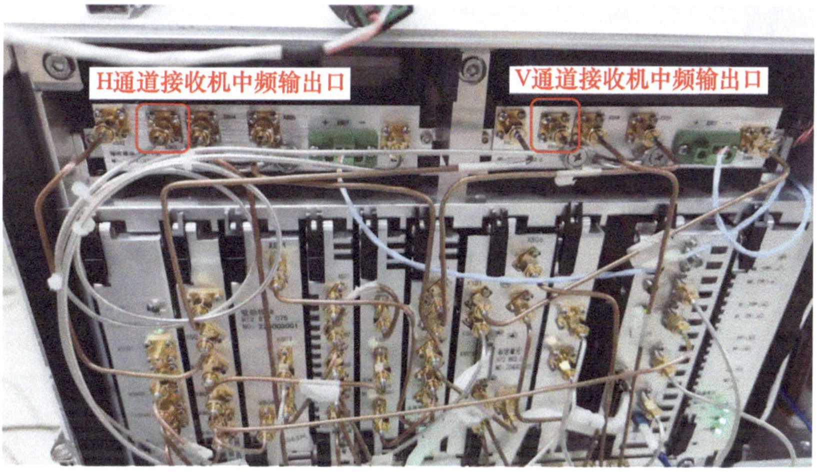

图 2-65　接收机中频输出口示意图

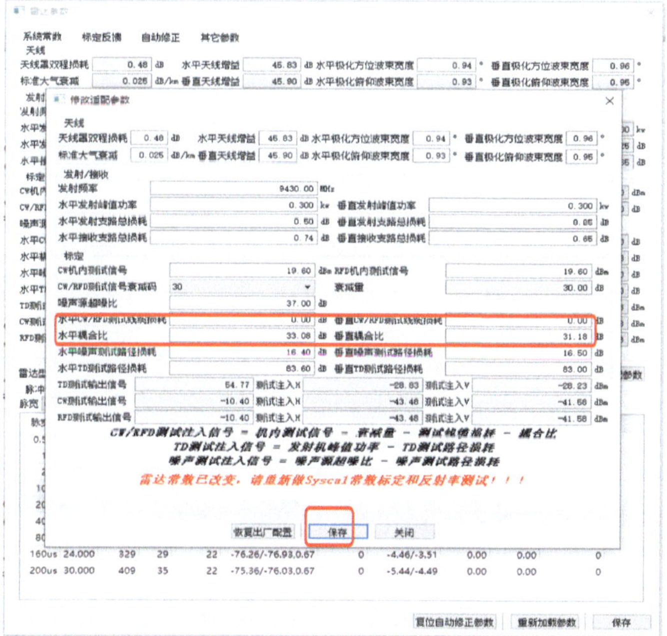

图 2-66　雷达参数——水平耦合比和垂直耦合比填写

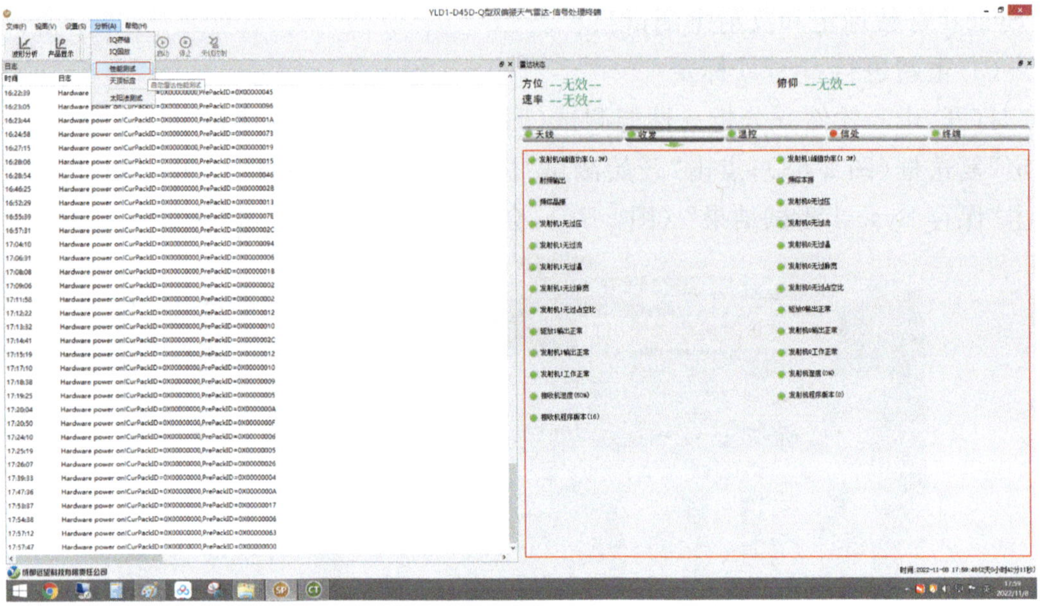

图 2-67　打开性能测试

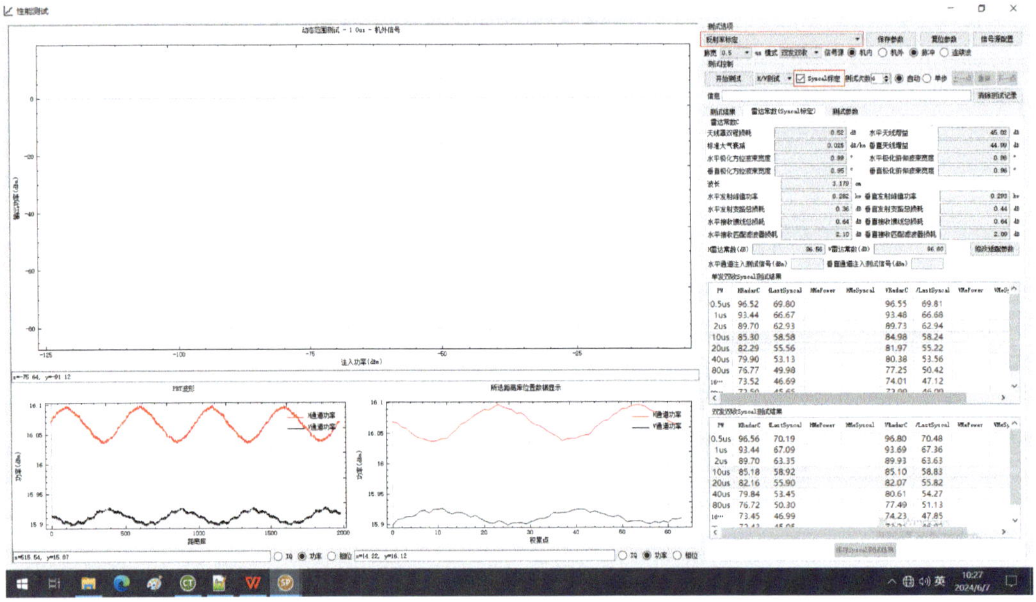

图 2-68　选择“反射率标定”，勾选“Syscal 标定”

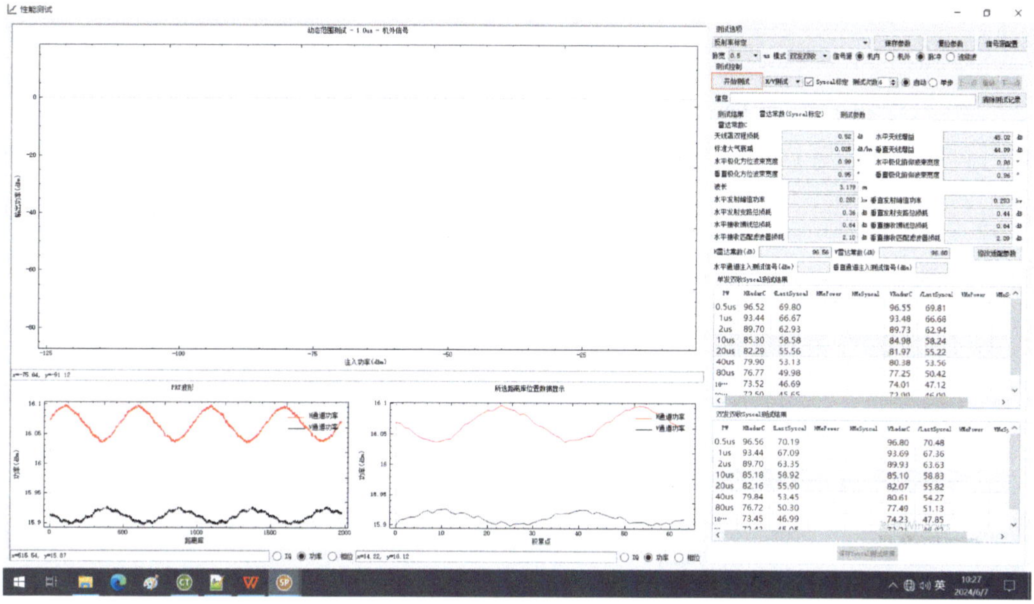

图 2-69　点击“开始测试”进行 Syscal 标定

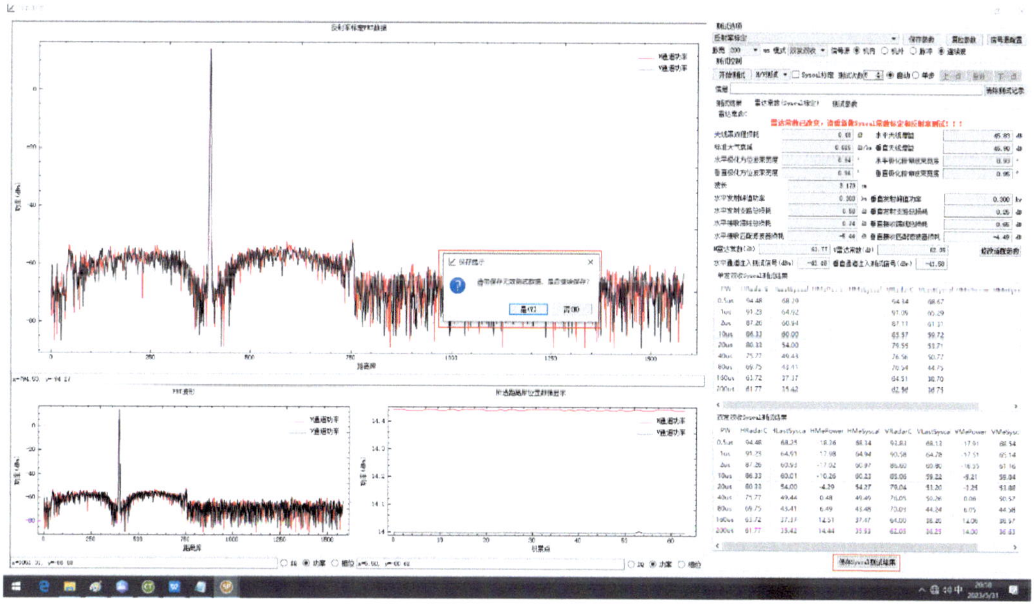

图 2-70　保存 Syscal 测试结果

2.4.7.2　机内测试

(1)做完 Syscal 标定后,取消勾选“Syscal 标定”复选框(图 2-71)。

(2)设置测试次数为 6,按照要求设置脉冲重复频率(图 2-72)。

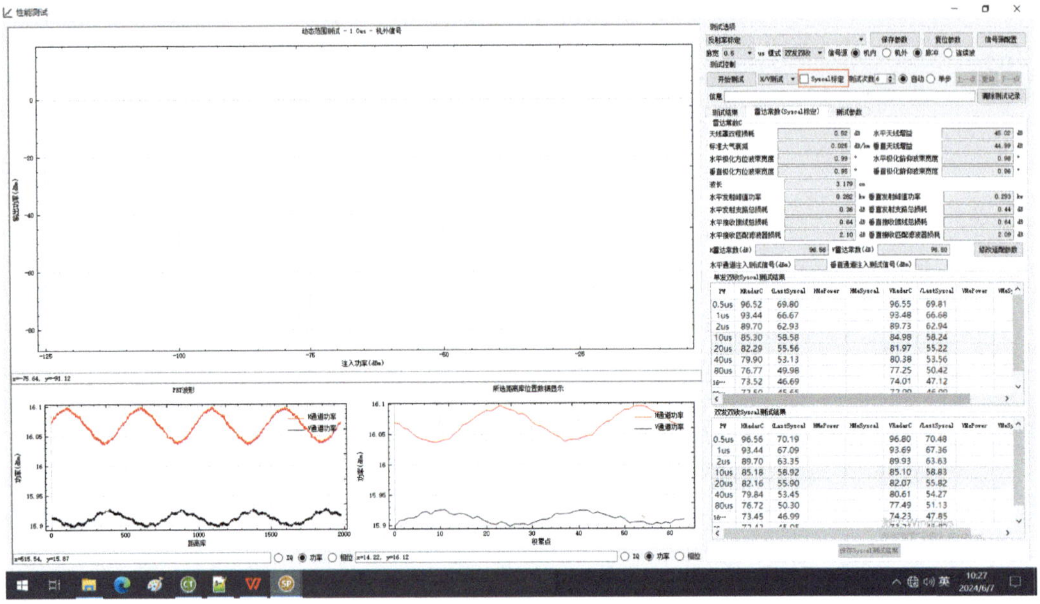

图 2-71　取消勾选“Syscal 标定”复选框

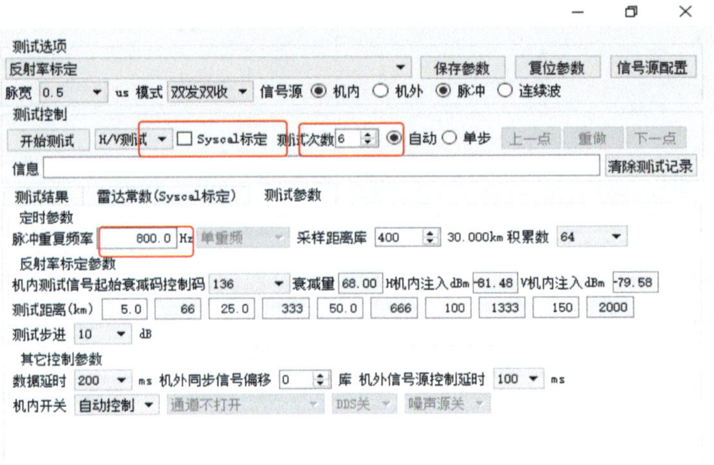

图 2-72　做反射率标定前设置测试参数(一)

(3)设置机内测试信号起始衰减码控制码,使得 H 和 V 机内注入功率在－80 dBm 左右,测试步进为 10 dB(图 2-73)。

(4)测试参数设定后,信号源选择“机内”,点击“开始测试”做反射率标定(图 2-74),标定完成示例如图 2-75 所示。

(5)测试完成后,点击“测试结果”选项,分别查看“水平通道测试结果”和“垂直通道测试结果”中最大误差并记录。

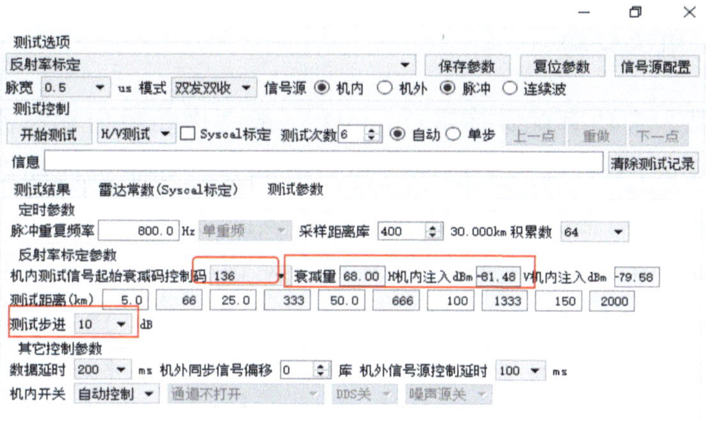

图 2-73 做反射率标定前设置测试参数(二)

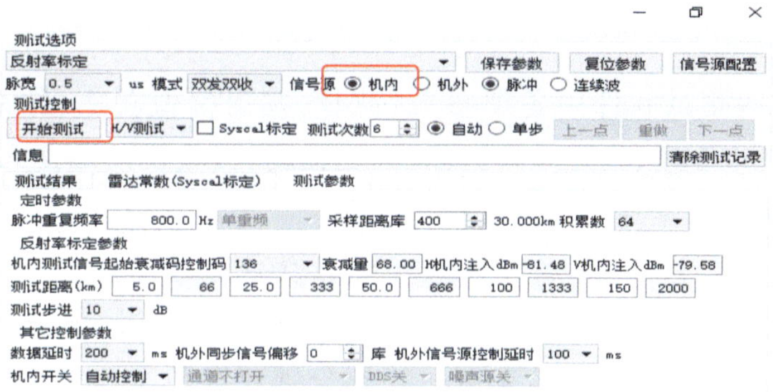

图 2-74 信号源选择"机内"点击"开始测试"

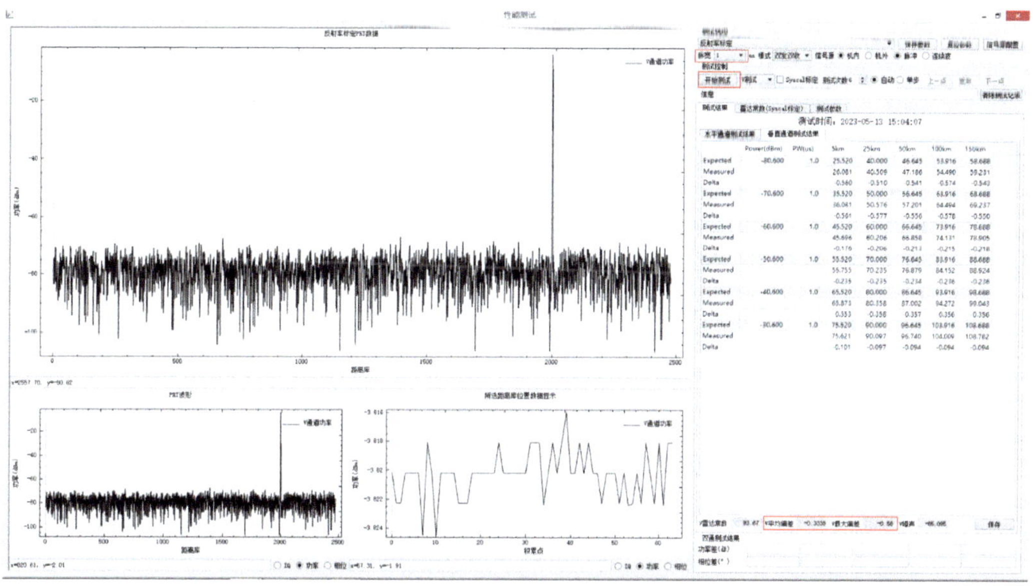

图 2-75 机内反射率标定完成示例

2.4.7.3 机内标校

如果出现某一个功率点误差超过 1 dB,一般考虑是机内动态曲线非线性,需进行机内动态测试,关注机内动态曲线是否有拐点。如果机内动态异常,则进行机内动态修订,修订后再次进行机内反射率测试。

如果出现某一个通道误差超过 1 dB,则核对该通道的耦合比是否准确。

如果两个通道误差都比较大,重点关注雷达参数的设置:检查雷达测试软件中各项参数(波长、发射峰值功率、脉冲宽度、天线增益、水平/垂直波束宽度、收发支路损耗、大气损耗、接收机前端注入功率等),确保以上参数实测值与厂家提供的测试报告一致。

2.4.7.4 机外测试

(1)检查雷达测试软件中各项参数(波长、发射峰值功率、脉冲宽度、天线增益、水平/垂直波束宽度、收发支路损耗、大气损耗、接收机前端注入功率等),确保以上参数实测值与厂家提供的测试报告一致。

(2)机外信号源注入功率点为 UD05(XS01 为水平通道接收口,XS02 为垂直通道接收口)。注入功率与机内反射率标校注入功率一致,为－80～－30 dBm 范围(步进 10 dB)的脉冲测试信号,在雷达终端分别获取距离 5 km、50 km、100 km、150 km 处水平/垂直通道回波强度的测量值,与计算的回波强度期望值进行对比。

(3)根据雷达方程由输入信号功率计算回波强度期望值可采用如下公式:

$$
\begin{aligned}
Z_{\exp} &= 10\lg[(2.69\times 10^{16}\lambda^2)/(P_t\tau G^2\theta\varphi)]+P_r+20\lg R+L_\Sigma+RL_{at} \\
&= C+P_r+20\lg R+RL_{at}
\end{aligned}
$$

其中 $C=10\lg[(2.69\times\lambda^2)/(P_t\tau\theta\varphi)]-2G+160+L_\Sigma$

$$L_\Sigma=L_o+L_p+L_{tr}$$

$$L_{tr}=L_t+L_r$$

式中:λ——波长,单位为米(m);

P_t——发射脉冲峰值功率,单位为千瓦(kW);

τ——脉冲宽度,单位为微秒(μs);

G——天线增益,单位为分贝(dB);

θ——水平波束宽度,单位为度(°);

φ——垂直波束宽度,单位为度(°);

P_r——输入信号功率,单位为分贝毫瓦(dBm);

R——距离,单位为千米(km);

L_{Σ}——系统除大气损耗外总损耗，单位为分贝(dB)；

L_{at}——大气损耗，单位为分贝每千米(dB/km)；

C——雷达常数，单位为分贝(dB)；

L_{o}——匹配滤波器损耗，单位为分贝(dB)；

L_{p}——天线罩双程损耗，单位为分贝(dB)；

L_{t}——发射支路损耗，单位为分贝(dB)；

L_{r}——接收支路损耗，单位为分贝(dB)；

L_{tr}——收发支路总损耗，单位为分贝(dB)。

(4)在信号处理终端(SPT)选择分析→性能测试(选择该项后会提示权限确认，需输入密码，默认密码为 cdyw)→性能测试界面→反射率标定测试→选择机外(图 2-76)。

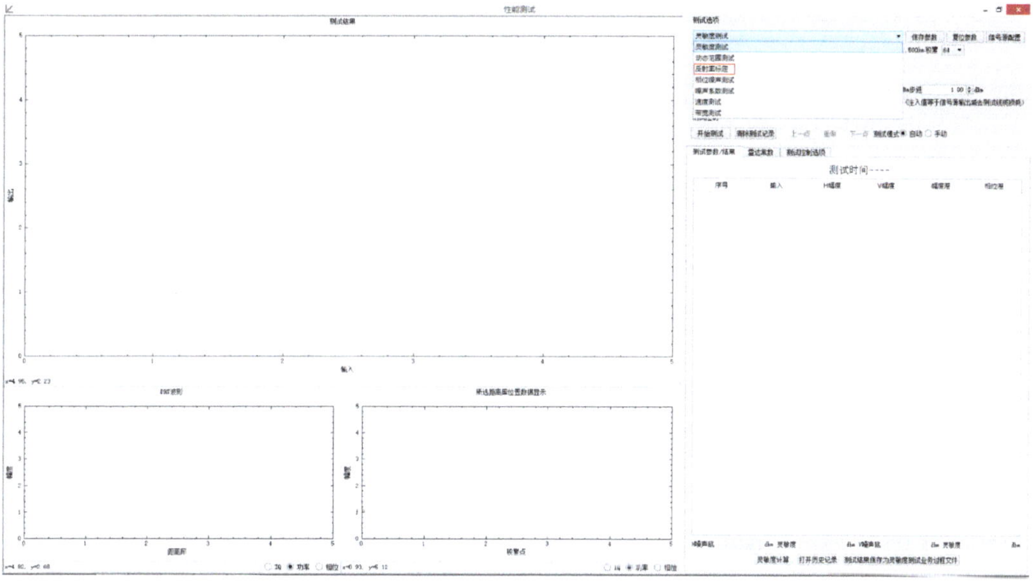

图 2-76　机外反射率标定测试选择

(5)测试完成后查看回波强度测量误差值最大值并记录(图 2-77)。

2.4.7.5　机外标校

(1)再次核对机外标定使用的信号源和线损是否准确，如果有偏差，就修订偏差后再进行测试。

(2)测试 CW 机内测试信号功率是否与雷达常数中一致，如果不一致将测试结果更新至 CW 机内测试信号输入框。

(3)在 SPT 软件中选择设置→雷达参数→修改适配参数：调整水平/垂直通道定向耦合比(图 2-78)。

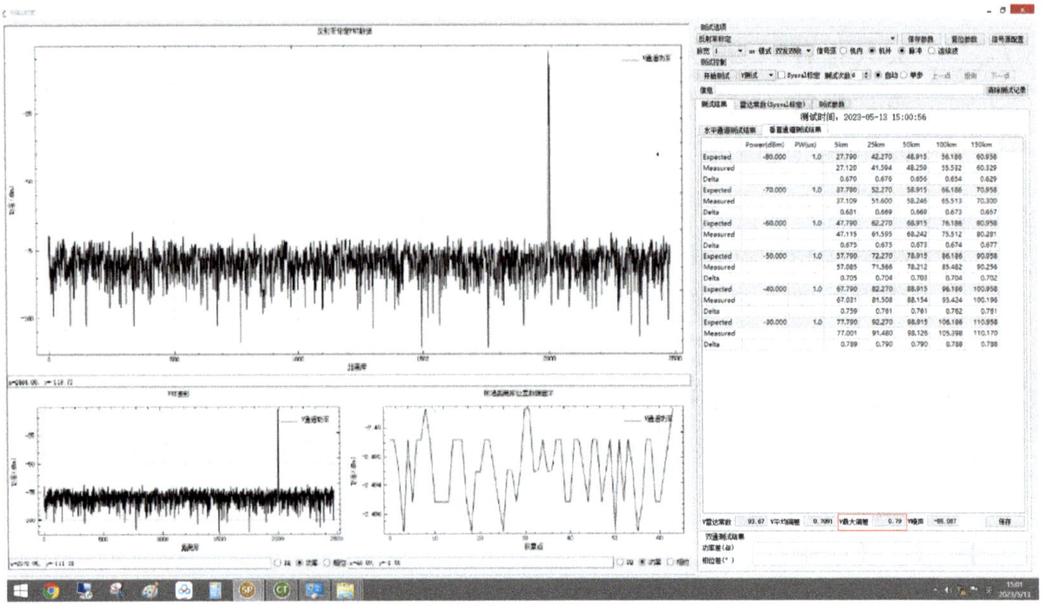

图 2-77　机外回波强度标校结果图

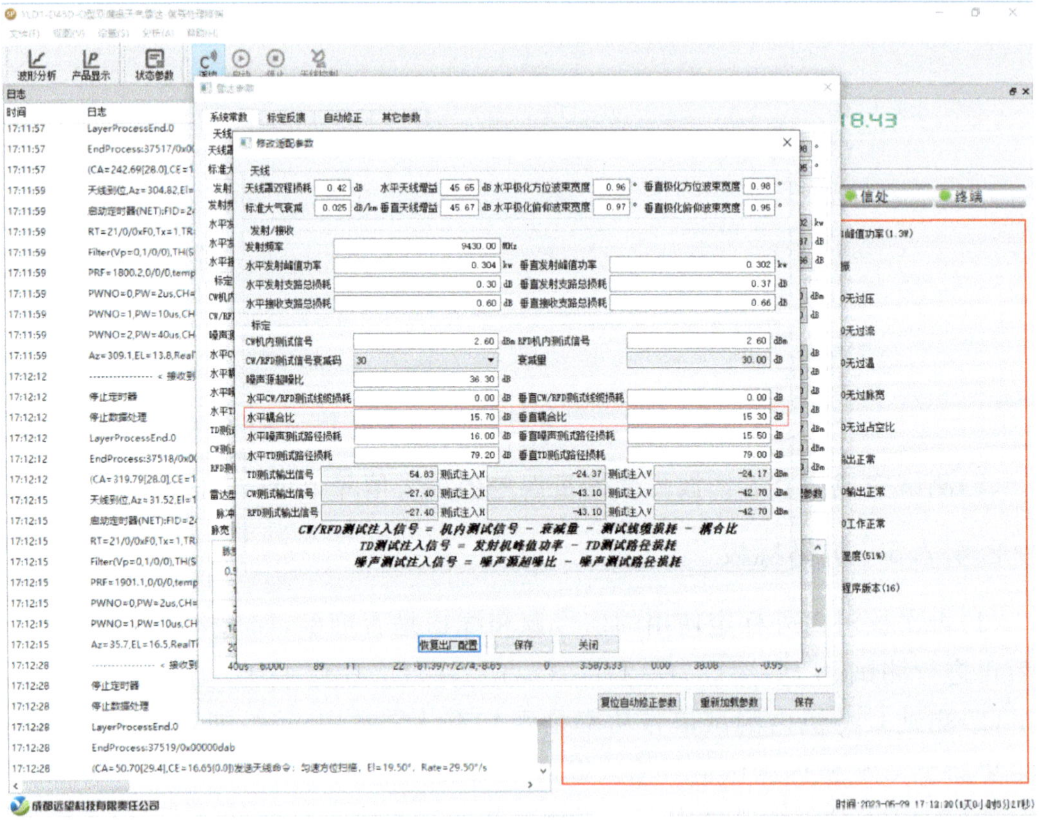

图 2-78　雷达参数图

（4）调整参数后，需要重新进行 Syscal 标定：打开 SPT→性能测试→反射率标定，进行 Syscal 标定（图 2-79），并保存 Syscal 测试结果。

（5）重新进行机内反射率标定，如果仍然不能满足，则重复上述（1）—（4）步骤，使回波强度误差在技术要求范围内。

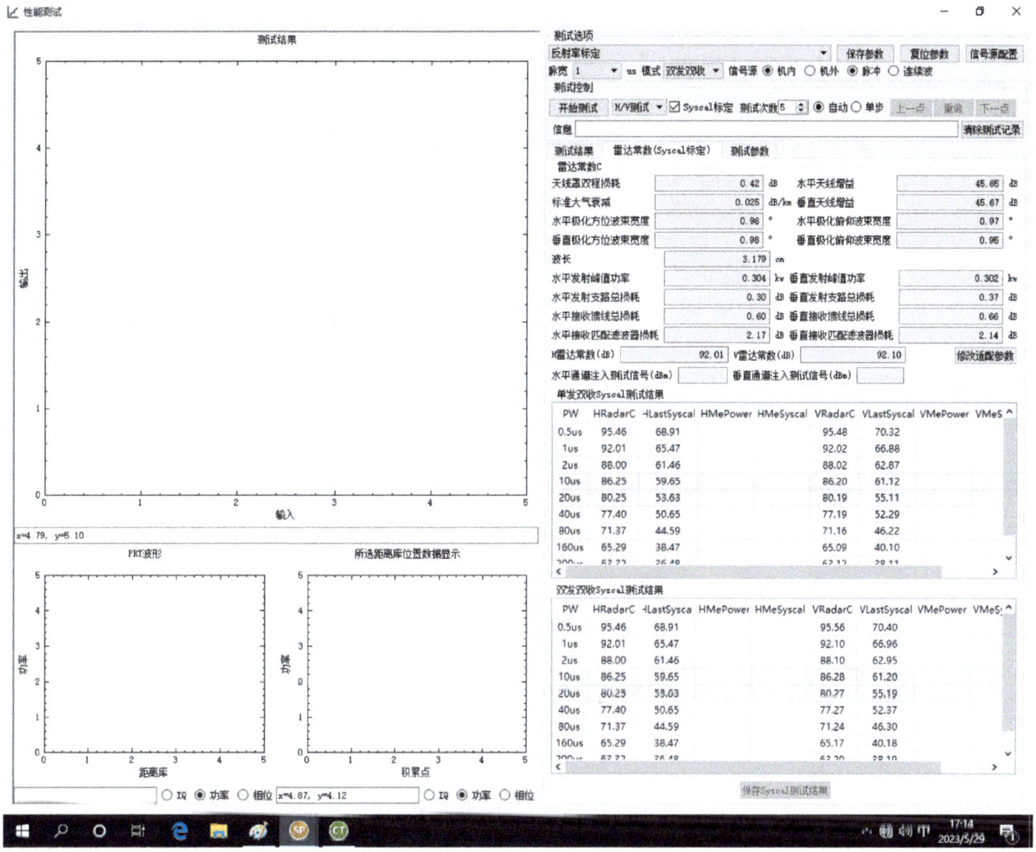

图 2-79　Syscal 标定

第 3 章

YLD2-D 型天气雷达性能参数测试及标校

3.1 伺服系统

3.1.1 测试仪表

利用软件(RDASOT)自动测试。

3.1.2 伺服系统角度控制精度测试

利用雷达测试软件，控制天线转动至 12 个不同的方位角(0°、30°、60°、90°、120°、150°、180°、210°、240°、270°、300°、330°)和俯仰角(0°、5°、10°、15°、20°、25°、30°、35°、40°、45°、50°、55°)，预置值与实测值的差值即为角度控制精度。

测试流程如下。

(1)打开雷达测试软件(RDASOT)，如图 3-1 所示。

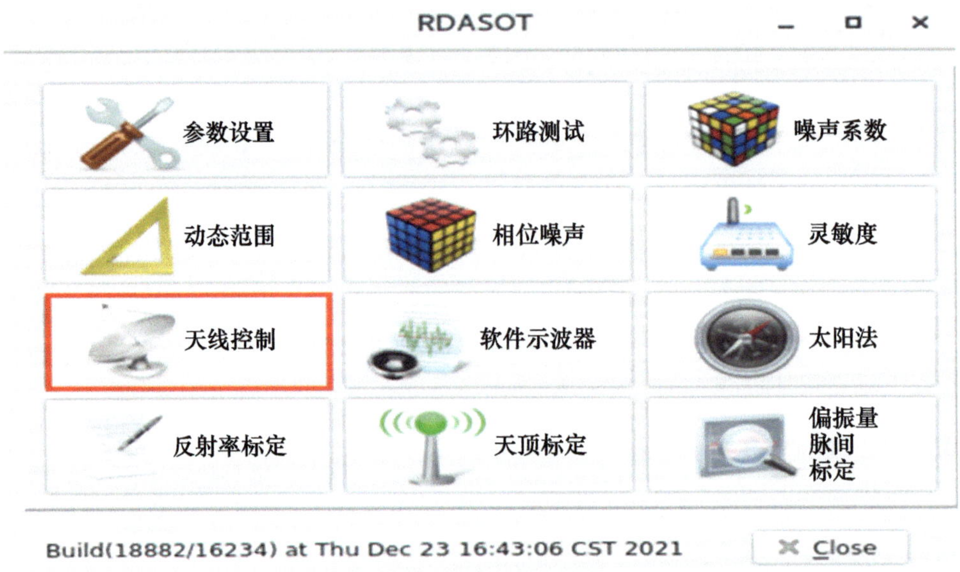

图 3-1 雷达测试软件

(2)打开“天线控制”，进行自检(图 3-2)，显示“天线自检成功”代表自检通过。

(3)选择方位和俯仰位置，点击“定位”(图 3-3)，根据上方显示区显示数值计算相应误差。

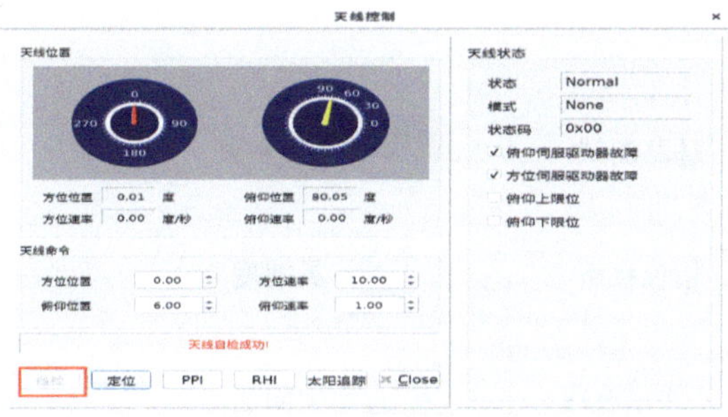

图 3-2 天线自检

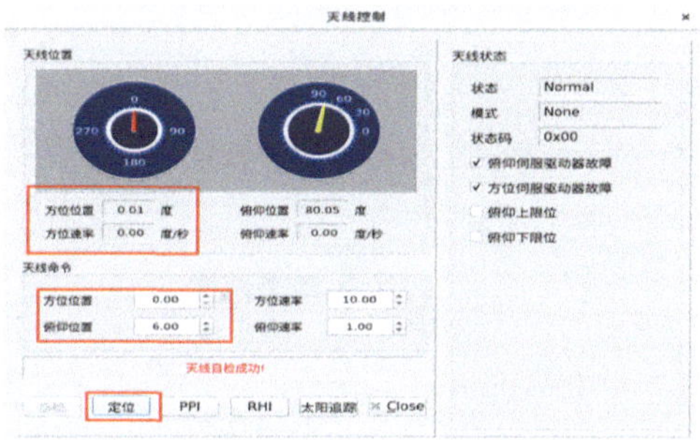

图 3-3 方位和俯仰定位

3.1.3 天线扫描速度测试

在雷达测试软件上分别设置天线方位角和俯仰角扫描速度为指标要求的最大扫描速度，读取天线方位角和俯仰角扫描速度最大测量值，并与预置值进行比较，计算扫描速度误差。

测试流程如下。

（1）打开 RDASOT 软件（图 3-1）。

（2）打开“天线控制”，进行自检（图 3-2），显示“天线自检成功”代表自检通过。

（3）选择方位和俯仰速率，设置相应转速后点击“PPI”和“RHI”分别测试方位速率和俯仰速率（图 3-4），根据上方显示区显示数值计算相应误差。

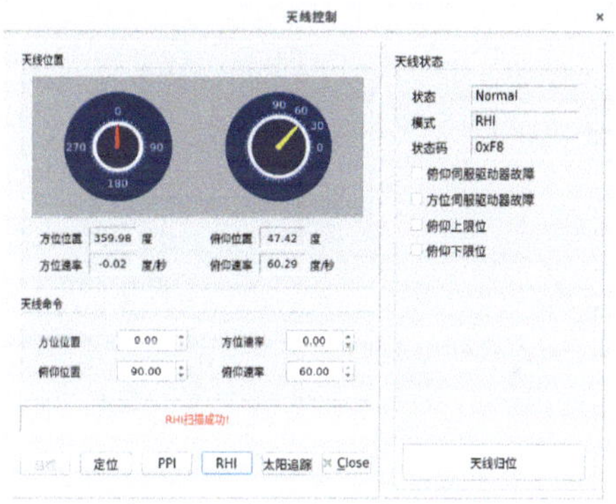

图 3-4 方位和俯仰速率设置

3.1.4 天线波束指向误差测试标校

校准雷达测试软件（RDASOT）所在计算机时间和台站经纬度、海拔高度，利用太阳法，通过雷达测试软件自动测试波束指向误差。

3.1.4.1 测试流程

（1）打开 RDASOT 软件，进入太阳法子程序（图 3-5）。

（2）检查天线座水平在要求范围之内，且 RDA 计算机时间精确到 1 s，同时检查并设置雷达站经度和纬度参数，根据需要设置方位扫描范围，修改后点击保存，如图 3-6 所示。

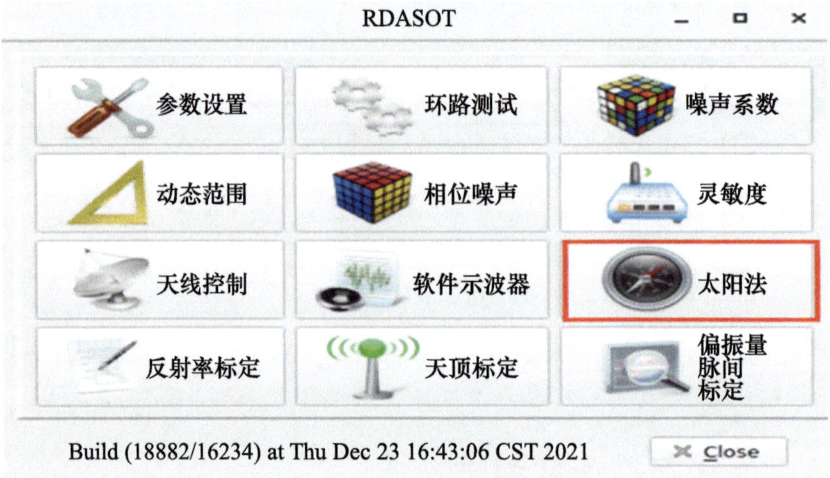

图 3-5 太阳法子程序

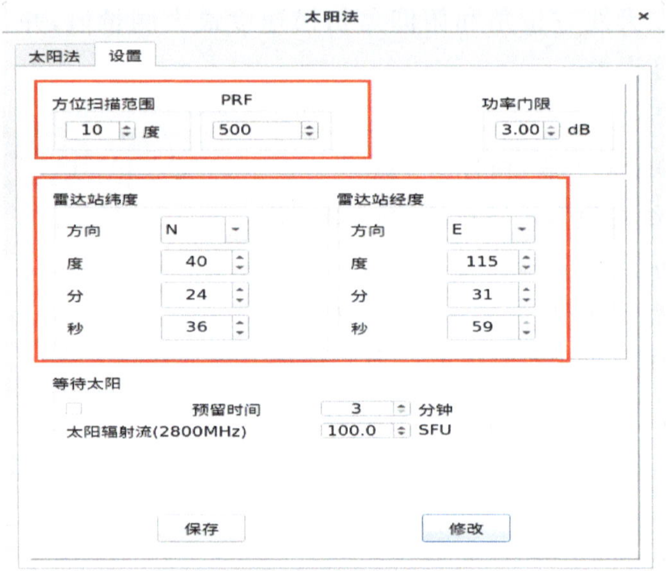

图 3-6 太阳法设置项

(3)返回太阳法界面点击“开始”,等待测试结束后,天线自动回到 Park 位,此时太阳法界面内红色字体为测试结果,记录测试结果。

3.1.4.2 标校调整

根据太阳法得出的误差,在 config 文件夹里 dcu. cfg 里修改,第一行为方位误差修改,第二行为俯仰误差修改。

误差补偿值调整路径(图 3-7):opt—rda—config—dcu. cfg。

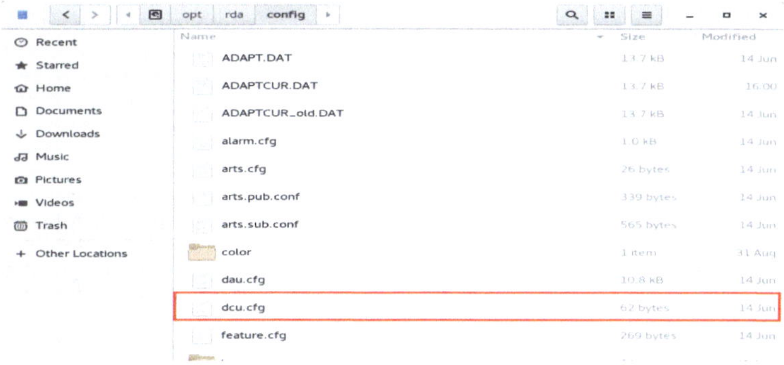

图 3-7　误差补偿路径截图

打开 dcu. cfg 文件，其中 AzPosCorreted 为方位校正参数，ElPos Corrected 为俯仰校正参数。以方位补偿为例，若校正参数为正值，则方位校正参数减去相应的正数，反之，则加上相应的正数（图 3-8）。

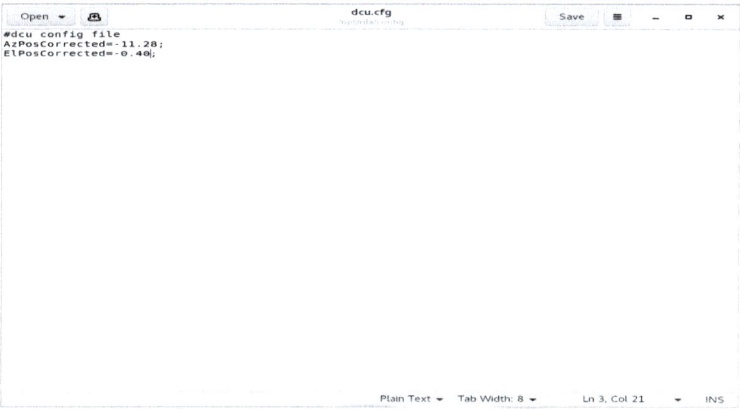

图 3-8　方位和俯仰补偿值修订

3.2　发射机

3.2.1　测试仪表

检波器、示波器、功率探头、功率计、频谱仪。

3.2.2 发射射频脉冲包络测试

3.2.2.1 参数定义

包络宽度 τ:脉冲包络前、后沿半功率点(0.707 电压点)之间的时间间隔。如脉冲包络的平顶幅度为U_m,从脉冲前沿 0.7 U_m到后沿 0.7 U_m的时间间隔为脉冲宽度,单位为微秒(μs)。

上升时间τ_r:从脉冲前沿 0.1 U_m到前沿 0.9 U_m的时间间隔为脉冲上升沿时间,单位为纳秒(ns)。

下降时间τ_f:从脉冲后沿 0.9 U_m到后沿 0.1 U_m的时间间隔为脉冲下降沿时间,单位为纳秒(ns)。

顶降 δ:如脉冲包络的最大幅度为U_{max},那么 $\delta=\frac{(U_{max}-U_m)}{2U_m}\times 100\%$,单位为百分数(%)。

示波器设置步骤:选择通道,选择测试,选择阈值,选择高中低,高选择 90,中选择 70,低选择 10,设置即可生效。

3.2.2.2 测试框图(图 3-9)

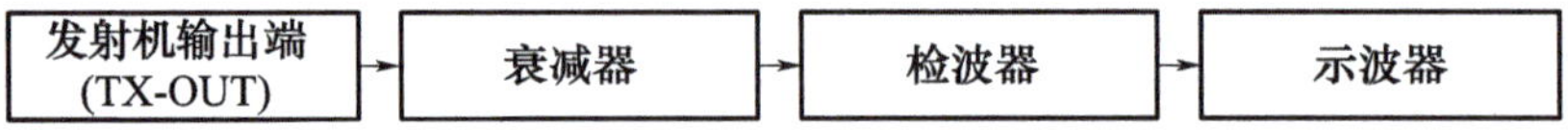

图 3-9 发射射频脉冲包络测试框图

3.2.2.3 测试流程

(1)按图 3-10 连接测试设备。

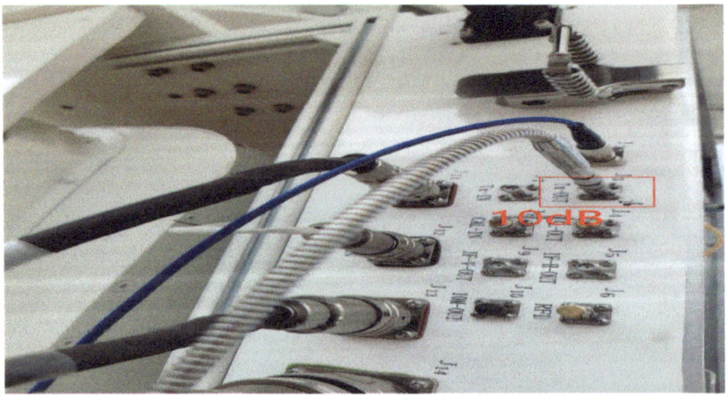

图 3-10 发射射频脉冲包络测试位置

(2)在 RDA 电脑上运行 RDASOT 程序,弹出如图 3-11 所示的对话框,点击“软件示波器”按钮,最终显示发射机测试。

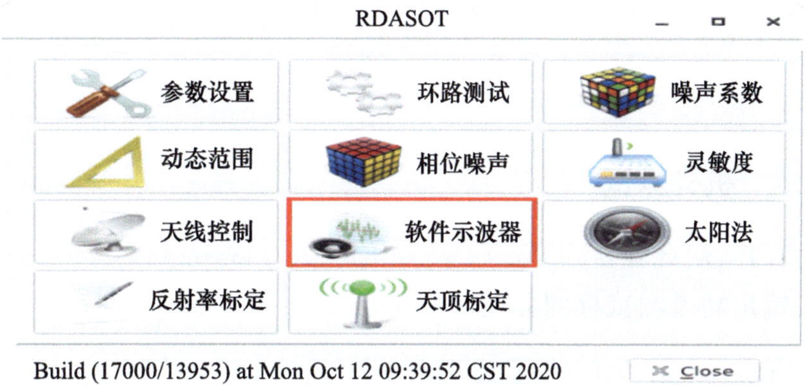

图 3-11　软件示波器子程序

(3)在图 3-12 中选择“四位开关”(OFF),“连续波”(不勾选),“发射机高压”(勾选),选择脉冲重复频率 500 Hz,根据需要选择脉冲宽度 0.5 μs,点击“开始”按钮。

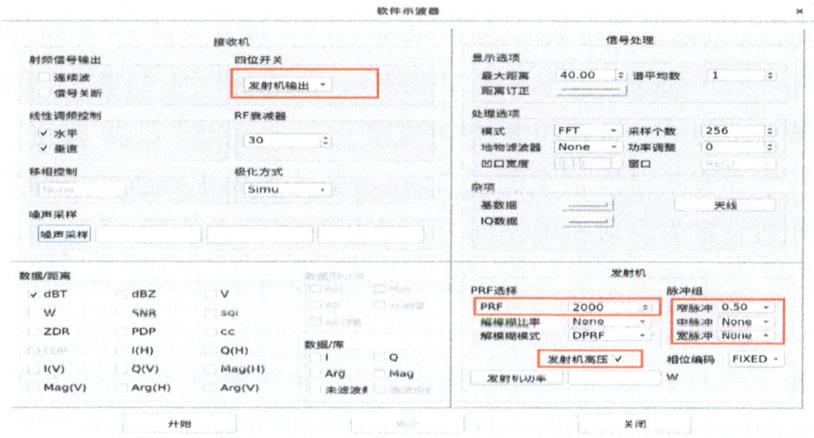

图 3-12　发射射频脉冲包络测试软件参数设置

(4)通过示波器分别读取对应脉冲包络的脉冲宽度、上升时间、下降时间、顶降,并记录。

(5)在测试软件上控制雷达发射脉冲宽度分别为 1.0 μs、2.0 μs、10 μs、20 μs、40 μs、80 μs、160 μs 和 200 μs,通过示波器分别读取对应脉冲包络的脉冲宽度、上升时间、下降时间、顶降,并记录。

3.2.2.4　注意事项

(1)切换脉冲宽度时雷达发射必须停止。

(2)测试前确保在发射机输出端接有 10 dB 固定衰减器，否则可能会烧坏仪表，通常仪表容许的最大输入功率一般为 30 dBm。

3.2.3 发射机输出功率测试标校

3.2.3.1 机外测试

3.2.3.1.1 测试框图

发射机输出功率测试框图如图 3-13 所示。

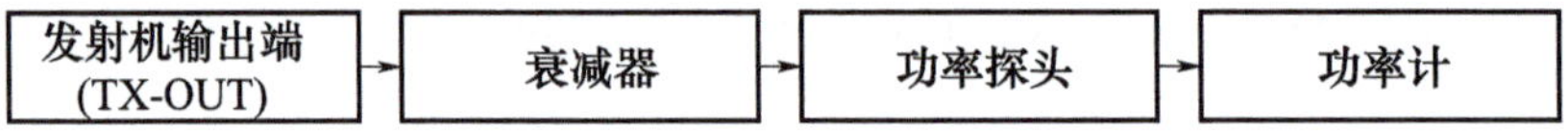

图 3-13 发射机输出功率测试框图

3.2.3.1.2 测试流程

(1)按测试框图方式连接测试设备。

(2)在 RDA 电脑上运行 RDASOT 程序，点击“软件示波器”按钮(图 3-11)。

(3)在图 3-12 中选择“四位开关”(OFF)，“连续波”(不勾选)，“发射机高压”(勾选)，设置要求的脉冲重复频率，脉冲宽度 0.5 μs，点击“开始”按钮。

(4)将仪表和衰减器连接至测试口，在功率计界面中设置频率为雷达工作频率，路径损耗值设置为发射机输出端至功率探头间的总损耗，若所用功率探头为平均功率探头，还需根据重复频率和脉冲宽度在功率计中设置占空比。在功率计上读出对应的功率值并记录。

(5)在测试软件控制雷达发射脉冲宽度，分别测量 1.0 μs、2.0 μs、10 μs、20 μs、40 μs、80 μs、160 μs、200 μs 对应的脉冲峰值功率。

(6)重复步骤(3)—(5)，分别测量其他重复频率下脉冲宽度 0.5 μs、1.0 μs、2.0 μs、10 μs、20 μs、40 μs 和 80 μs 对应的脉冲峰值功率。

3.2.3.1.3 注意事项

(1)切换脉冲宽度时雷达发射必须停止。

(2)测试前确保在发射机输出端接有 10 dB 固定衰减器，否则可能会烧坏仪表，通常仪表容许的最大输入功率一般为 30 dBm。

3.2.3.2 机内测试

RCW 软件每个体扫自动监控发射机输出功率(图 3-14)，并将结果记录到日志文件。机内测试的结果应以机外测试为准，可以通过调整适配参数来实现机内与机外功率的一致。

图 3-14　机内功率读取

3.2.3.3　功率标校

如果测得的发射机功率异常，则需要检查发射机激励线缆是否连接正常，激励线缆本身是否损坏。若线缆出现松动，则需要重新接线；若线缆损坏，则需要更换发射机激励线缆。

如果测得的发射机功率过大，则需要检查功率监视模块线缆是否连接正常，功率监视线缆本身是否损坏。若线缆出现松动，则需要重新接线；若线缆损坏，则需要更换功率监视线缆。

如果是机内测量功率与机外不一致，则需要软件调整，步骤如下：

(1)打开 RCC(Radar Control Console)软件，点击“RDASOT”(图 3-15)。

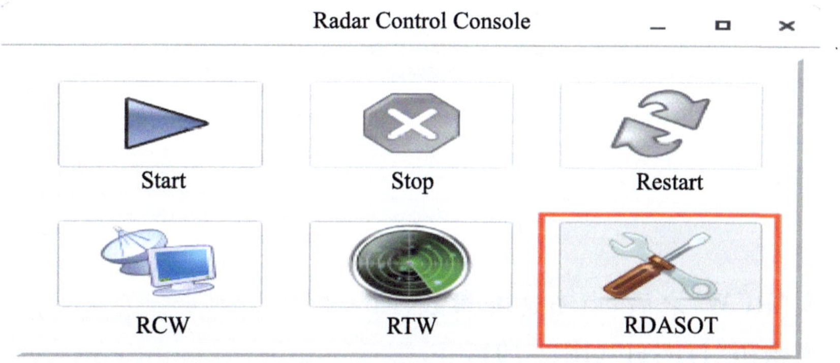

图 3-15　选择 RDASOT 程序

(2)点击“软件示波器”，进入软件示波器控制界面。

(3)打开软件示波器，并设置好对应参数(图 3-16)，点击“开始”，然后点击“发射机功率”按钮查看机内功率。

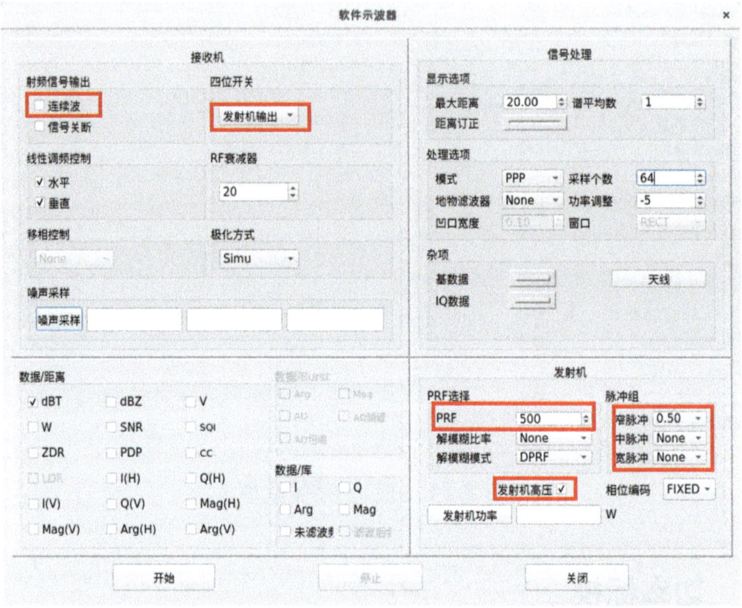

图 3-16　发射机输出功率(机内)测试参数设置

(4)若机内功率值过大或者过小，则需要调整机内功率采样比例，先点击“Start”再打开“RCW”(图 3-17)，再次进入 RDASOT 前需点击“Stop”。

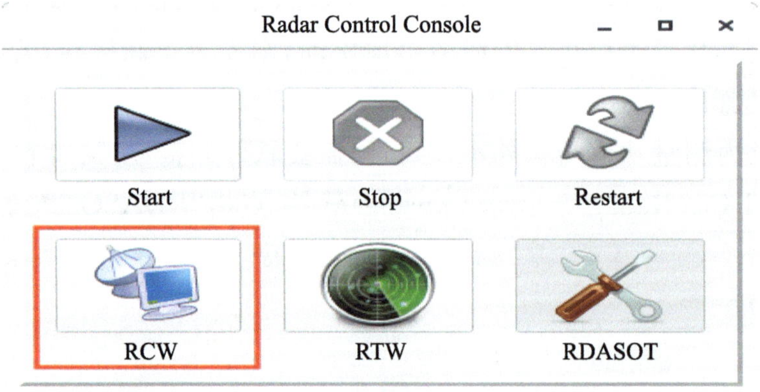

图 3-17　RCW 程序

(5)进入“RCW”之后，点击适配参数(图 3-18)。

(6)输入密码“HIGH”(图 3-19)。

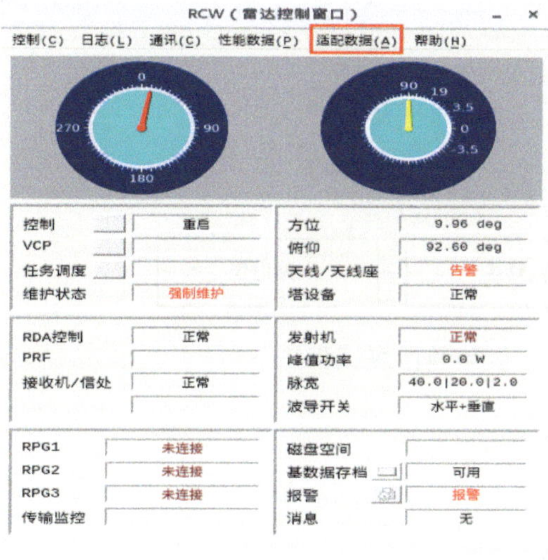

图 3-18　适配参数选择

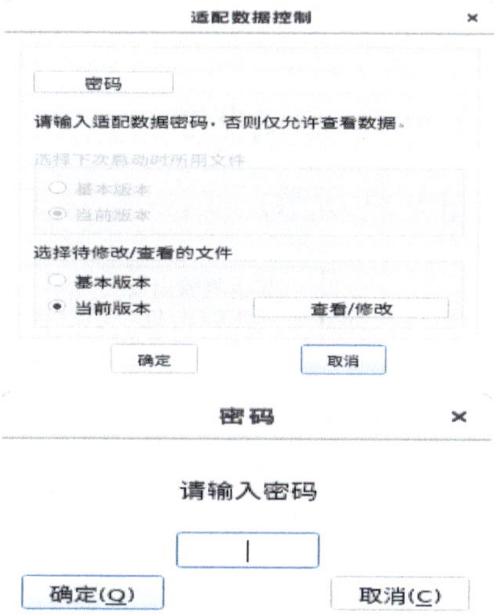

图 3-19　输入密码

(7)在“适配数据列表”中找到“发射机”进入，找到 TR17“发射机功率测量比率”，更改发射机功率测量比率值(图 3-20)，如果发射机功率过低则将发射机功率测量比率值提高，如果发射机功率过高则将发射机功率测量比率值降低。

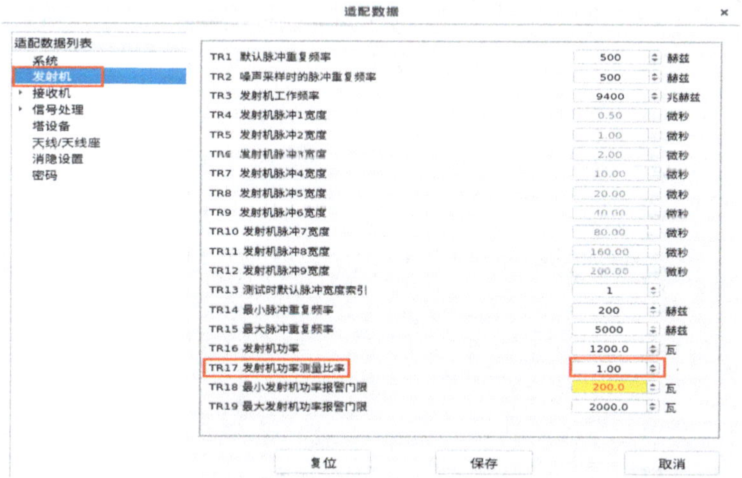

图 3-20　发射机功率测试比率调整

3.2.4 发射脉冲射频频谱测试

3.2.4.1 测试框图

如图 3-21 所示。

图 3-21 发射脉冲射频频谱测试框图

3.2.4.2 测试流程

(1)按测试框图 3-21 所示连接测试设备。

(2)在 RDA 电脑上运行 RDASOT 程序，弹出对话框，点击“软件示波器”按钮(图 2-3)。

(3)在图 3-12 中选择“四位开关”(OFF)，“连续波”(不勾选)，“发射机高压”(勾选)，脉冲重复频率 PRF 设为 2000 Hz、脉冲宽度设为 0.5 μs，再次检查后，点击“开始”按钮。

(4)在频谱仪上按照雷达工作频点设置中心频率，“Span”设置为 200 MHz，“RBW”设置为 30 kHz，“Sweep Time”设置为 1 s，在“Max Hold”状态下读取中心频率谱线衰减－10 dB 至－40 dB 时的左频偏数据和右频偏数据并记录，计算谱宽(图 3-22)。

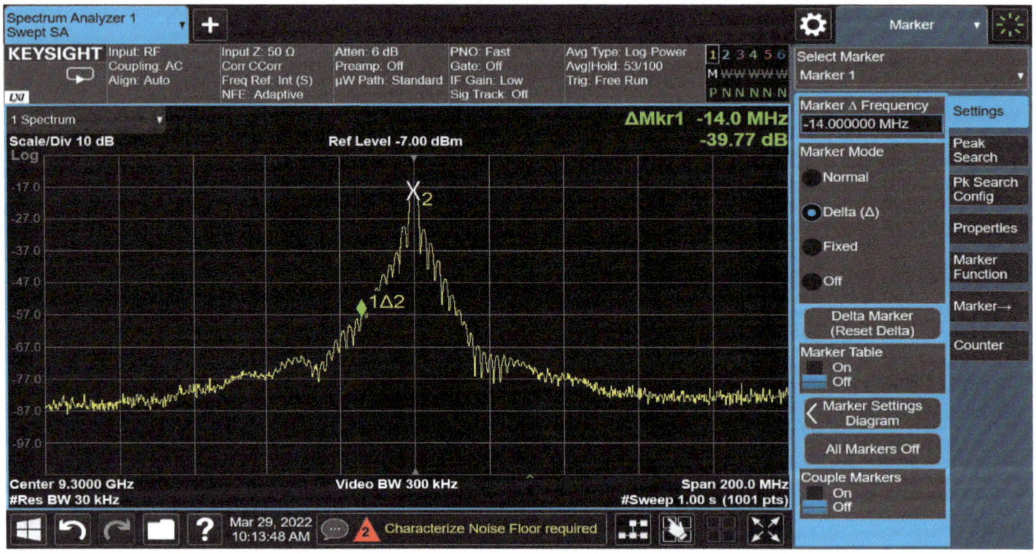

图 3-22 频谱测量示意图

(5)在测试软件控制雷达发射脉冲宽度为 1 μs,重复步骤(3)—(4),获得 1 μs 对应的频谱数据。

3.2.4.3 注意事项

(1)切换脉冲宽度时雷达发射必须停止。

(2)测试前确保在发射机输出端接有 10 dB 固定衰减器,否则可能会烧坏频谱仪,通常频谱仪容许的最大输入功率一般为 30 dBm。

3.2.5 发射机输出极限改善因子及杂噪比测试

3.2.5.1 测试框图

如图 3-21 所示。

3.2.5.2 测试流程

(1)按测试框图 3-21 所示连接测试设备。

(2)在 RDA 电脑上运行 RDASOT 程序,弹出如图 3-11 所示对话框,点击“软件示波器”按钮。

(3)在图 3-12 中选择“四位开关”(OFF),连续波(不勾选),发射机高压(勾选),脉冲重复频率 PRF 设为 2000 Hz、脉冲宽度设为 0.5 μs,再次检查后,点击“开始”按钮。

(4)在频谱仪上按照雷达工作频点设置中心频率,“Span”设置为 2×PRF,即 4 kHz,“RBW”设置为 3 Hz,“Trace Average”设置为 100 次,读取 1/2 重频时的信噪比,计算极限改善因子,公式为:$I=\text{SNR}+10\lg B-10\lg F$,其中,$I$ 为改善因子,SNR 为信噪比,B 为频谱仪分析带宽(RBW),F 为雷达重复频率。选取两个脉冲间底噪上的最大值作为杂散,与底噪值的比值即为杂噪比。

(5)重复步骤(3)—(4),获得 1000 Hz 对应的极限改善因子(图 3-23)和杂噪比(图 3-24)。

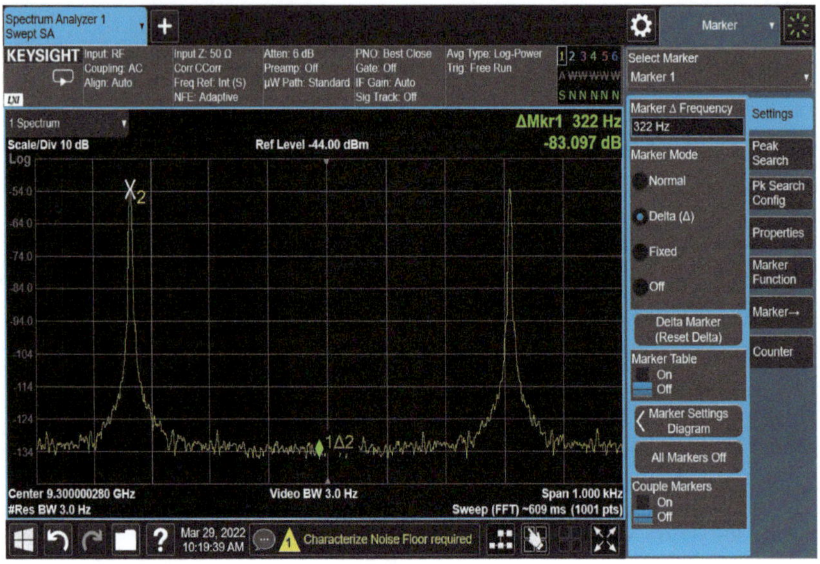

图 3-23　输出极限改善因子

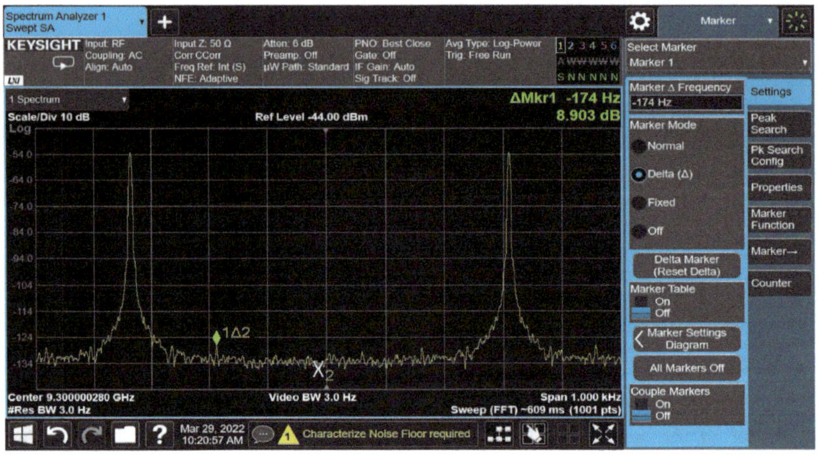

图 3-24　杂噪比

3.3　接 收 机

3.3.1　测试仪表

噪声源、频谱仪、信号源、示波器、检波器。

3.3.2　接收系统线性动态特性测试

3.3.2.1　机外测试

3.3.2.1.1　设备连接

信号源→射频线缆→低噪声放大器(简称低噪放)前端；

信号源→网线→雷达 RDA 计算机。

3.3.2.1.2　测试流程

(1)设置 RDA 计算机的 IP 与信号源的 IP 在同一网段。

(2)首先设置 RDA 计算机的 IP：

①点击 RDA 计算机桌面右上角网络图标(图 3-25)；

②弹出对话框，然后鼠标双击网络设置(图 3-26)；

图 3-25　RDA 计算机的网络图标

图 3-26　网络设置

③在弹出的对话框点击 IPv4(图 3-27)；

④设置 RDA 计算机的 IP 地址与信号源在同一网段，然后点击“Apply”(应用)，应用网络设置(图 3-28)。

(3)信号源 IP 地址路径设置：Utility→GPIB/RS－232→LAN Setup→IPAdress，将信号源的 IP 地址与 RDA 计算机的 IP 地址设置在同一网段。

(4)在 RDA 计算机中打开 RDASOT 程序，鼠标点击“参数设置”(图 3-29)。

(5)在弹出的对话框中设置如下：首先将“信号源控制”的对勾选中，然后输入信号源的 IP 地址和雷达工作的频点及测试电缆的损耗，保存后退出，如图 3-30 所示。

图 3-27　IPv4 设置

图 3-28　网络应用

图 3-29　RDASOT 参数

图 3-30　机外接收系统线性动态特性测试参数设置

(6)断开 H 或者 V 通道低噪声放大器与限幅器的连接处(图 3-31),用 SMA 测试线缆将信号源输出接入 H 或者 V 通道低噪声放大器的输入端,然后用网线将 RDA 计算机与信号源连接起来。

(7)在 RDASOT 程序中进入“动态范围”子程序(图 3-32)。

(8)可以看到动态测试的对话框,在图表类型中选 dB。选择“通道”“机外”“脉冲宽度”,然后点击“自动测试”,则 RDA 计算机控制信号源自动完成机外动态的测试,如图 3-33 所示。

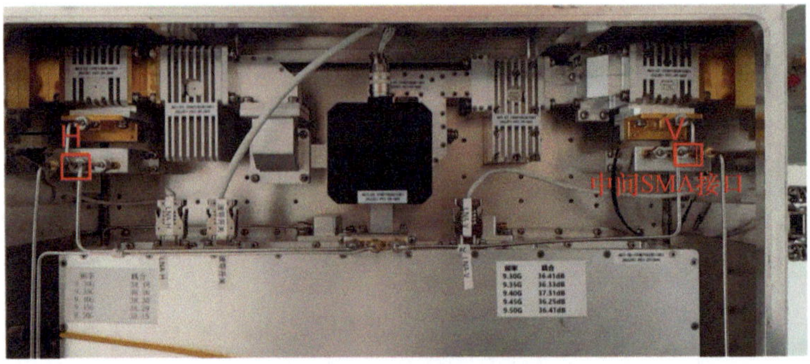

图 3-31　H 和 V 通道连接处

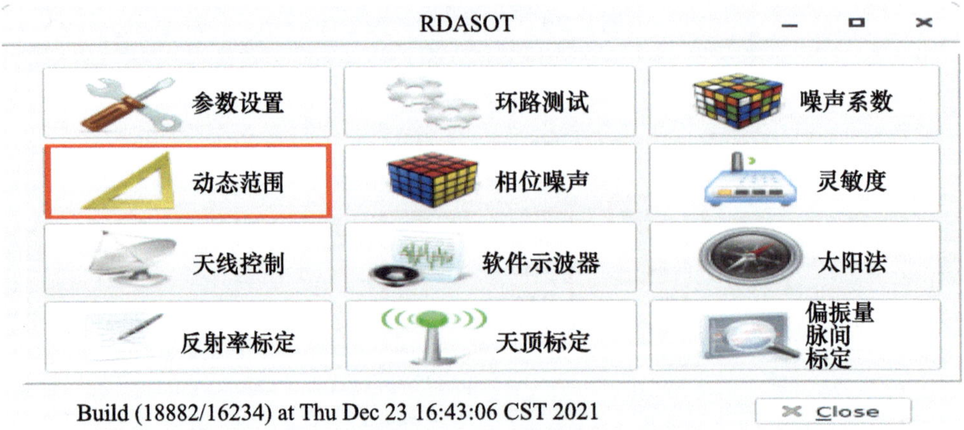

图 3-32　选择“动态范围”子程序

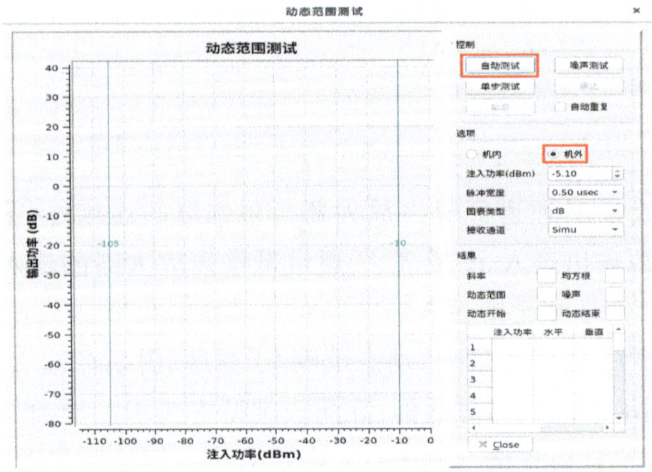

图 3-33　机外动态范围参数设置

(9)更换连接通道,重新选择相应通道,重复上述操作。

3.3.2.2　机内测试

(1)在 RDASOT 程序中进入“动态范围”,如图 3-32 所示。

(2)可以在动态测试的对话框中,选项选中“机内”,图表类型中选“dB”,脉冲宽度选中“0.5 μs”,接收通道选择“Hori”,然后点击“自动测试”,则 RDA 软件自动完成机内水平窄脉冲动态的测试,如图 3-34 所示。

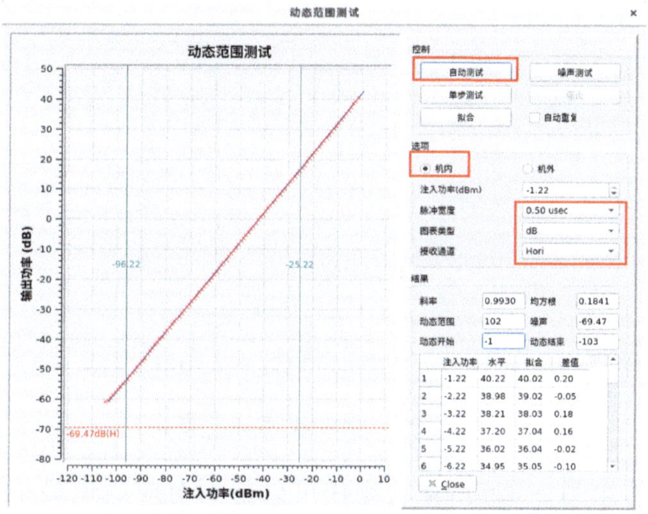

图 3-34　机内动态范围参数设置

(3)更改脉冲宽度和接收通道,重复上述操作。

3.3.3　最小可测功率测试

3.3.3.1　测试连接

信号源→射频线缆→低噪声放大器前端;信处→BNC 线缆→信号源同步输入;信号源→网线→雷达 RDA 计算机。

3.3.3.2　测试流程

(1)参照接收机机外动态特性测试中的方法,调整信号源与 RDA 计算机之间的网络连接。

(2)断开 H 或者 V 通道低噪声放大器与限幅器的连接处,用 SMA 测试线缆将信号源输出接入 H 或者 V 通道低噪声放大器的输入端。

(3)打开 RDASOT,打开“灵敏度”,点击“噪声采样”按钮,得出噪声电平,然后输入优于指标的注入功率,点击“测试”按钮,得出大于噪声电平 3 dB 时的最小信号可测功率。如图 3-34 所示。

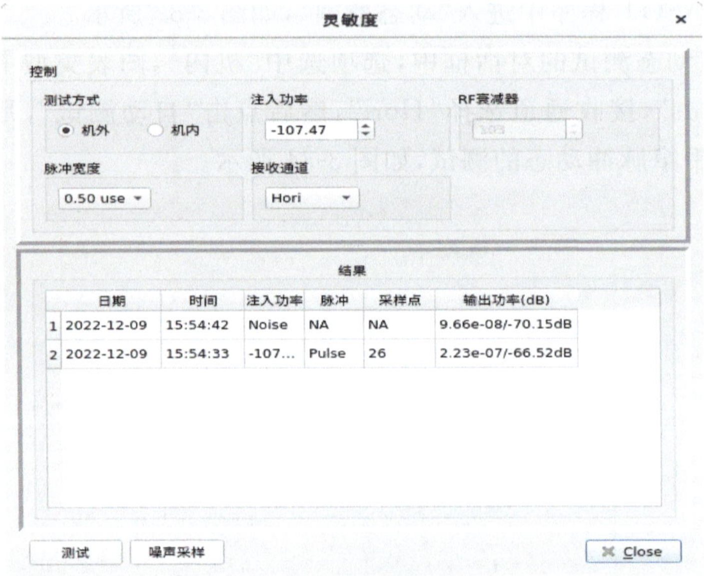

图 3-34 灵敏度测试界面

更换线缆连接至另一通道,重复操作可以得到对应通道最小可测功率。

3.3.4 接收机带宽测试

(1)在信号处理器 I3 口外接信号源(图 3-35),信号源频点设置为 60 MHz。

图 3-35 信号处理器 I3 口外接信号源的输入信号

(2)打开 RDASOT 软件,进入“软件示波器”,“发射机高压”关,“四位开关”勾选“RF 测试”,“窄脉冲”选择“0. 50”,设置如图 3-36 所示,点击“开始”。

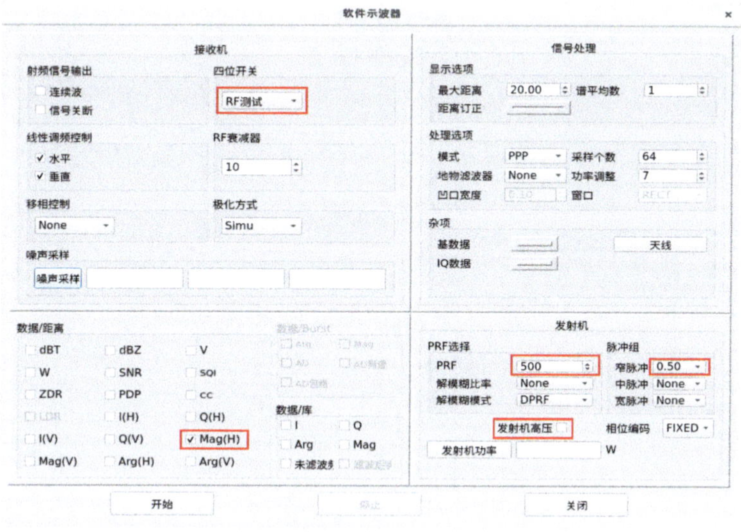

图 3-36　软件示波器测试接收机带宽设置

(3)调节信号源输出功率值,使得此时软件示波器上显示 0 dB,如图 3-37 所示。

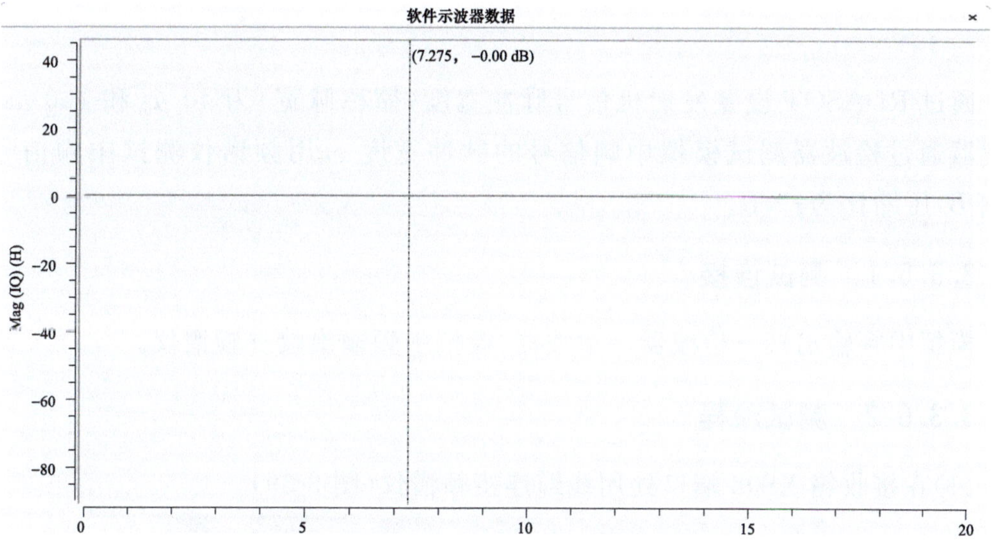

图 3-37　软件示波器 Mag(IQ)输出 0 dB

(4)减小信号源输出的频点(频点<60 MHz),直到软件示波器显示−3 dB,记录此时信号源上的频点值 F_1。

(5)增大信号源输出的频点(频点>60 MHz),直到软件示波器显示−3 dB(图 3-38),记录此时信号源上的频点值 F_2。中频带宽为:$B=F_2-F_1$。

(6)更改脉冲宽度为 1.0 μs,重复以上步骤,得到其他中频带宽。

注:脉冲宽度和中频带宽为倒数关系。

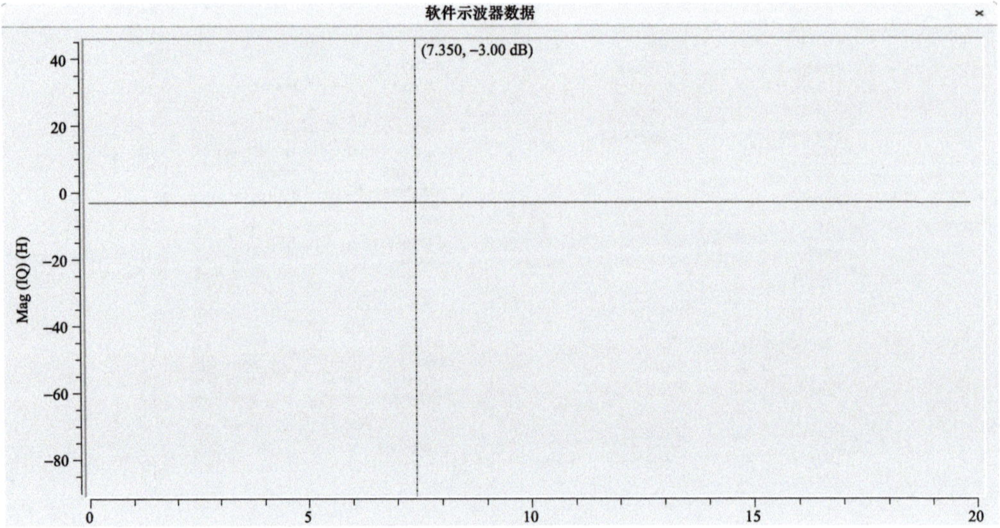

图 3-38　软件示波器 Mag(IQ)输出－3 dB

3.3.5　接收机脉冲压缩比测试

通过 RDASOT 设置发射机信号脉冲宽度(简称脉宽)为 40 μs 和 160 μs,用示波器通过检波器测试模拟中频信号的脉冲宽度 τ,用频谱仪测试中频信号的带宽 B,压缩比为$\tau \times B$。

3.3.5.1　测试连接

模拟中频输出端→检波器→示波器,模拟中频输出端→频谱仪。

3.3.5.2　测试流程

(1)在接收箱 XS08 端口处用线缆连接频谱仪(图 3-39)。

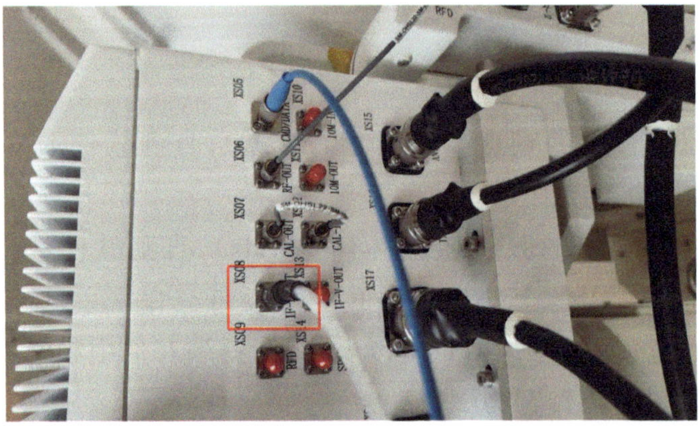

图 3-39　频谱仪与信号处理器 J3 口连接图

(2)打开 RDASOT,选择“软件示波器”,更改软件示波器设置(图 3-40),“宽脉冲”选择“40.00”(μs),“四位开关”选择“RF 测试”,然后点击“开始”。

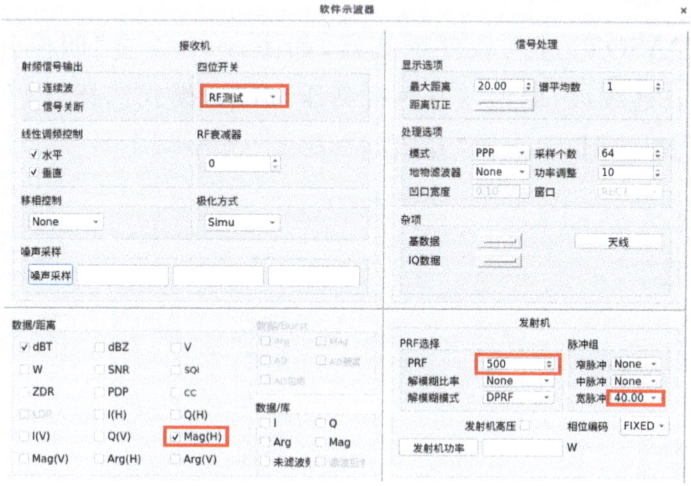

图 3-40　软件示波器脉冲压缩比参数设置

(3)点击频谱仪模式选择,选择“Occupied BW”,频率“Freq”设置 68 MHz,频宽“Span”设置 5 MHz,带宽“BW”设置 51 kHz,扫描时间“Sweep Time”设置 1 s,选择“Meas Setup”,选择 x dB 输入−3 dB,记录此时的数据,如图 3-41 红框所示值。

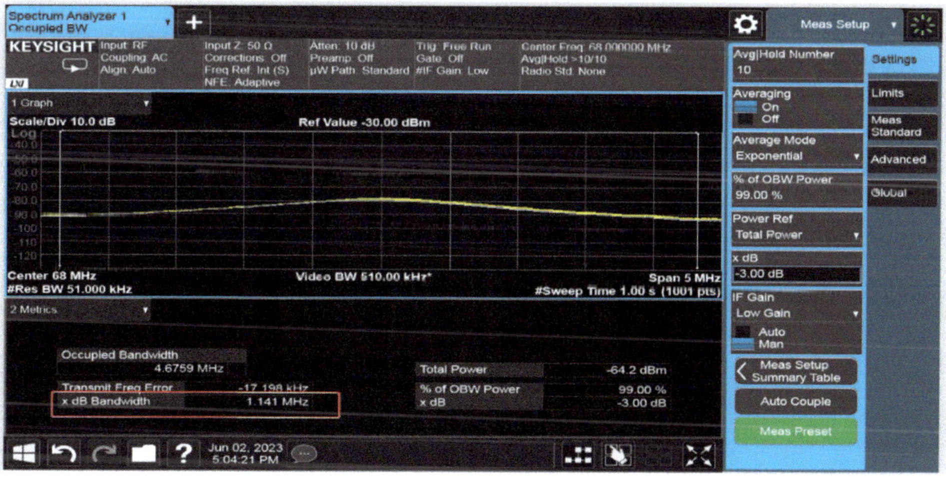

图 3-41　中频信号带宽

(4)更改 160 μs 脉宽再次测试,得到 160 μs 的中频带宽值。

(5)按照计算公式得到 40 μs 和 160 μs 包络脉宽。

(6)通过公式 $\tau \times B$ 计算,得出脉冲压缩比。

注:由于雷达为非线性调频,此方法得到的测试结果仅供参考。

3.3.6 脉冲压缩主副瓣比测试

(1)打开 RDASOT，进入软件示波器，如图 3-42 设置“四位开关”为“RF 测试”，衰减 30 dB，“连续波”取消，“发射机高压”取消，模式选择“PPP”，脉宽选择相应的脉宽，勾选“Mag(H)”，点击“开始”。

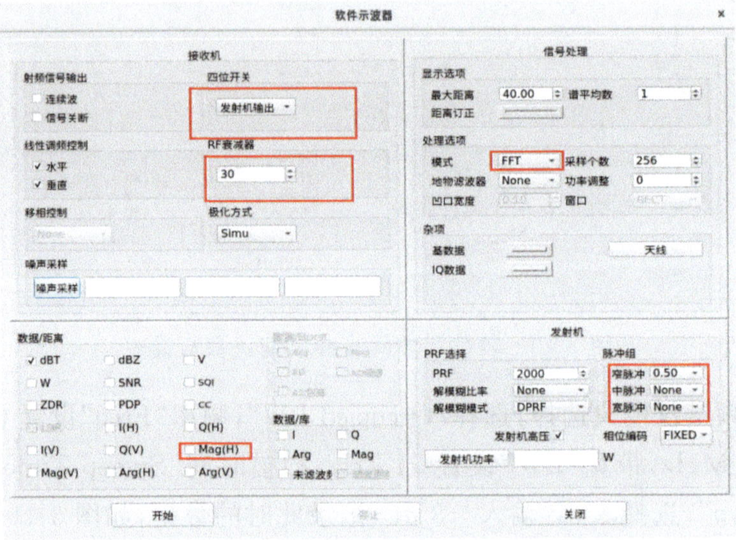

图 3-42　软件示波器脉冲压缩主副瓣比测试参数设置

(2)读取脉压主瓣最大值 A 和脉压副瓣最大值 B，脉冲压缩主副瓣比 $=A-B$，如图 3-43 所示。

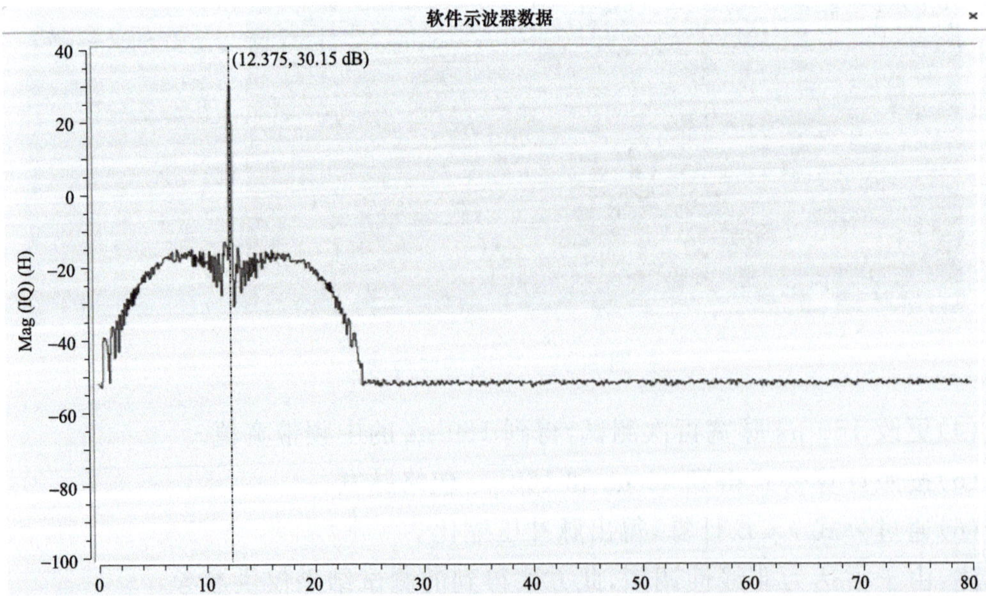

图 3-43　脉冲压缩主副瓣比测试图

(3)分别在脉冲压缩比≥100 和<100 的时候进行测试。

3.3.7　噪声系数测试标校

3.3.7.1　机外测试

3.3.7.1.1　测试连接

频谱仪 28 V 电源→噪声源→低噪声放大器前端。

3.3.7.1.2　测试流程

(1)通过频谱仪控制噪声源切换冷态和热态,频谱仪的设置步骤为 Mode→Noise Figure→Meas Setup→ENR→Noise Source Setup→Noise Source State。

注:冷态为不通电状态,热态为通电状态,也可直接通过 28 V 电源控制噪声源切换冷态和热态。

(2)在雷达测试软件中确认噪声源的超噪比(ENR),读取水平/垂直通道的噪声系数测试结果,取 5 次平均值作为最终结果。

(3)先断开 H 或者 V 通道低噪声放大器与限幅器的连接处,校准好噪声源后,将噪声源和频谱仪连接,再将噪声源连接到低噪声放大器的输入端,如图 3-44 所示。

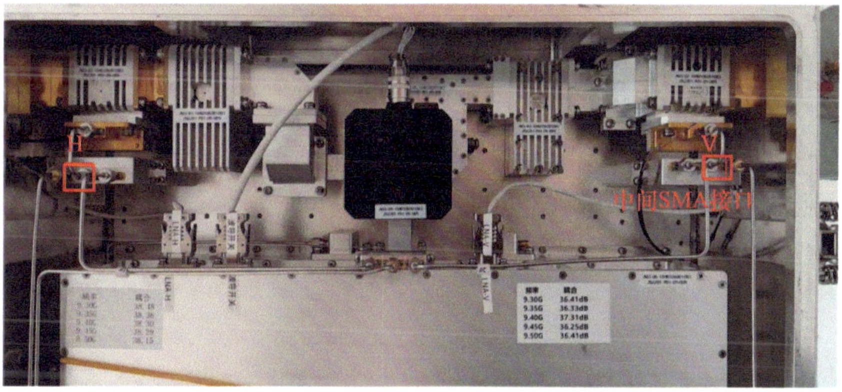

图 3-44　噪声源连接示意图

(4)在 RDASOT 界面下选取“噪声系数”项(图 3-45)。

(5)设置频谱仪的 Noise Source State 为“Off”,则噪声源为“冷态”。在噪声系数界面设置为“机外”和“冷态”(图 3-46),并选择正确的测试通道,点击“测试”,等待读出数据。

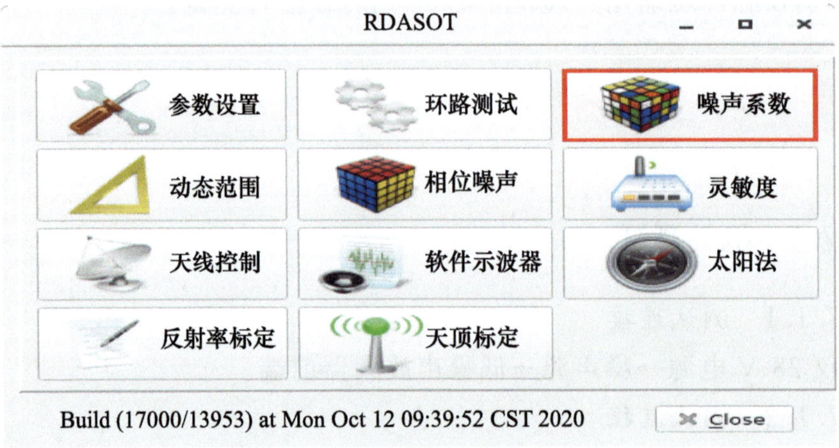

图 3-45　选择“噪声系数”子程序

（6）读出冷态后，设置频谱仪的 Noise Source State 为 On，将噪声源置为“冷态”，在噪声系数界面设置“热态”，点击“测试”，通过冷热态计算得出噪声系数值，如图 3-47 所示。

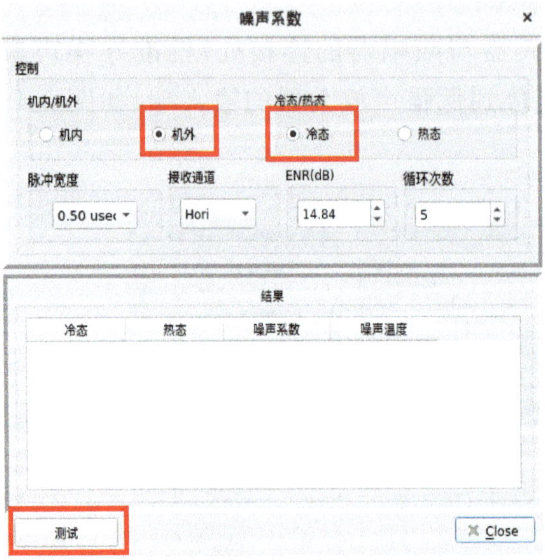

图 3-46　机外冷态噪声测试

图 3-47　机外噪声系数测试

（7）记录参数后，更换噪声源连接口至另一个通道，重复操作后可以得到另一个通道机外噪声系数。

3.3.7.2　机内测试

（1）打开 RDASOT 软件，进入噪声系数，如图 3-45 所示。

（2）在噪声系统测试界面，选择“机内”并进行脉宽和通道选择，完成后点击“测试”；软件会自动做五组数据得出平均值，记录数据，如图 3-48 所示。

3.3.7.3　标校调整

如果机内噪声系数和机外不一致（机内外误差>0.2 dB），则调整机内噪声系数。

机内噪声系统调整步骤如下：

（1）如果系统噪声温度超限，则可以更改 ENR 值（图 3-49），如果系统噪声温度过高，则将 ENR 值减小，如果系统噪声温度过低，则将 ENR 值增大。

图 3-48　机内噪声系统测试

图 3-49　机内噪声系统调整

（2）如果系统噪声温度超限，或者 H 通道和 V 通道噪声温度相差过大（两个通道噪声系数误差>0.3 dB），则可以通过更改水平通道射频噪声测试信号路径损耗或者垂直通道射频噪声测试信号路径损耗的值来调整。先点击 RDA 计算机的雷达控制软件的“Start”，再打开 RCW（图 3-50）。

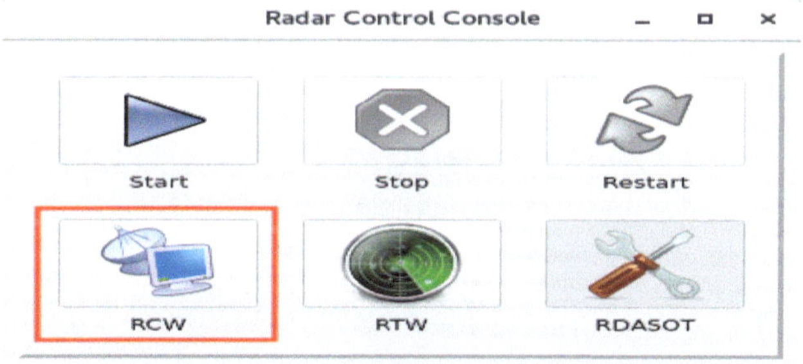

图 3-50　RCW 软件界面

(3)进入 RCW 之后，点击适配参数(图 3-51)。

(4)输入密码“HIGH”(图 3-52)。

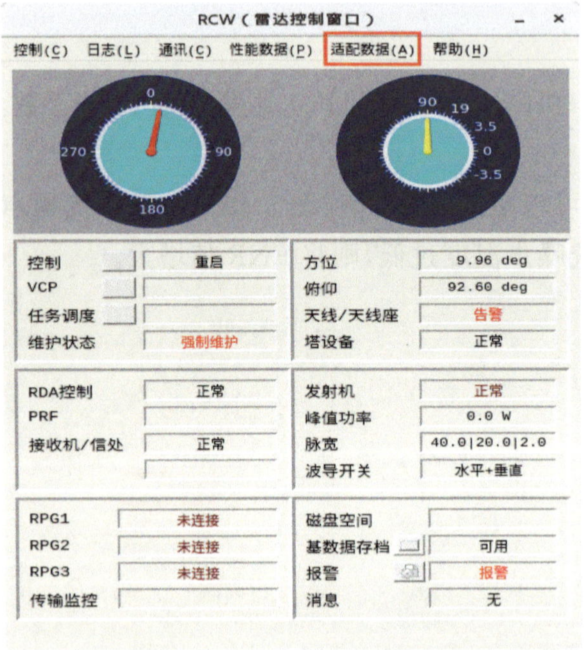

图 3-51　RCW 适配参数

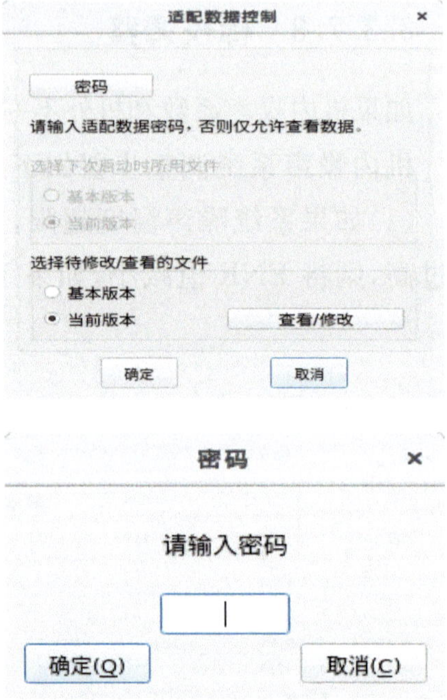

图 3-52　RCW 适配参数密码输入

(5)在“适配数据列表”中找到“接收机 2”进入，找到“水平通道射频噪声测试信号路径损耗”和“垂直通道射频噪声测试信号路径损耗”对应的修改值，如果 H 通道噪声温度偏高，则增大水平通道射频噪声测试信号路径损耗，如果 V 通道噪声温度偏高，则增大 V 通道射频噪声测试信号路径损耗。反之，则相应减小对应值。如图 3-53 所示。

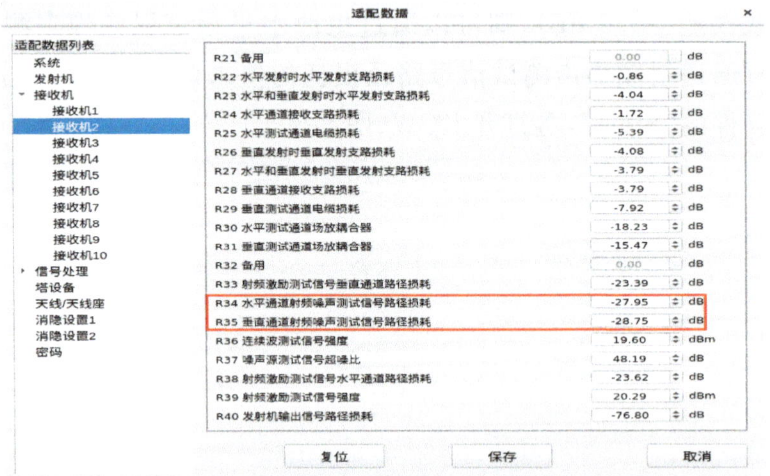

图 3-53　通道噪声测试信号路径损耗调整

3.4 系统指标

3.4.1 测试仪表

信号源。

3.4.2 系统相干性检验测试

(1)点击 RDASOT,进入“相位噪声”测试(图 3-54)。

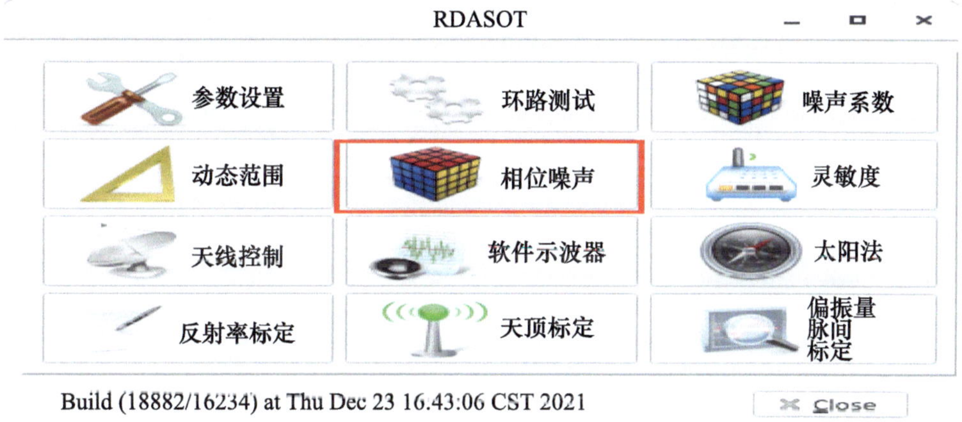

图 3-54 选择“相位噪声”子程序

(2)设置脉宽为 0.5 μs,重频 2000 Hz,选择垂直或水平通道,衰减设置为 10 dB,选择“发射机输出”,“发射机高压”开,如图 3-55 所示。点击“测试”,得出参数并记录,取相位噪声 10 次测量值的平均值来表征系统相干性,如图 3-56 所示。

3.4.3 估算地物对消能力

通过雷达终端软件设置滤波器的凹口宽度≤1 m/s,信号处理器选择 PPP 模式,控制雷达将发射脉冲经衰减延迟后送入接收机,对该信号的 I、Q 值采样并送入地杂波滤波器进行滤波,比较 10 个模拟地物回波在对消前和对消后的强度差值(图 3-57),求其平均值,来表征滤波前后的地物对消能力。可在相位噪声测试界面查看。

图 3-55　相位噪声测试软件参数设置

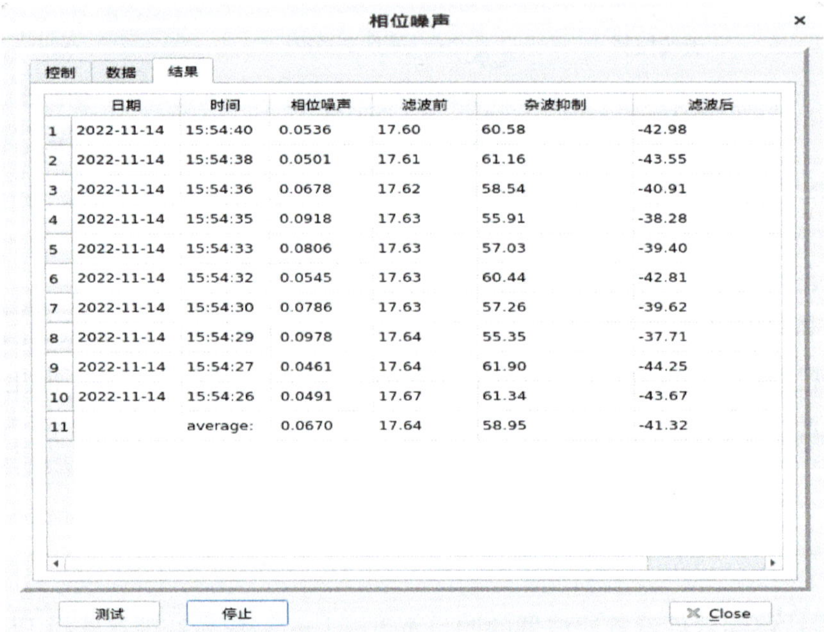

	日期	时间	相位噪声	滤波前	杂波抑制	滤波后
1	2022-11-14	15:54:40	0.0536	17.60	60.58	-42.98
2	2022-11-14	15:54:38	0.0501	17.61	61.16	-43.55
3	2022-11-14	15:54:36	0.0678	17.62	58.54	-40.91
4	2022-11-14	15:54:35	0.0918	17.63	55.91	-38.28
5	2022-11-14	15:54:33	0.0806	17.63	57.03	-39.40
6	2022-11-14	15:54:32	0.0545	17.63	60.44	-42.81
7	2022-11-14	15:54:30	0.0786	17.63	57.26	-39.62
8	2022-11-14	15:54:29	0.0978	17.64	55.35	-37.71
9	2022-11-14	15:54:27	0.0461	17.64	61.90	-44.25
10	2022-11-14	15:54:26	0.0491	17.67	61.34	-43.67
11		average:	0.0670	17.64	58.95	-41.32

图 3-56　相位噪声测试值

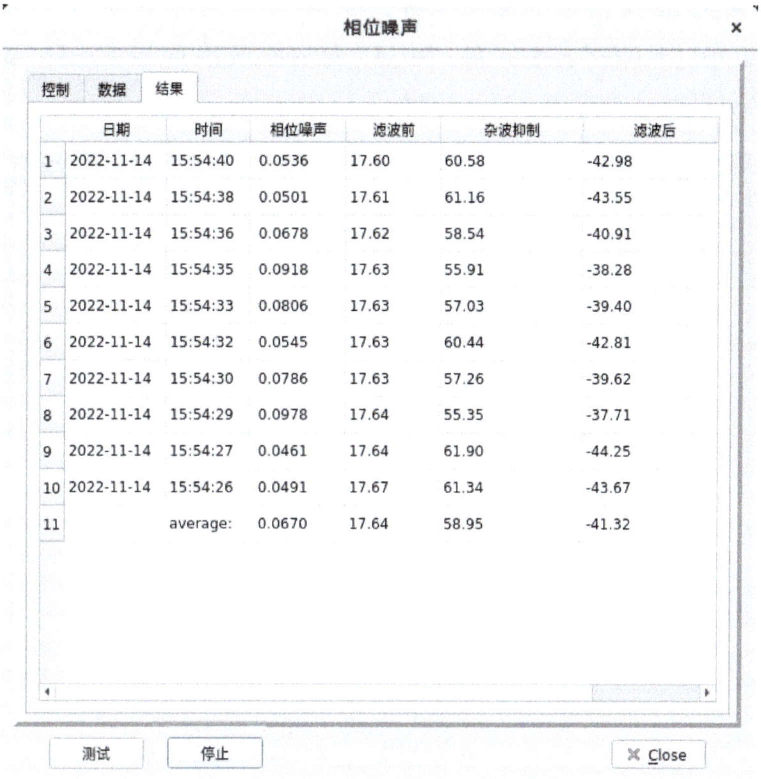

	日期	时间	相位噪声	滤波前	杂波抑制	滤波后
1	2022-11-14	15:54:40	0.0536	17.60	60.58	-42.98
2	2022-11-14	15:54:38	0.0501	17.61	61.16	-43.55
3	2022-11-14	15:54:36	0.0678	17.62	58.54	-40.91
4	2022-11-14	15:54:35	0.0918	17.63	55.91	-38.28
5	2022-11-14	15:54:33	0.0806	17.63	57.03	-39.40
6	2022-11-14	15:54:32	0.0545	17.63	60.44	-42.81
7	2022-11-14	15:54:30	0.0786	17.63	57.26	-39.62
8	2022-11-14	15:54:29	0.0978	17.64	55.35	-37.71
9	2022-11-14	15:54:27	0.0461	17.64	61.90	-44.25
10	2022-11-14	15:54:26	0.0491	17.67	61.34	-43.67
11		average:	0.0670	17.64	58.95	-41.32

图 3-57　滤波前后强度值

3.4.4　实际地物对消能力

通过雷达终端软件设置滤波器的凹口宽度≤1 m/s，控制雷达进行体积扫描，获得包含至少 2 个地物（回波强度≥50 dBZ、径向速度≤±1 m/s）的一组基数据，利用 gcfc_check 软件计算对消前和对消后的回波强度。

（1）确认 gcfc_check 在 rda 计算机的/opt/rda/bin 目录下。

（2）在 RDA 计算机目录“opt/rda/archive2”中找到一个完整体扫的基数据，并将其也拷贝到目录“opt/rda/bin”中。

（3）在 bin 文件夹的空白处，点击鼠标右键，然后点击“Open in Terminal"，弹出命令窗口。

（4）命令行输入：chmod□＋x□gcfc_check（□为空格），点击回车。

（5）在新的命令行输入：gcfc_check□□--if□，将复制的基数据拖入命令窗口中，命令行会出现基数据的信息代码，在代码后面继续输入：□--thr□□60，点击回车。

(6)程序会对基数据进行解析，得到实际地物对消的相关数据(图 3-58)，“AZ”表示方位角，“RNG”表示距离，“dBT”表示滤波前信号，“dBZ”表示滤波后信号，“FILTERED”表示抑制比，“VEL”表示径向风速。

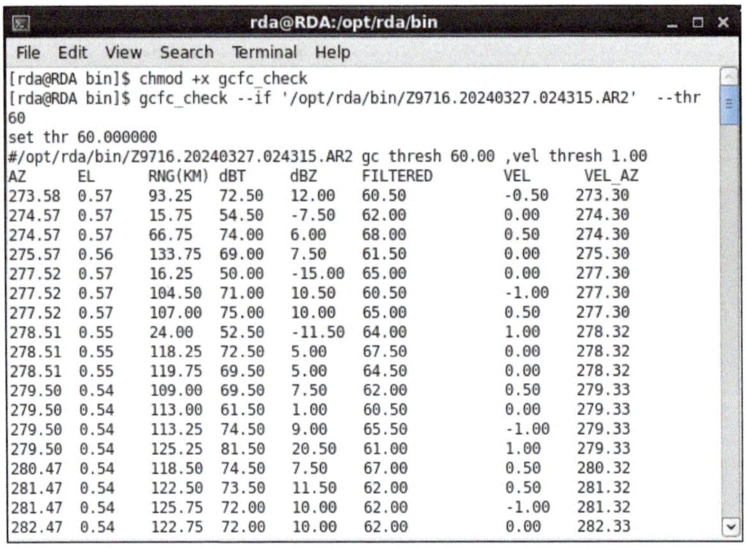

```
rda@RDA:/opt/rda/bin
File  Edit  View  Search  Terminal  Help
[rda@RDA bin]$ chmod +x gcfc_check
[rda@RDA bin]$ gcfc_check --if '/opt/rda/bin/Z9716.20240327.024315.AR2'  --thr
60
set thr 60.000000
#/opt/rda/bin/Z9716.20240327.024315.AR2 gc thresh 60.00 ,vel thresh 1.00
AZ      EL      RNG(KM) dBT     dBZ     FILTERED        VEL     VEL_AZ
273.58  0.57    93.25   72.50   12.00   60.50           -0.50   273.30
274.57  0.57    15.75   54.50   -7.50   62.00           0.00    274.30
274.57  0.57    66.75   74.00   6.00    68.00           0.50    274.30
275.57  0.56    133.75  69.00   7.50    61.50           0.00    275.30
277.52  0.57    16.25   50.00   -15.00  65.00           0.00    277.30
277.52  0.57    104.50  71.00   10.50   60.50           -1.00   277.30
277.52  0.57    107.00  75.00   10.00   65.00           0.50    277.30
278.51  0.55    24.00   52.50   -11.50  64.00           1.00    278.32
278.51  0.55    118.25  72.50   5.00    67.50           0.00    278.32
278.51  0.55    119.75  69.50   5.00    64.50           0.00    278.32
279.50  0.54    109.00  69.50   7.50    62.00           0.50    279.33
279.50  0.54    113.00  61.50   1.00    60.50           0.00    279.33
279.50  0.54    113.25  74.50   9.00    65.50           -1.00   279.33
279.50  0.54    125.25  81.50   20.50   61.00           1.00    279.33
280.47  0.54    118.50  74.50   7.50    67.00           0.50    280.32
281.47  0.54    122.50  73.50   11.50   62.00           0.50    281.32
281.47  0.54    125.75  72.00   10.00   62.00           -1.00   281.32
282.47  0.54    122.75  72.00   10.00   62.00           0.00    282.33
```

图 3-58　实际地物对消计算结果

(7)选取“VEL”<1.00°、0.50°仰角的 10 个最大“FILTERED”，平均后得到实际地物对消能力。

3.4.5　径向速度测量检验

3.4.5.1　机外测试

3.4.5.1.1　测试连接

信号源→低噪声放大器前端。

3.4.5.1.2　计算公式

径向速度测试理论值V_1(单位为 m/s)与最大不模糊速度V_{max}(单位为 m/s)计算公式如下：

$$V_1 = -(\lambda \times f_d)/2$$

$$V_{max} = \pm(\lambda \times F)/4$$

式中：λ——雷达波长，单位为米(m)；

f_d——多普勒频移，单位为赫兹(Hz)；

F——脉冲重复频率，单位为赫兹(Hz)。

真实的径向速度计算公式如下：

$$V_3=\begin{cases}V_2 & V_1\times V_2\geqslant 0\\ V_2-2|V_{\max}| & V_1<0<V_2\\ V_2+2|V_{\max}| & V_2<0<V_1\end{cases}$$

单脉冲重复频率速度测量误差 ΔV_1、单脉冲重复频率和双脉冲重复频率测速差值 ΔV_2 计算公式分别如下：

$$\Delta V_1=V_3-V_1$$

$$\Delta V_2=V_3-V_4$$

3.4.5.1.3　测试流程

(1)按照接收机机外动态特性测试中的方法，调整信号源与 RDASC 终端之间的网络连接。

(2)断开 H 或者 V 通道低噪声放大器与限幅器的连接处，用 SMA 测试线缆将信号源的输出信号接入到 H 或者 V 通道低噪声放大器的输入端。

(3)打开 RDASOT，进入反射率标定，在参数界面下方修改进行通道选择，更改后点击“保存”，然后点击“速度”，进入“速度测试”界面(图 3-59)。

图 3-59　机外速度测试界面

(4)在测试界面勾选“机外测试”，根据需要勾选“正速度测试”或者“负速度测试”，选择“PRF”，一般为 2000 Hz，选择“解模糊比率”(none 默认为单重频)，设置雷达中心频率，点击“调整”，待系统校准后，设置频偏步进 200 Hz 以及测试数量(Number)。如图 3-60 所示。

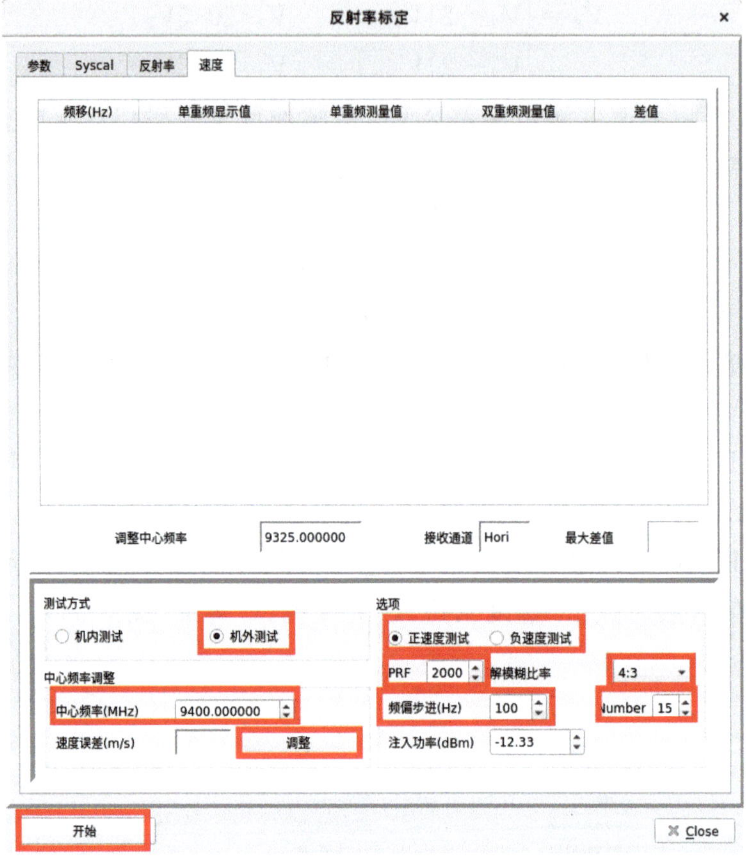

图 3-60　机外速度测试参数设置

(5)设置信号处理器重复频率模式为单脉冲重复频率模式，通过机外信号源从接收机前端注入雷达工作频点的连续波信号(功率为－10 dBm)。

(6)调整中心频率找到速度零点，进行多普勒频移(±3000 Hz、步进 200 Hz)，点击“开始”进行测试，在终端获取速度显示值V_2，计算出退速度模糊后的测量值V_3并与理论值V_1进行比较。

(7)设置信号处理器重复频率模式为双脉冲重复频率模式(3∶2 或 4∶3)，找到速度零点，进行多普勒频移(±3000 Hz、步进 200 Hz)，点击“开始”进行测试，在终端获取速度显示值V_4并与V_3进行比较。如图 3-61 所示。

(8)如需切换通道则返回参数界面点击“修改”，进行通道选择，重复上述操作，水平通道和垂直通道分别进行 10 个点的单脉冲重复频率模式和双脉冲重复频率模式的径向速度测试。

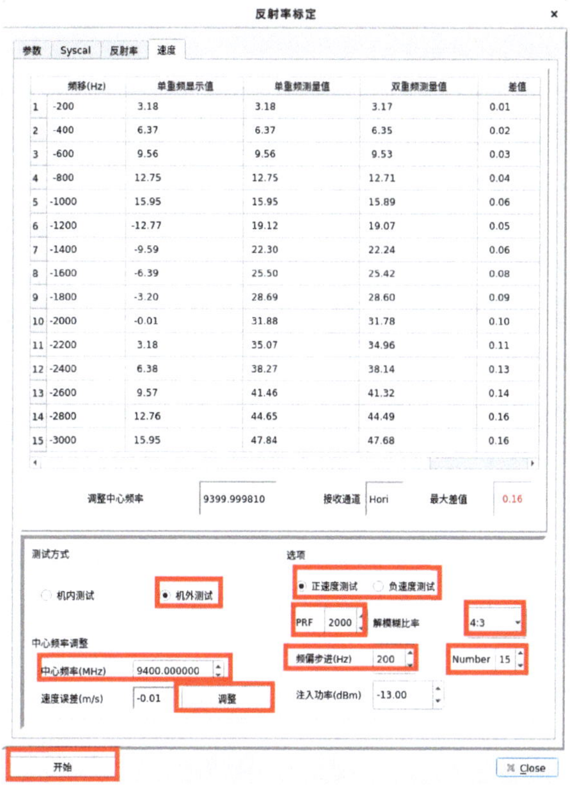

图 3-61　机外速度测试值显示

3.4.5.2　机内测试

RDASC 软件每个体扫自动进行径向速度测量，并将结果记录到日志文件中。机内测试的结果在 RDASC 运行完第一个体扫后即可在性能数据中查找(图 3-62)。

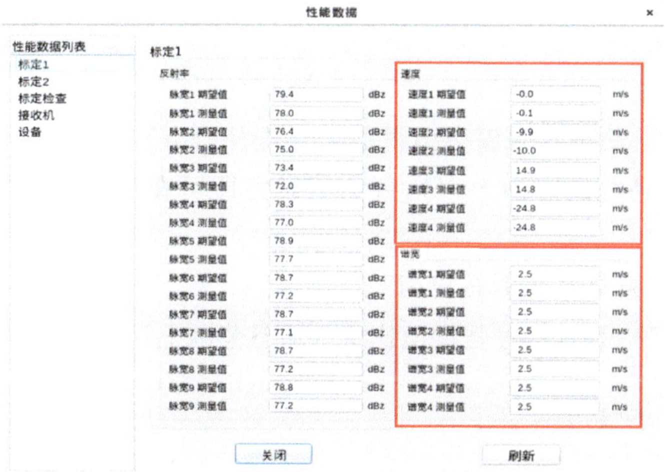

图 3-62　机内速度和谱宽

3.4.6 双偏振参数测试

3.4.6.1 机外测试

3.4.6.1.1 测试连接

信号源→功分器→低噪声放大器前端。

3.4.6.1.2 测试流程

(1)按照接收机机外动态特性测试中的方法,调整信号源与 RDASC 终端之间的网络连接。

(2)断开 H 或者 V 通道低噪声放大器与限幅器的连接处,用三根 SMA 测试线缆,将信号源输出信号用二路功分器同时接入 H 和 V 通道低噪声放大器的输入端。

(3)打开 RDASOT,进入“动态范围”(图 3-63)。

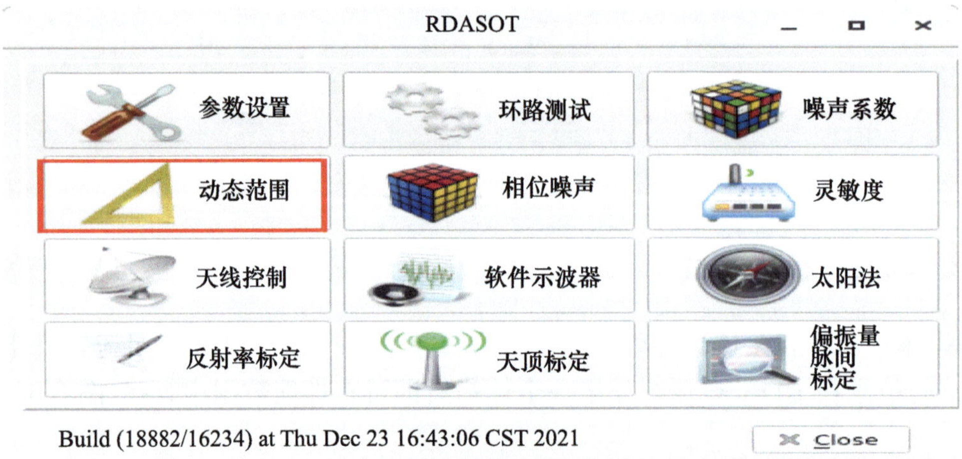

图 3-63 选择“动态范围”子程序

(4)勾选“机外动态”,图表类型根据需要选择“zdr”或者“pdp”,接收通道选择“Simu”,点击“自动测试”(图 3-64),待测试做完即可在测试界面得到双通道一致性相关测试数据。

3.4.6.1.3 测试数据取值规则

取信噪比≥20 dB 且信号强度值比机内动态范围上拐点低至少 10 dB 的数据。

3.4.6.2 机内测试

(1)打开 RDASOT,进入动态范围。

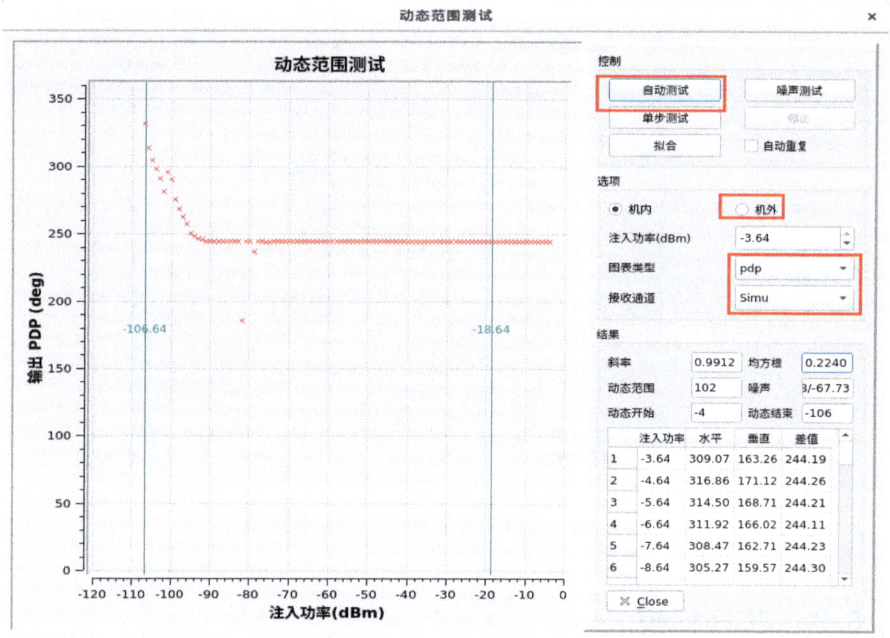

图 3-64　双偏振参数软件设置

（2）可以看到动态测试的对话框，选择“脉冲宽度”，选择双通道“Simu”，在图表类型中选“zdr”或“pdp”，然后点击“自动测试”，则 RDASOT 软件自动完成机内双偏振参数的测试，如图 3-65 和图 3-66 所示。

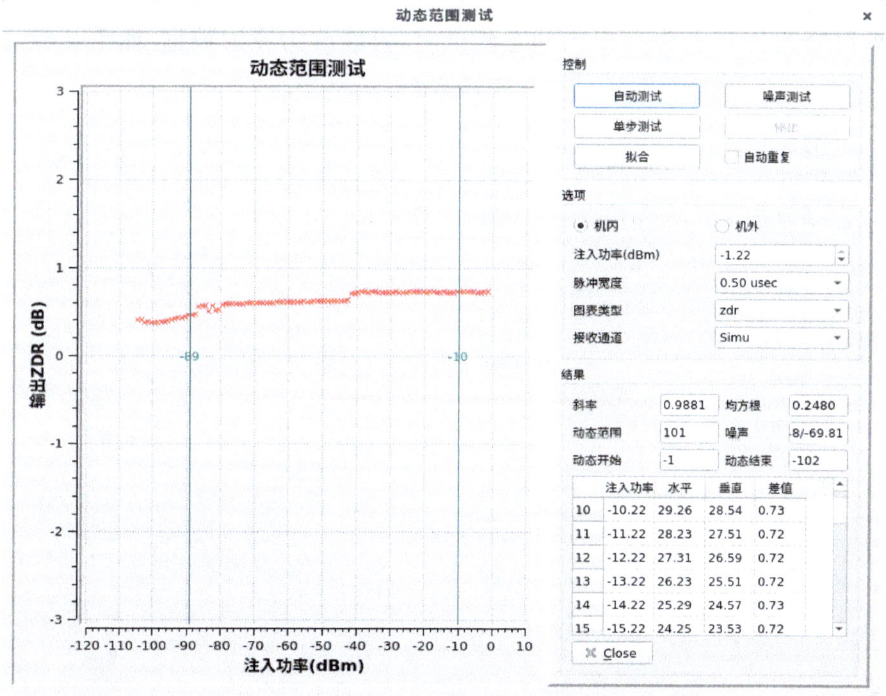

图 3-65　机内双偏振差分反射率测试

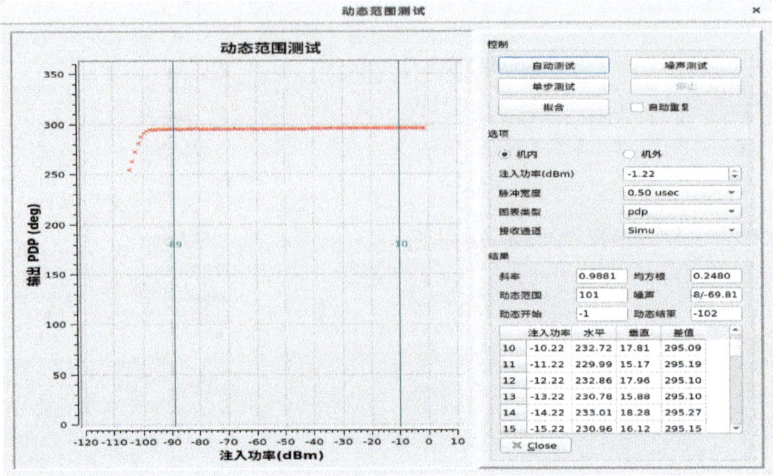

图 3-66　机内双偏振差分相移测试

3.4.6.3　ZDR 标校

(1)若系统 ZDR 超限，则需要先将系统 ZDR 偏差归零，先点击 RDASC 计算机的雷达控制软件的“Start”，再打开 RCW(图 3-50)。

(2)进入 RCW 之后，点击适配参数(图 3-51)。

(3)输入密码“HIGH”(图 3-52)。

(4)在“适配数据列表”中找到“信号处理器 1”进入，找到“系统 ZDR 偏差”，记录下原始数据，再修改为 0，待做完机内动态测试后，再修改为原始数据，如图 3-67 所示。

图 3-67　系统 ZDR 偏差调整

3.4.7　回波强度测试标校

3.4.7.1　机内接收机前端注入信号功率(CW)标定

(1)分别测试脉冲信号和连续波信号标定信号功率(图 3-68),分别填入参数 6 对应栏(图 3-69)。

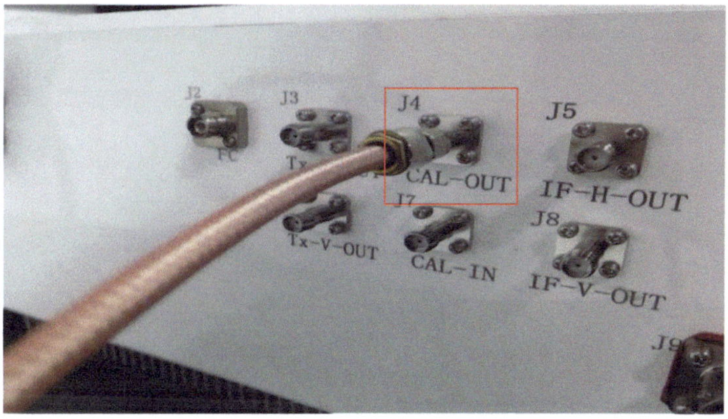

图 3-68　标定信号输出功率测试口

图 3-69　填写连续波和脉冲测试信号

(2)测试标定线路插损。分别用信号源从标定信号输入口(图 3-70)和低噪放主通道输入口(图 3-71)输入 0 dBm 射频信号,测试接收通道输出接口(图 3-72)信号功率,计算功率差值,即为对应标定通道(大信号)线路插损(图 3-73～图 3-75)。

(3)修改收发支路对应插损和测量值一致(图 3-76～图 3-78)。

(4)根据测试结果填写标定参数。

(5)参照天线报告填写天线及天线罩参数(图 3-79)。

图 3-70　机内标定信号输入口

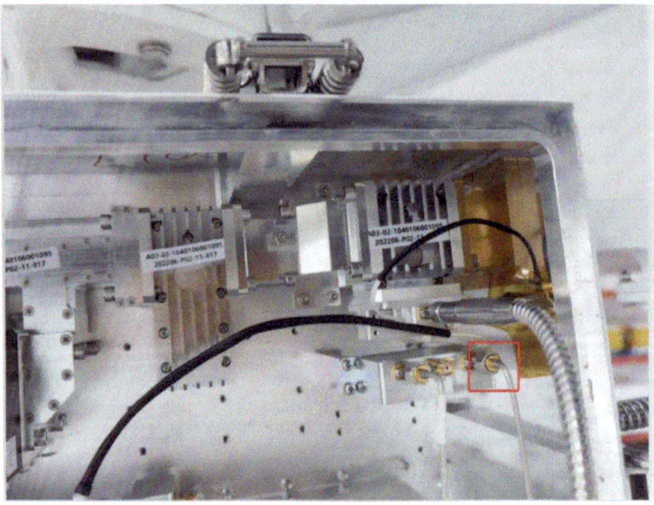

图 3-71　主通道信号输入口

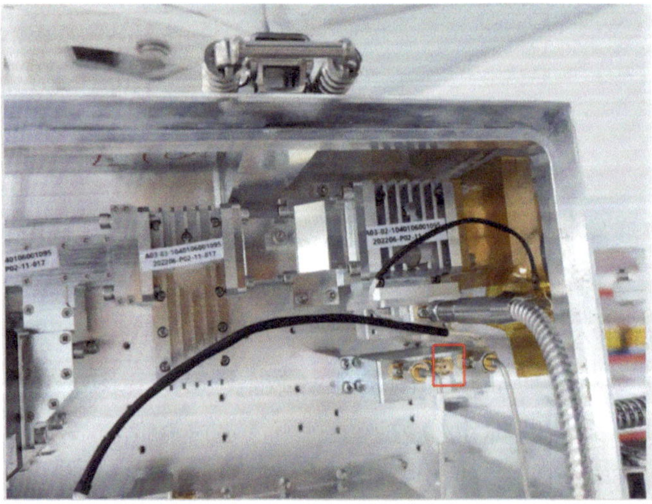

图 3-72　接收通道 H 信号输出接口

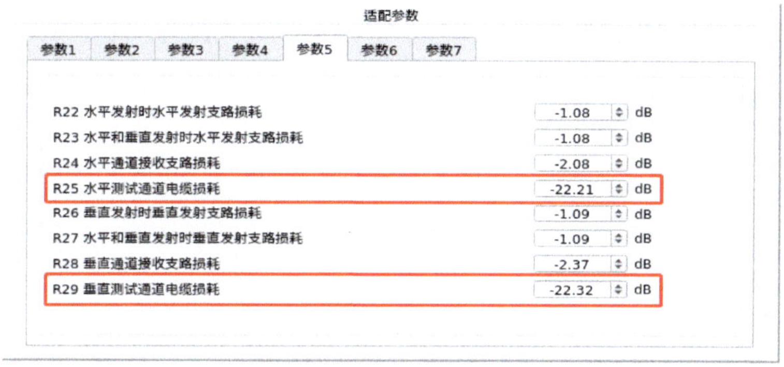

图 3-73　填写连续波测试信号线缆损耗

图 3-74　填写脉冲测试信号线缆损耗

图 3-75　收发支路对应通道波导插损

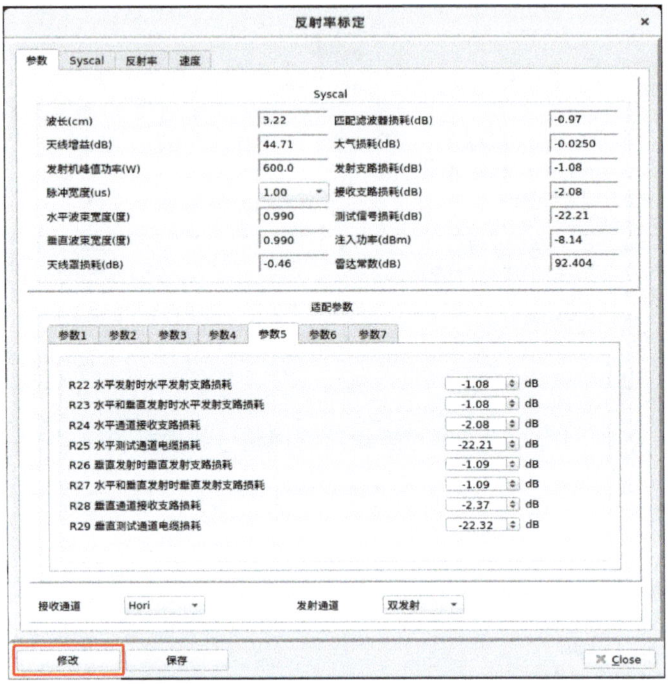

图 3-76 修改反射率标定适配参数

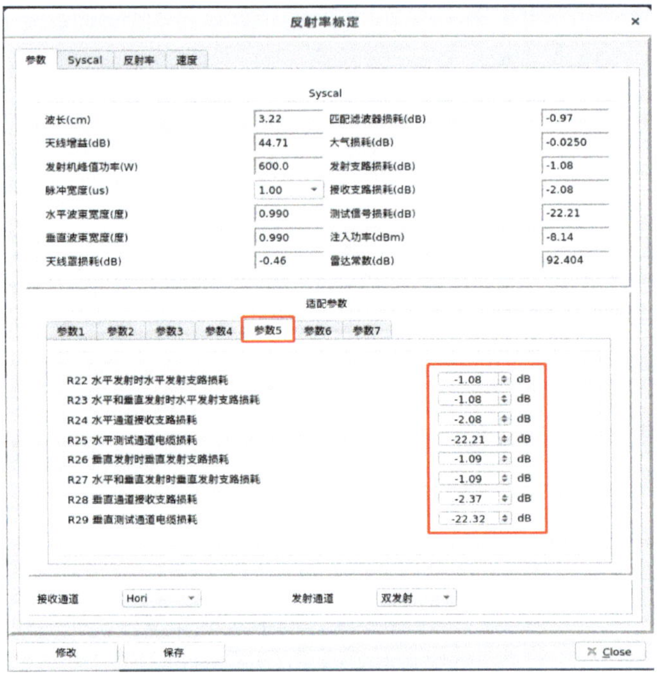

图 3-77 修改反射率标定适配参数 5

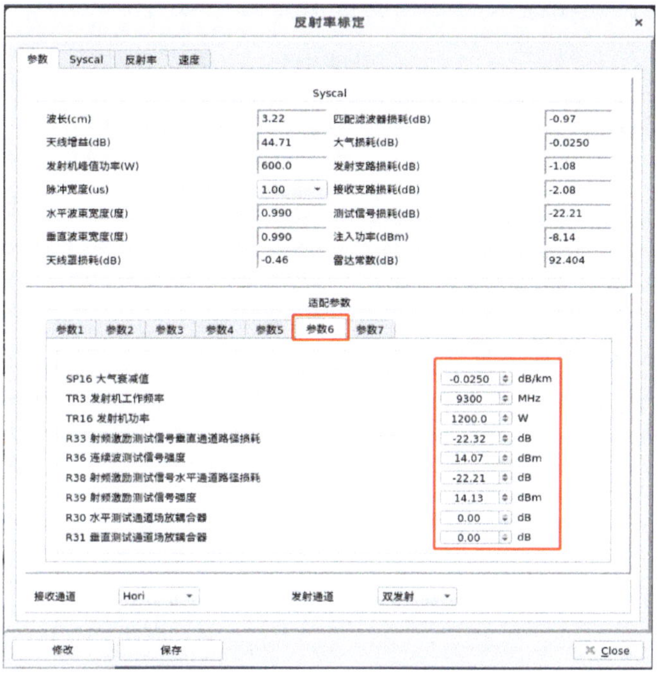

图 3-78　修改反射率标定适配参数 6

图 3-79　修改天线技术参数 7

(6)检查接收机前端注入功率和测量值是否一致(图 3-80)。

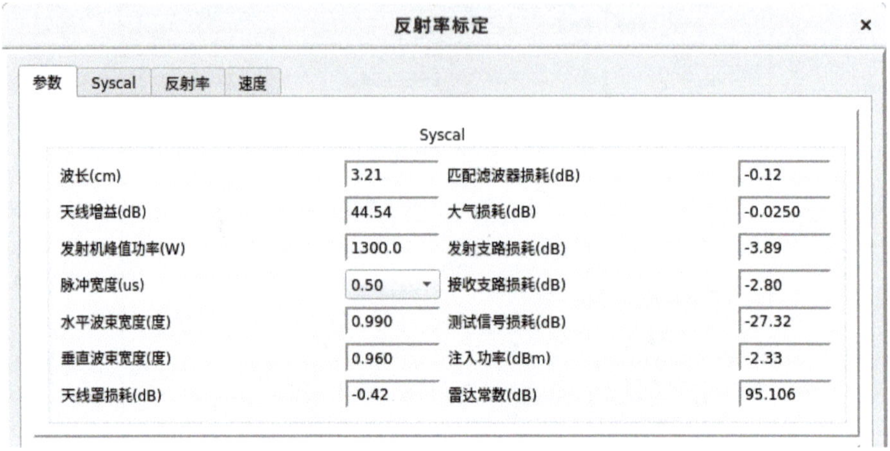

图 3-80　确认注入功率是否一致

(7)打开 RDASOT,选择“反射率标定”(图 3-81)。

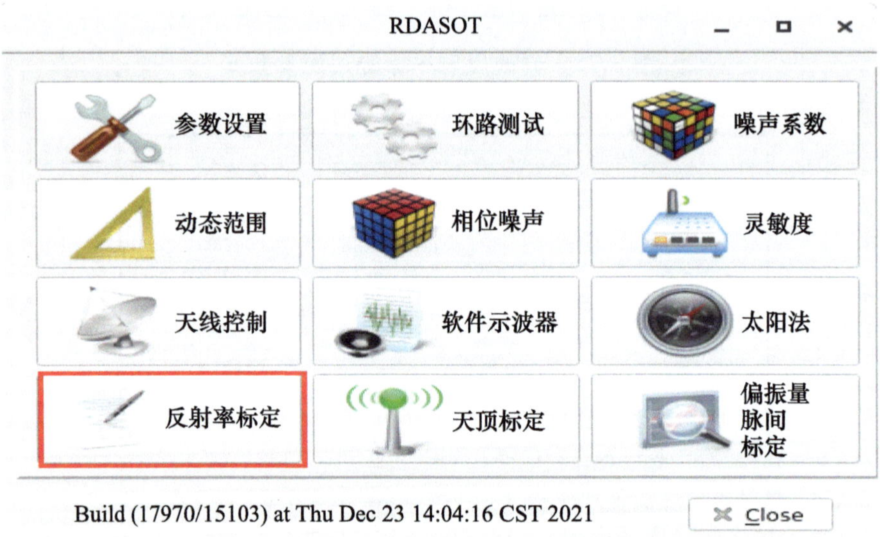

图 3-81　回波强度反射率标定选择界面

(8)选择通道(图 3-82)。

(9)选择“机内测试”,点击“开始”测试(图 3-83)。

3.4.7.2　机内测试

(1)打开 RDASOT,进入反射率标定,在参数界面下方点击“修改”进行通道、脉宽和发射方式选择,更改后点击“保存”,然后点击“反射率”,进入“反射率标定”测试界面,如图 3-84 所示。

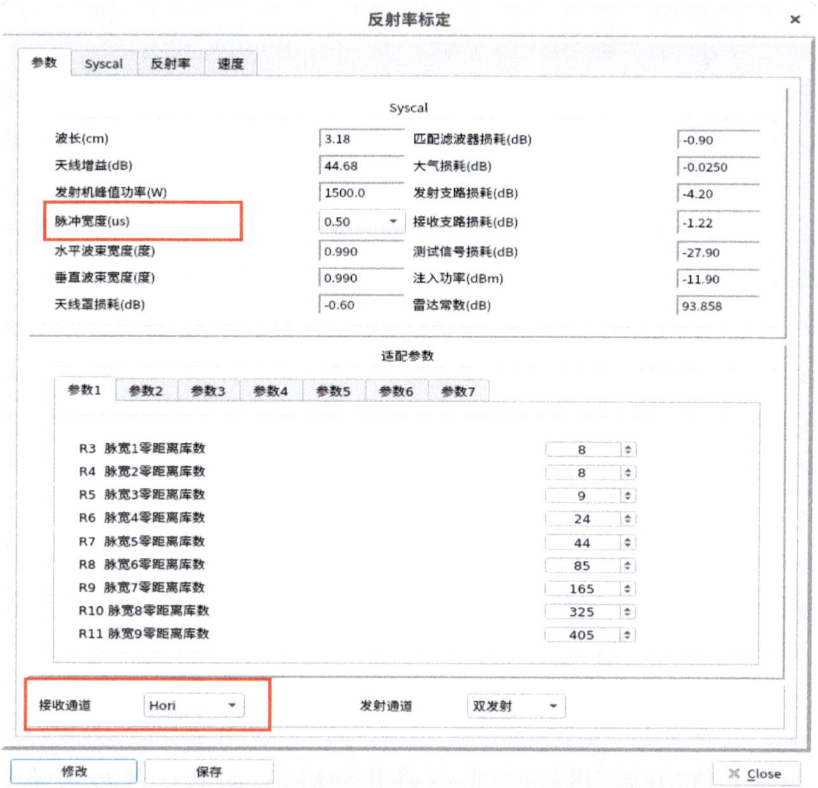

图 3-82　回波强度标定检验选择通道

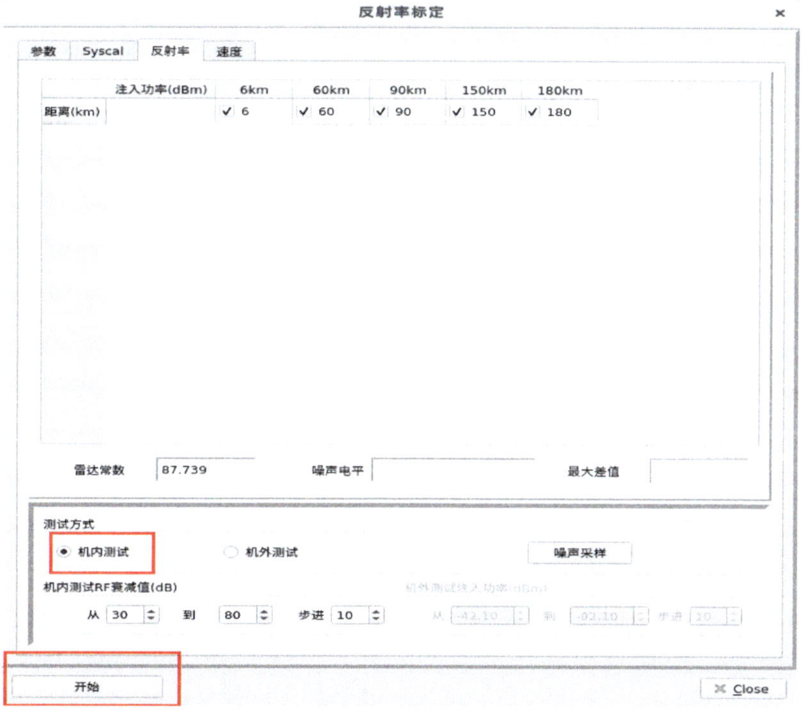

图 3-83　回波强度标定检验

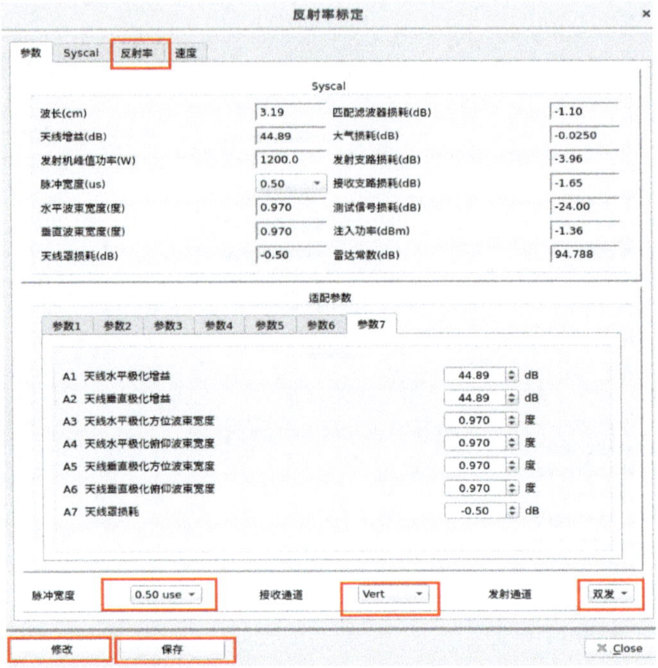

图 3-84 反射率标定参数设置

(2)点击左下角“开始”进行测试，等待几秒后，读出右下角最大差值即为本组反射率标定测试结果(图 3-85)。

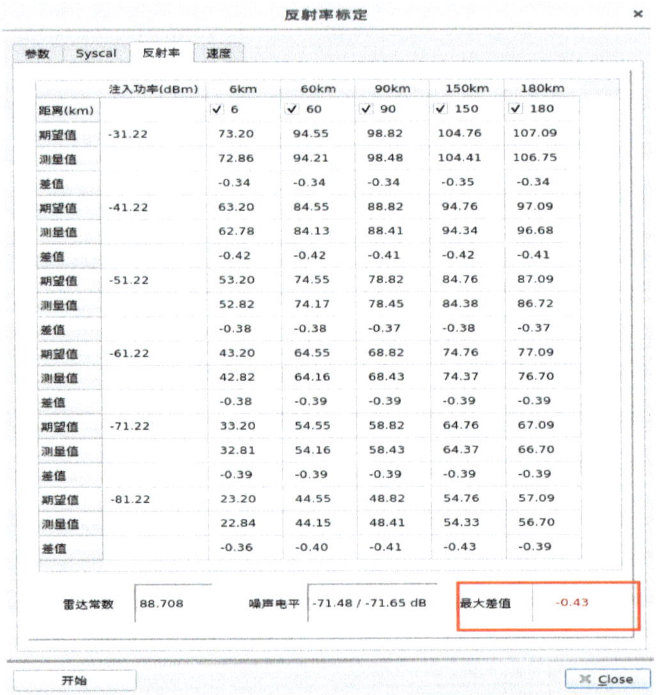

	注入功率(dBm)	6km	60km	90km	150km	180km
距离(km)		✓ 6	✓ 60	✓ 90	✓ 150	✓ 180
期望值	-31.22	73.20	94.55	98.82	104.76	107.09
测量值		72.86	94.21	98.48	104.41	106.75
差值		-0.34	-0.34	-0.34	-0.35	-0.34
期望值	-41.22	63.20	84.55	88.82	94.76	97.09
测量值		62.78	84.13	88.41	94.34	96.68
差值		-0.42	-0.42	-0.41	-0.42	-0.41
期望值	-51.22	53.20	74.55	78.82	84.76	87.09
测量值		52.82	74.17	78.45	84.38	86.72
差值		-0.38	-0.38	-0.37	-0.38	-0.37
期望值	-61.22	43.20	64.55	68.82	74.76	77.09
测量值		42.82	64.16	68.43	74.37	76.70
差值		-0.38	-0.39	-0.39	-0.39	-0.39
期望值	-71.22	33.20	54.55	58.82	64.76	67.09
测量值		32.81	54.16	58.43	64.37	66.70
差值		-0.39	-0.39	-0.39	-0.39	-0.39
期望值	-81.22	23.20	44.55	48.82	54.76	57.09
测量值		22.84	44.15	48.41	54.33	56.70
差值		-0.36	-0.40	-0.41	-0.43	-0.39

图 3-85 反射率标定测试结果

(3)更换不同通道和脉宽进行测试。

3.4.7.3 机内标校

(1)若出现异常,需重新对 H 与 V 通道进行机内 Syscal 标校,然后进行测试:先打开 RCC 软件,点击 RDASOT(图 3-86)。

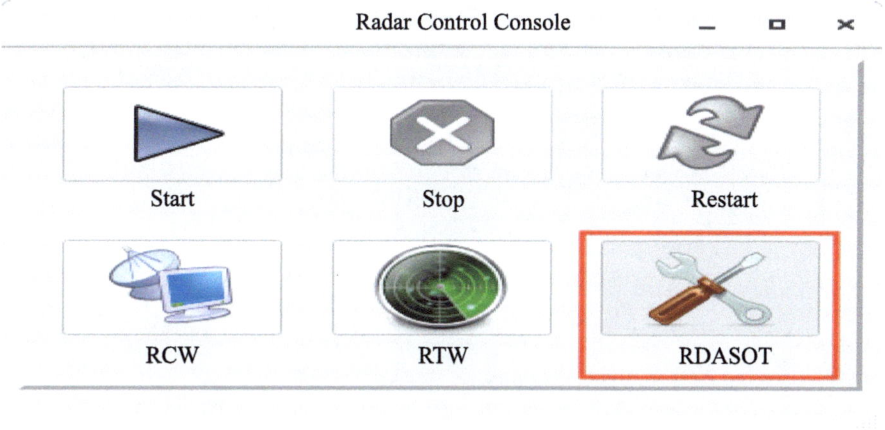

图 3-86 RDASOT 程序

(2)点击“反射率标定”,进入反射率标定控制界面(图 3-81)。

(3)切换脉冲宽度 0.5 μs/1.0 μs,接收通道 H/V(图 3-87)。

图 3-87 反射率参数设置

(4)点击"开始"进行 Syscal 标校(图 3-88)。

图 3-88 Syscal 参数标校

(5)保存结果,再进行一次 Syscal 标校,并保存结果,机内 Syscal 标校完毕(图 3-89)。

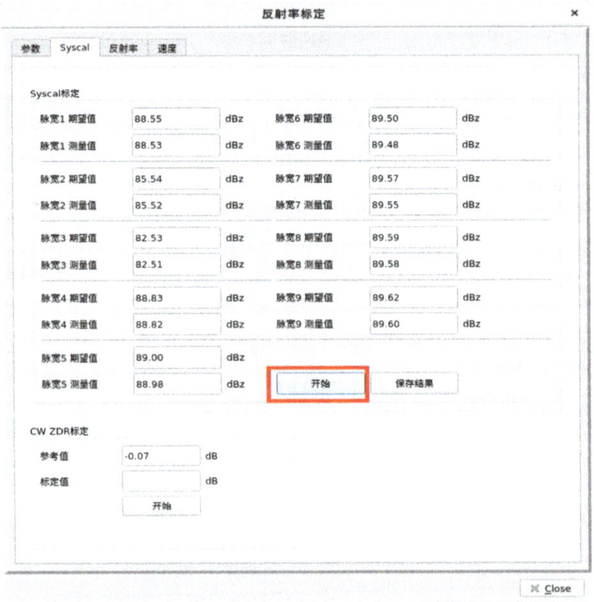

图 3-89 Syscal 参数标校合格

3.4.7.4　机外测试

3.4.7.4.1　测试连接

信号源→低噪声放大器前端。

3.4.7.4.2　测试流程

(1)检查雷达测试软件中各项参数(波长、发射峰值功率、脉冲宽度、天线增益、水平/垂直波束宽度、收发支路损耗、大气损耗、接收机前端注入功率等)，确保以上参数值准确无误。

(2)分别用信号源和接收机的频综从接收机前端注入功率为−30～−80 dBm范围(步进 10 dB)的连续波测试信号(注入功率与机内测试保持一致)，在雷达终端分别获取距离 5 km、50 km、100 km、150 km 处水平/垂直通道回波强度的测量值，与计算的回波强度期望值进行对比。

根据雷达方程由输入信号功率计算回波强度期望值可采用如下公式：

$$Z_{exp}=10\lg[(2.69\times10^{16}\lambda^2)/(P_t\tau G^2\theta\varphi)]+P_r+20\lg R+L_\Sigma+RL_{at}$$
$$=C+P_r+20\lg R+RL_{at}$$

其中 $C=10\lg[(2.69\times\lambda^2)/(P_t\tau\theta\varphi)]-2G+160+L_\Sigma$

$L_\Sigma=L_o+L_p+L_{tr}$

$L_{tr}=L_t+L_r$

式中：λ——波长，单位为米(m)；

P_t——发射脉冲峰值功率，单位为千瓦(kW)；

τ——脉冲宽度，单位为微秒(μs)；

G——天线增益，单位为分贝(dB)；

θ——水平波束宽度，单位为度(°)；

φ——垂直波束宽度，单位为度(°)；

P_r——输入信号功率，单位为分贝毫瓦(dBm)；

R——距离，单位为千米(km)；

L_Σ——系统除大气损耗外总损耗，单位为分贝(dB)；

L_{at}——大气损耗，单位为分贝每千米(dB/km)；

C——雷达常数，单位为分贝(dB)；

L_o——匹配滤波器损耗，单位为分贝(dB)；

L_p——天线罩双程损耗，单位为分贝(dB)；

L_t——发射支路损耗，单位为分贝(dB)；

L_r——接收支路损耗，单位为分贝(dB)；

L_{tr}——收发支路总损耗,单位为分贝(dB)。

(3)按照接收机机外动态特性测试中的方法,调整信号源与 RDA 计算机之间的网络连接。

(4)断开 H 或者 V 通道低噪声放大器与限幅器的连接处,用 SMA 测试线缆将信号源输出信号接入到 H 或者 V 通道低噪声放大器的输入端。

(5)打开 RDASOT,进入"反射率标定",在参数界面下方修改,进行脉冲宽度、接收通道选择,更改后点击"保存",然后点击"反射率",进入"反射率标定"测试界面(图 3-90)。

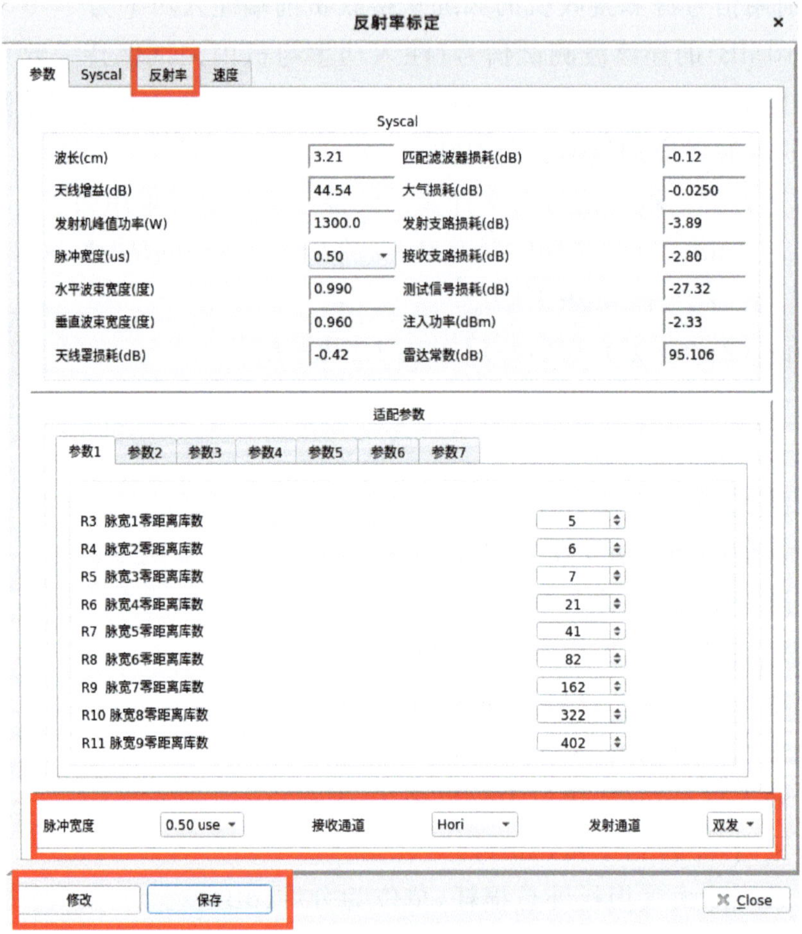

图 3-90 反射率测试界面

(6)勾选"机外测试",输入注入功率范围与机内一致,选择步进数目,一般为 10 dBm(图 3-91),点击"开始"即可进行机外反射率标定并得出结果(图 3-92)。

(7)修改脉冲宽度,更改发射方式,更换通道后,重复上述操作即可得到不同通道或者不同脉宽反射率标定结果。

图 3-91　反射率标定参数设置

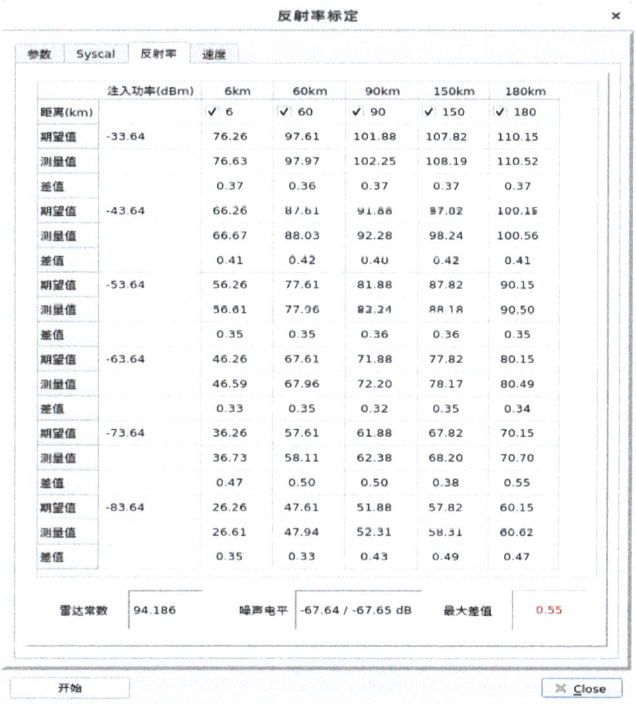

图 3-92　反射率标定结果显示

第 4 章

YLD3-D 型天气雷达性能参数测试及标校

4.1 伺服系统

4.1.1 测试仪表

利用 X 波段全固态双线偏振多普勒天气雷达测试软件自动测试。

4.1.2 伺服系统角度控制精度测试

利用雷达测试软件控制天线转动至 12 个不同的方位角(0°、30°、60°、90°、120°、150°、180°、210°、240°、270°、300°、330°)和俯仰角(0°、5°、10°、15°、20°、25°、30°、35°、40°、45°、50°、55°),预置值与实测值的差值即为角度控制精度。

(1)打开自动测试软件,点击进入“伺服标定”(图 4-1)。

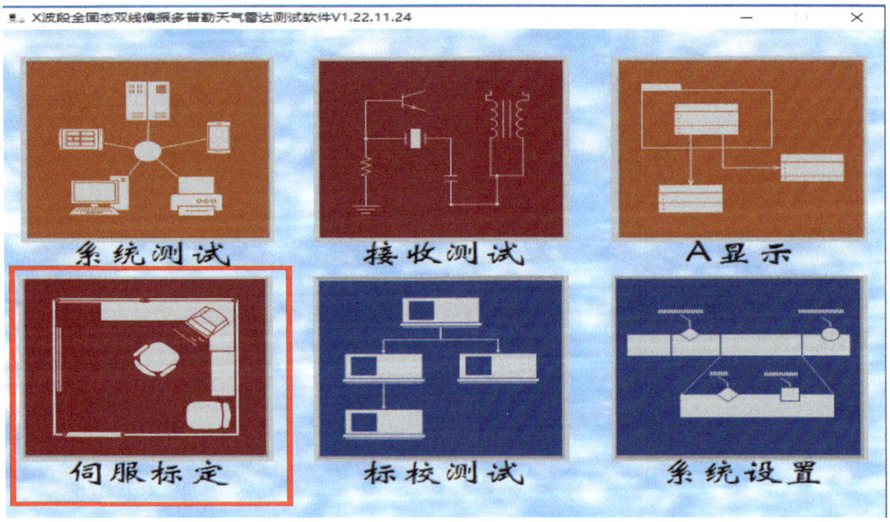

图 4-1　自动测试软件显示图

(2)打开“伺服标定”,点击“定位精度”测试项(图 4-2),点击“测试”,软件自动设置各角度,并计算出系统差值。

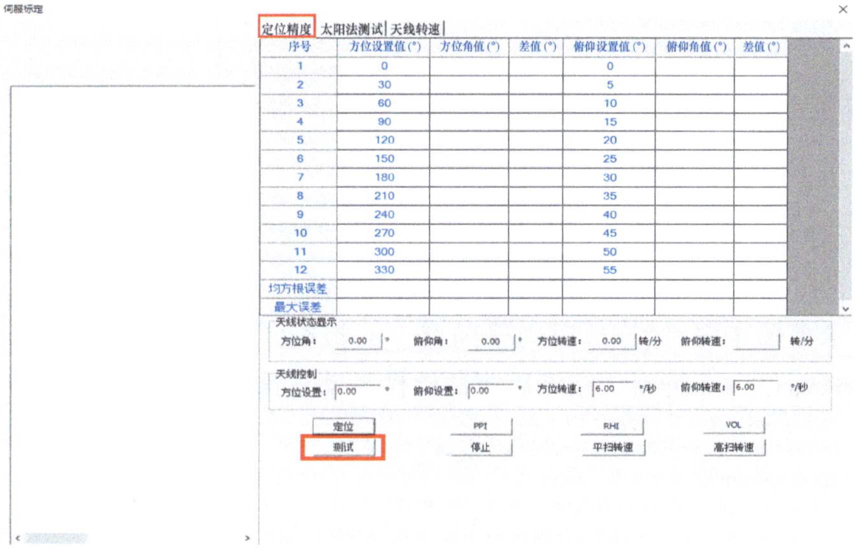

图 4-2　天线方位转速测试显示图

4.1.3　天线扫描速度测试

在雷达测试软件上进行天线扫描速度测试，软件自动生成结果并计算速度误差。

(1)打开自动测试软件，点击进入“伺服标定”(图 4-1)。

(2)打开伺服标定，点击“天线转速”测试项，分别点击“方位测试”及“俯仰测试”(图 4-3)。软件获取天线方位角和俯仰角扫描速度最大测量值，并与预置值进行比较，软件自动计算扫描速度误差。

图 4-3　天线俯仰转速测试显示图

4.1.4 天线波束指向误差测试标校

4.1.4.1 测试流程

(1)打开自动测试软件,点击进入“伺服标定”(图 4-1)。

(2)打开“伺服标定”,点击“太阳法测试”测试项(图 4-4),检查天线座水平度是否在要求范围之内,计算机时间精确到 1 s,检查雷达站经度、纬度参数是否正确;点击测试,得到五组测试结果后测试软件自动算出平均误差值。

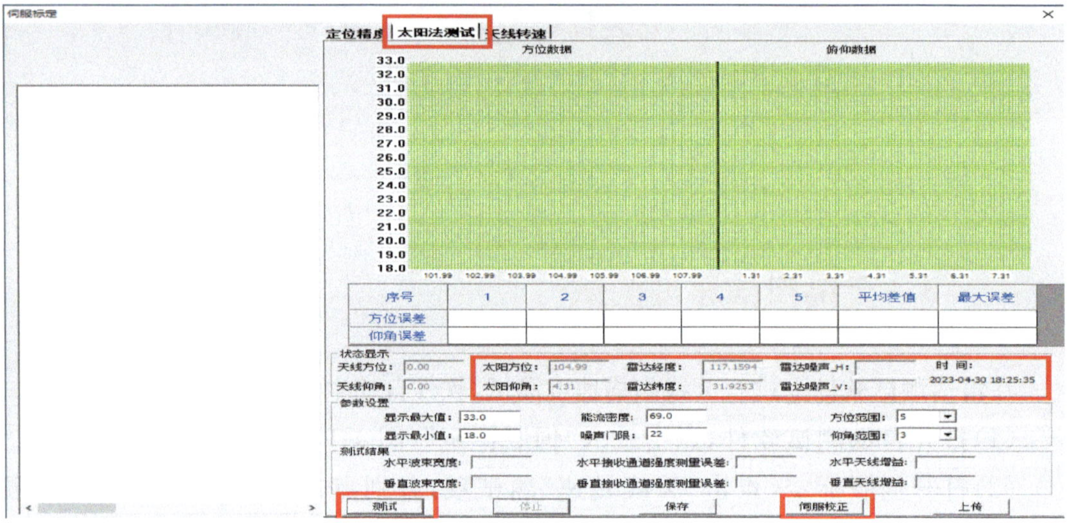

图 4-4 太阳法测试显示图

4.1.4.2 标校调整

(1)点击“伺服校正”。

(2)弹出对话框后,自动测试软件自动显示出需要修正的数值,只需要点击“确定”(图 4-5),雷达即完成自动标校。

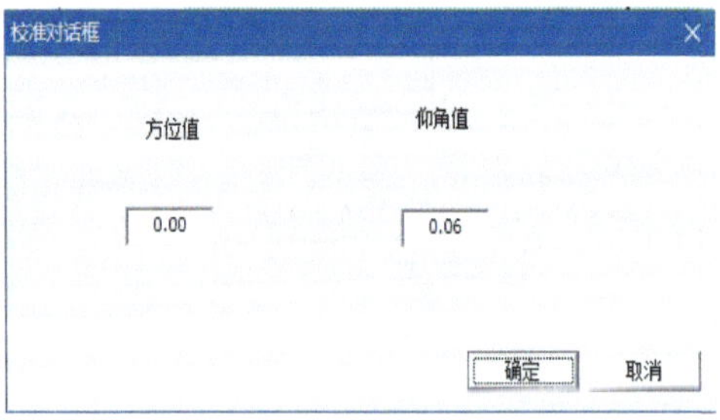

图 4-5 太阳法修正参数图

4.2 发 射 机

4.2.1 测试仪表

检波器、示波器、功率探头、功率计、频谱仪。

4.2.2 发射射频脉冲包络测试

4.2.2.1 参数定义

包络宽度 τ:脉冲包络前、后沿半功率点(0.707 电压点)之间的时间间隔。如脉冲包络的平顶幅度为 U_m,从脉冲前沿 $0.7U_m$ 到后沿 $0.7U_m$ 的时间间隔为脉冲宽度,单位为微秒(μs)。

上升时间 τ_r:从脉冲前沿 $0.1U_m$ 到前沿 $0.9U_m$ 的时间间隔为脉冲上升沿时间,单位为纳秒(ns)。

下降时间 τ_f:从脉冲后沿 $0.9U_m$ 到后沿 $0.1U_m$ 的时间间隔为脉冲下降沿时间,单位为纳秒(ns)。

顶降 δ:如脉冲包络的最大幅度为 U_{max},那么 $\delta=(U_{max}-U_m)/(2U_m)\times100\%$,单位为百分数(%)。

4.2.2.2 测试连接

连接框图如图 4-6 所示。

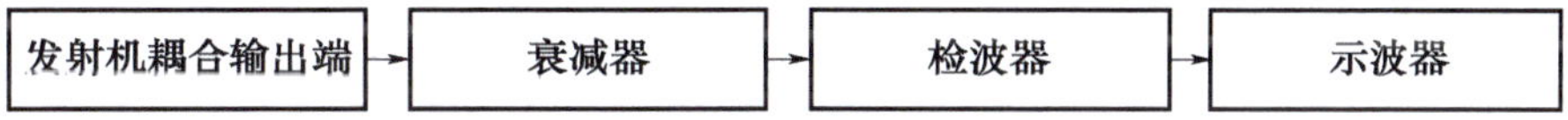

图 4-6　发射脉冲包络测试连接框图

4.2.2.3 测试流程

(1)按照测试连接框图(图 4-6)连接设备。

(2)打开雷达终端软件(图 4-7),获取控制权,点击“参数”。

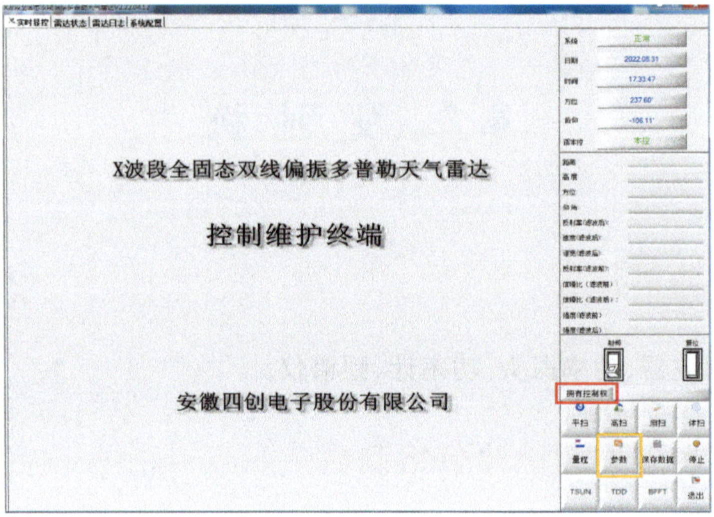

图 4-7　终端显示图

(3)点击“参数”设置脉冲宽度 0.5 μs(图 4-8),打开发射机“射频”(图 4-9)。

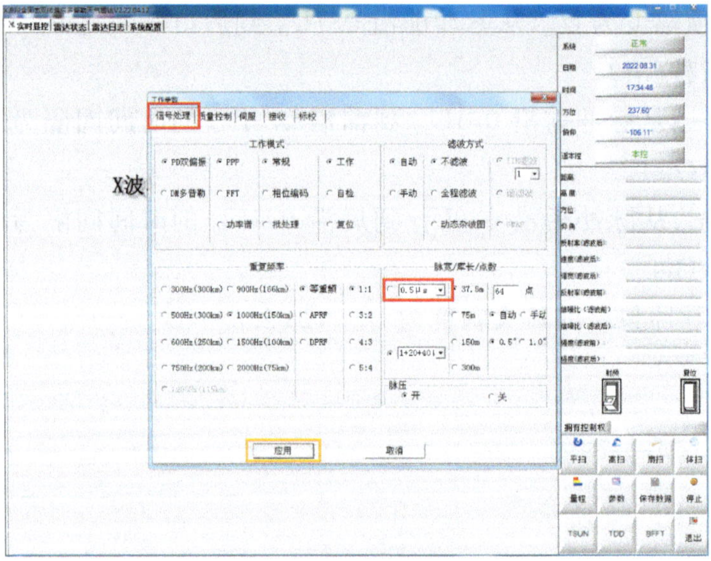

图 4-8　终端参数设置图

(4)在天线耦合口处连接示波器(图 4-10)。示波器接入图 4-11 中“1”的位置,读出示波器显示的包络宽度、上升时间、下降时间及顶降。

(5)在终端软件上控制雷达发射脉冲宽度分别为 1.0 μs、2.0 μs、10 μs、20 μs、40 μs、80 μs、160 μs 和 200 μs,分别读取示波器对应脉冲包络的脉冲宽度、上升时间、下降时间、顶降,并记录。

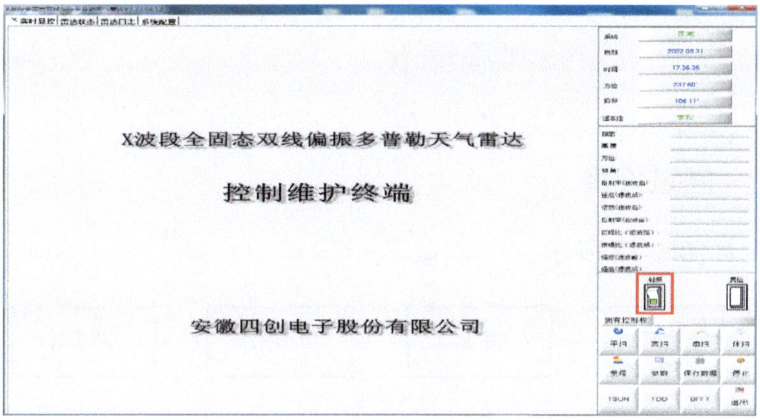

图 4-9　终端测试设置图

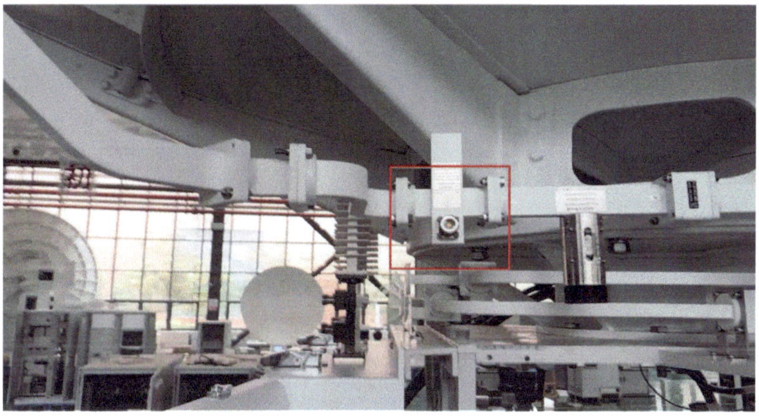

图 4-10　天线耦合口连接位置图

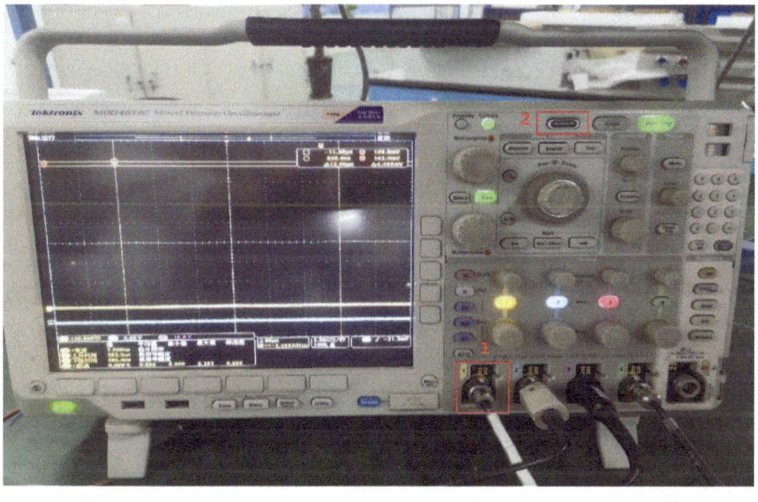

图 4-11　示波器连接位置显示图

4.2.3 发射机输出功率标校

4.2.3.1 测试连接

连接框图如图 4-12 所示。

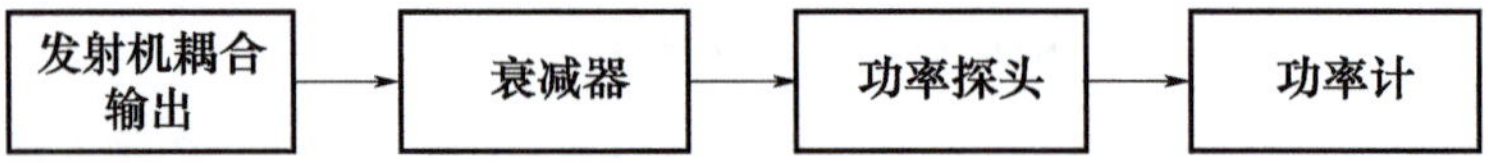

图 4-12 发射机输出功率测试连接框图

4.2.3.2 机外测试

(1)按测试连接框图方式连接设备。

(2)打开雷达终端软件,获取控制权(图 4-13),点击“参数”。

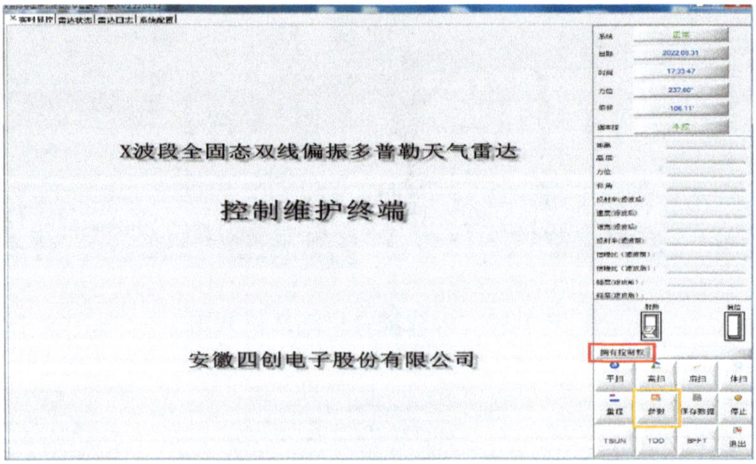

图 4-13 终端设置图

(3)点击“信号处理”设置重复频率 500 Hz(1000 Hz),脉冲宽度 0.5 μs(图 4-14),点击“应用”,打开发射机“射频”(图 4-9)。

(4)将仪表和衰减器连接至天线耦合口,在功率计界面中设置频率为雷达工作频率,路径损耗值设置为发射机输出端至功率探头间的总损耗,若所用功率探头为平均功率探头,还需根据重复频率和脉冲宽度在功率计中设置占空比。在功率计上读出对应的功率值并记录。

(5)在测试软件控制雷达发射脉冲宽度,分别测量 1.0 μs、2.0 μs、10 μs、20 μs、40 μs、80 μs、160 μs 和 200 μs 对应的脉冲峰值功率。

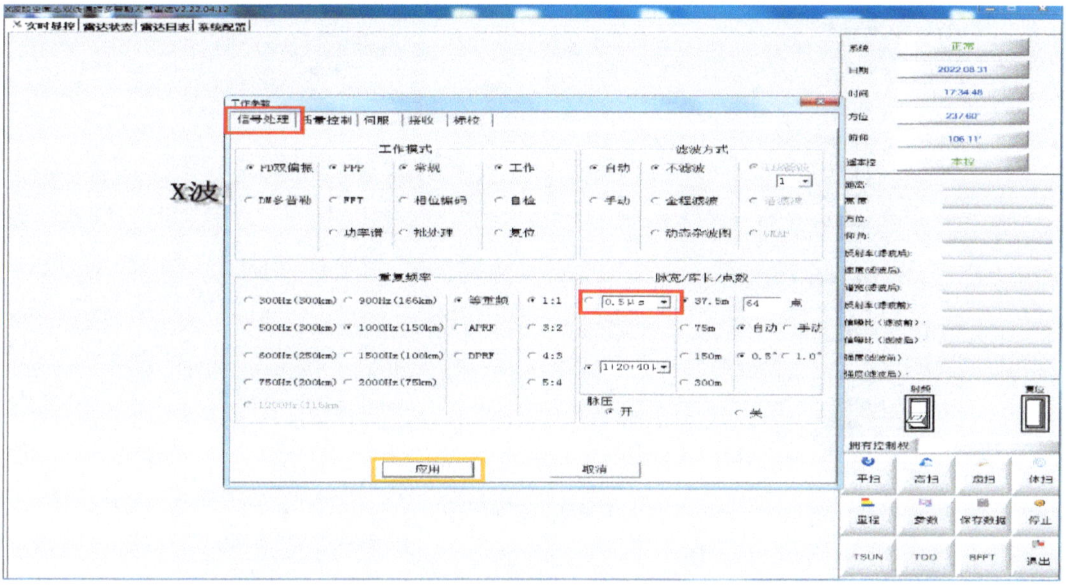

图 4-14　机外标校参数设置图

(6)重复步骤(3)—(5),分别测量 1000 Hz 重复频率下脉冲宽度 0.5 μs、1.0 μs、2.0 μs、10 μs、20 μs 和 40 μs 对应的脉冲峰值功率,2500 Hz 重复频率下脉冲宽度 0.5 μs、1.0 μs、2.0 μs、10 μs、20 μs 和 40 μs 对应的脉冲峰值功率。

4.2.3.3　机内测试

打开雷达终端软件,获取控制权(图 4-13)后在“信号处理”中分别设置重复频率和脉冲宽度(图 4-8)。点击“应用”,打开发射机“射频”。在雷达状态—大馈分系统中读取单通道的功率值。

4.2.3.4　标校调整

如若测得的发射机机外功率过小,需要检查发射机激励线缆是否连接正常,激励线缆本身是否损坏。若线缆出现松动,则需要重新接线;若线缆损坏,则需要更换发射机激励线缆。

若机内外超差(机内外误差>0.2 dB),调整机内功率。标校调整如下(图 4-15):

打开功率检测调试软件,更改激励功率、功分后 H、功分后 V 对应通道的损耗值,修正机内功率(若功率偏低,将损耗值调大;若功率偏大,将损耗值调小),点击应用,如功率与机外相同则说明已经校正,如若偏差超差则继续修改。

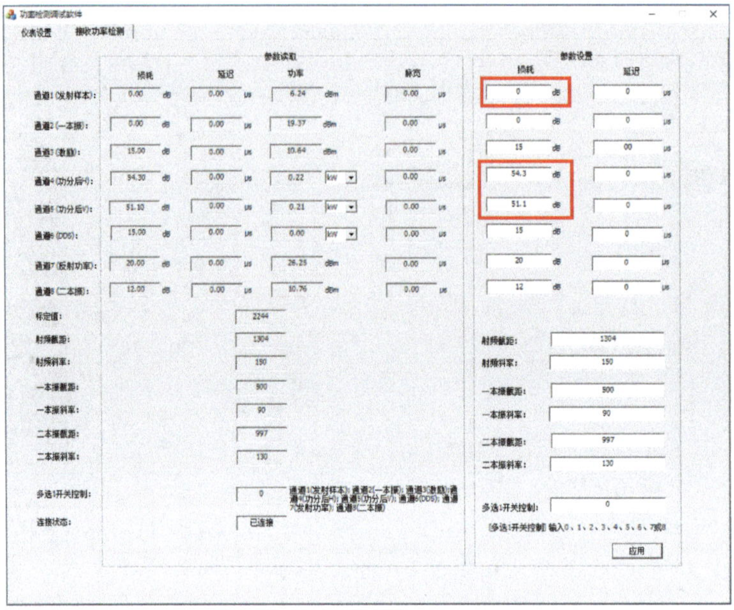

图 4-15　机内发射功率标校界面

4.2.4　发射脉冲射频频谱测试

4.2.4.1　测试连接

连接框图如图 4-16 所示。

图 4-16　发射脉冲频谱测试连接框图

4.2.4.2　测试流程

(1)按测试连接框图方式连接设备。

(2)打开雷达终端软件(图 4-13),获取控制权,点击“参数”。

(3)点击“参数”设置脉冲宽度 0.5 μs(图 4-17),打开发射机“射频”。

(4)在频谱仪上按照雷达工作频点设置中心频率,“Span”设置为 200 MHz,“RBW”设置为 100 kHz,“Sweep Time”设置为 1 s,在“Max Hold”状态下读取中心频率谱线衰减−10 dB 至−40 dB 时的左频偏数据和右频偏数据并记录,计算谱宽。

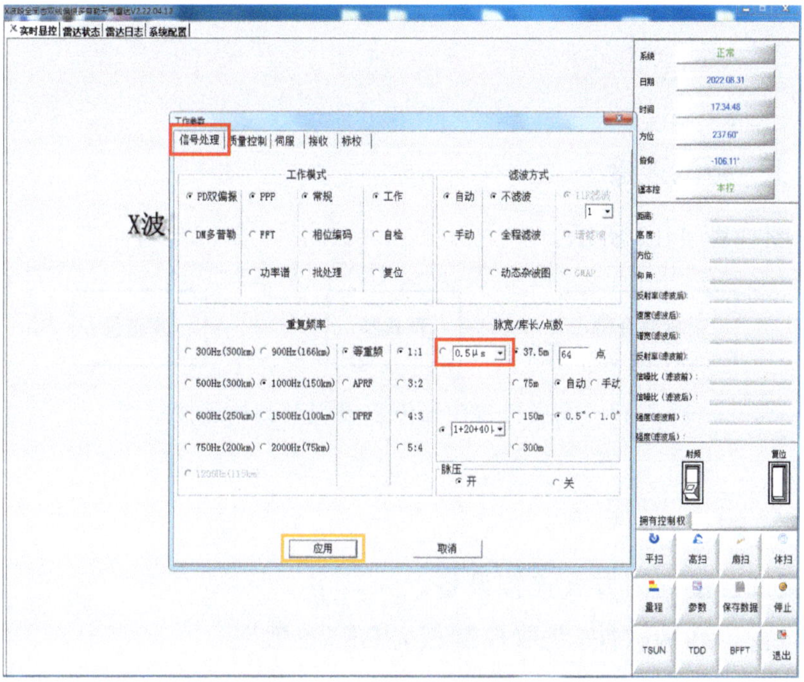

图 4-17　终端参数设置图

(5)在测试软件控制设置脉冲宽度为 1 μs,重复步骤(3)—(4),获得 1 μs 对应的频谱数据(图 4-18)。

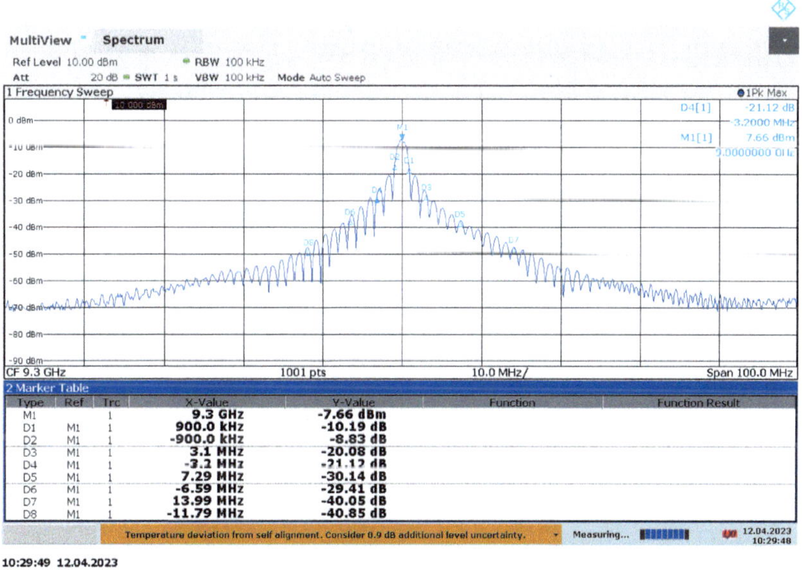

图 4-18　发射脉冲射频频谱测试图

4.2.5 发射机输出极限改善因子及杂噪比测试

4.2.5.1 测试连接

连接框图如图 4-19 所示。

图 4-19 发射机输出极限改善因子测试连接框图

4.2.5.2 测试流程

(1)按测试连接框图方式连接设备。

(2)打开雷达终端软件,获取控制权,点击“参数”。

(3)点击“参数”后设置脉冲宽度 0.5 μs、脉冲重复频率 PRF 设为 1000 Hz,打开发射机“射频”。

(4)在频谱仪上按照雷达工作频点设置中心频率,“Span”设置为 2×PRF,即 2 kHz,“RBW”设置为 10 Hz,“Trace Average”设置为 10 次,读取 1/2 重频时的信噪比,计算极限改善因子(图 4-20),公式为:$I=\mathrm{SNR}+10\lg B-10\lg F$,其中,$I$ 为改善因子,SNR 为信噪比,B 为频谱仪分析带宽(RBW),F 为雷达重复频率。选取两个脉冲间底噪上的最大值作为杂散值(图 4-21),与底噪值的比值即为杂噪比。

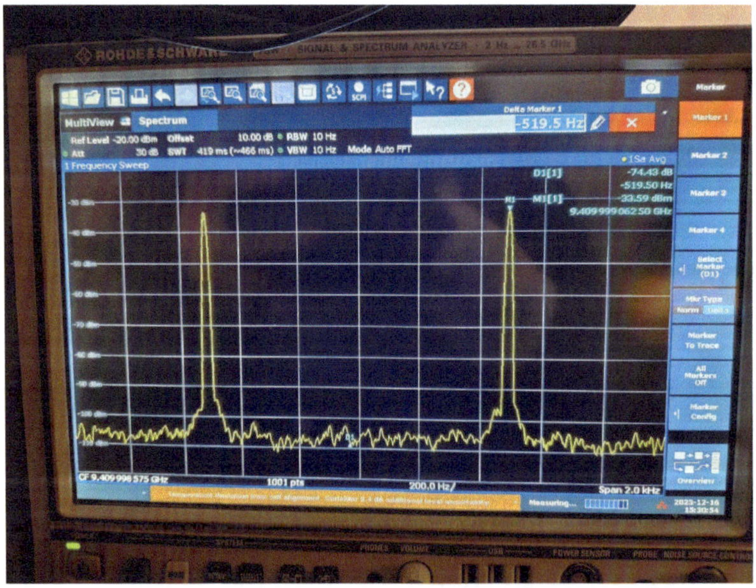

图 4-20 发射机输出极限改善因子测试图

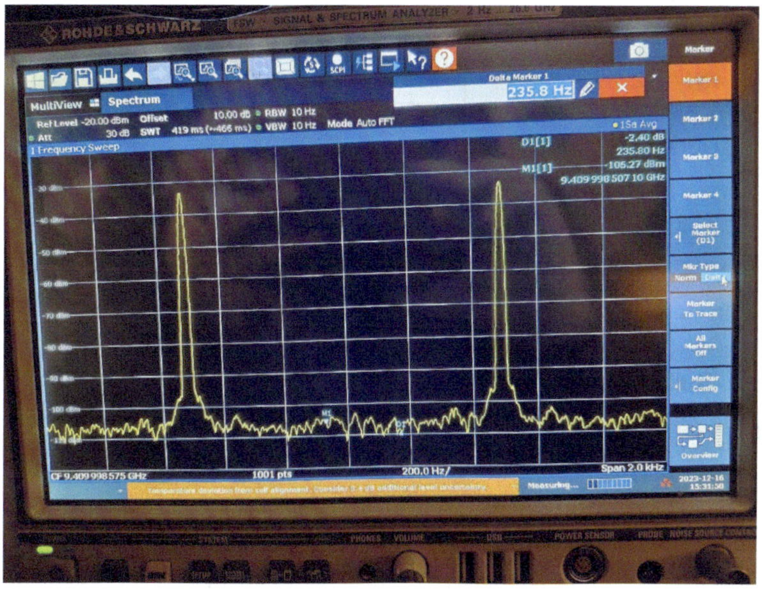

图 4-21　发射机输出杂散信号测试图

(5)重复步骤(2)—(4),设置“Span”为“4 kHz”,获得 2000 Hz 对应的极限改善因子和杂噪比。

4.3　接 收 机

4.3.1　测试仪表

信号源、频谱仪、示波器、检波器、噪声源。

4.3.2　接收系统线性动态特性测试

4.3.2.1　机外测试

4.3.2.1.1　测试连接

连接框图如图 4-22 所示。

图 4-22　机外动态测试连接框图

4.3.2.1.2　测试流程

(1)按测试连接框图方式连接设备,需要一台双网卡电脑,其中一个网卡与雷达同网段,另一个网卡与信号源设置同网段。

(2)打开自动测试软件,进入“系统设置”(图 4-23),在“信号源设置”页面里把 IP 地址改为信号源 IP 地址,然后点击“初始化”,仪表与自动测试软件连接成功(图 4-24)。

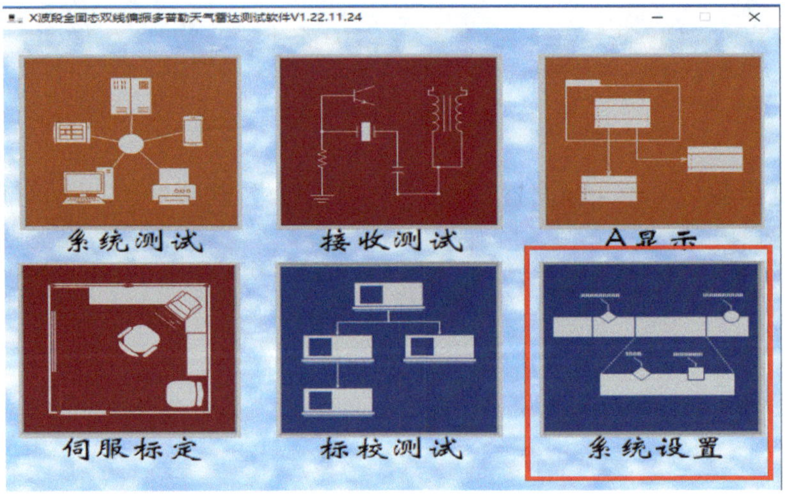

图 4-23　自动测试软件显示图

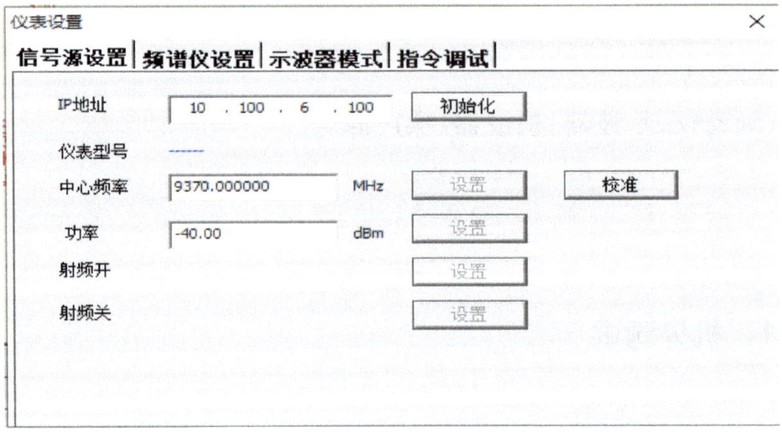

图 4-24　自动测试软件连接仪表设置图

(3)断开接收机下变频输入口 IN1/IN2,信号源输出经功分后分别把两个测试电缆接入 IN1(H 通道)/IN2(V 通道),如图 4-25 所示。

图 4-25　机外动态测试电缆连接实物图

(4)进入自动测试软件“接收测试”(图 4-26)中“动态测试”(图 4-27)项,选中所要测试的内容(机内/机外,窄脉冲/宽脉冲,H 通道/V 通道),在自动测试软件中获取信号的输出数据,软件自动计算生成图片及测试数据。

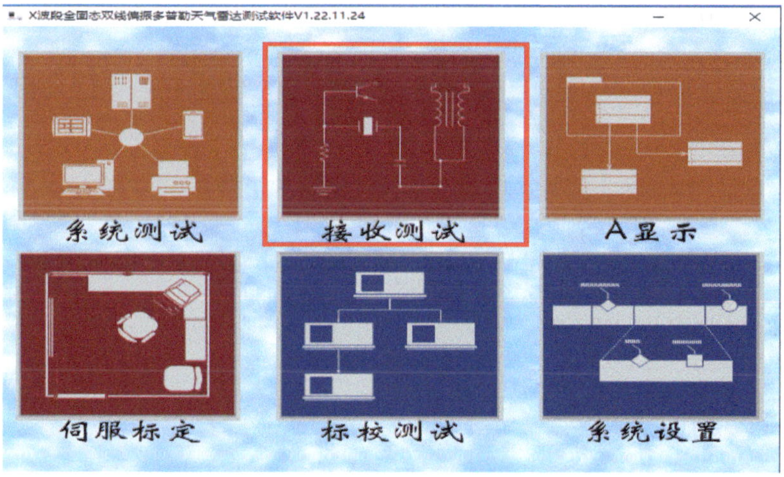

图 4-26　自动测试软件显示图

4.3.2.2　机内测试

恢复线缆,打开监控终端,雷达设置成正常模式。进入自动测试软件“接收测试”中“动态测试”项,选中所要测试的内容(机内/机外,窄脉冲/宽脉冲,H 通道/V 通道),在测试软件中获取信号的输出数据,软件自动计算生成图片及测试数据(图 4-28)。

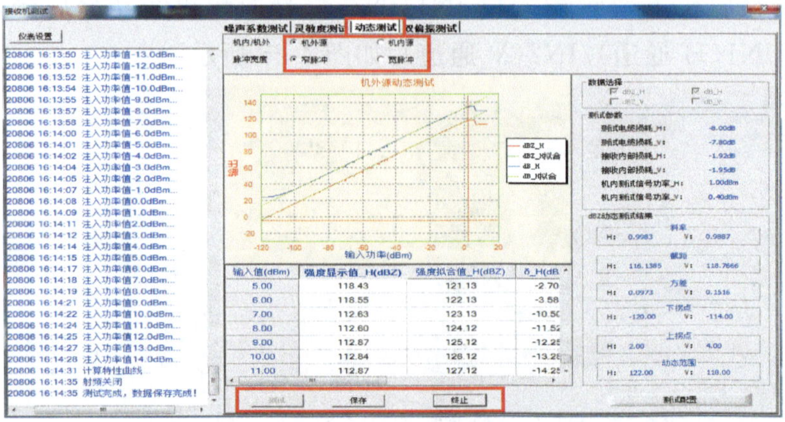

图 4-27　机外动态测试显示图

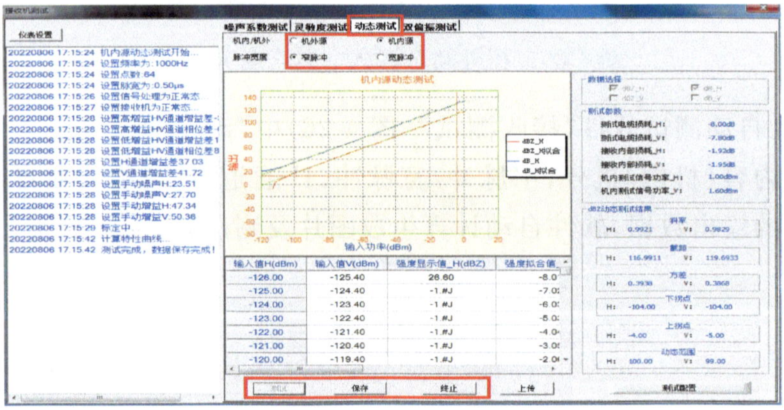

图 4-28　机内动态测试显示图

4.3.3　最小可测功率测试

4.3.3.1　测试连接

最小可测功率测试连接框图如图 4-22 所示。

4.3.3.2　测试流程

(1)—(3)同 4.3.2.1.2 测试流程前 3 步。

(4)进入自动测试软件“接收测试”中“灵敏度测试”项，选中所要测试的内容(窄脉冲/宽脉冲，H 通道/V 通道)，当接收机无输入(外接信号源无输出)时，在终端获取输出的噪声电压(V)或噪声电平(dBm)，逐渐增大其信号功率，当终端输出的电压幅度为 1.4 倍噪声电压(V)时(或终端输出的信号功率值为噪声电平增加 3 dB 时),注入接收机的测试信号功率即为接收机的最小可测功率(图 4-29)。测试时获取双通道的宽、窄脉冲 4 种模式下测量值。软件自动计算生成图片及测试数据。

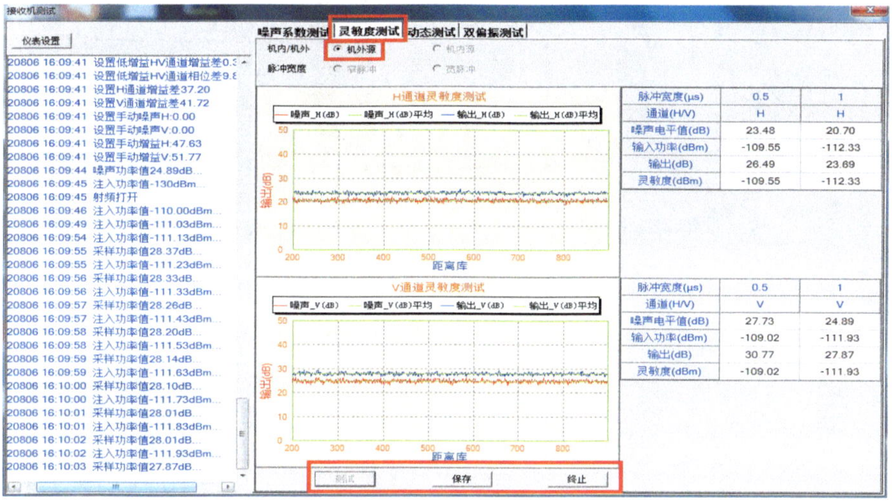

图 4-29　最小可测功率显示图

4.3.4　接收机带宽测试

4.3.4.1　测试连接

连接框图如图 4-30 所示。

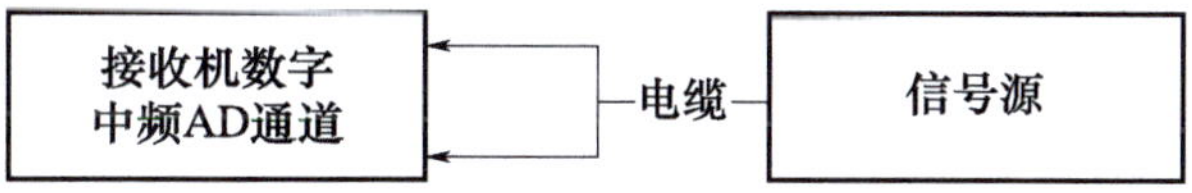

图 4-30　接收机带宽测试连接框图

4.3.4.2　测试流程

(1)按测试连接框图方式连接设备,断开接收机数字中频入口 AD 通道 1/AD 通道 2,信号源输出端接入 AD 通道 1/AD 通道 2,如图 4-31 所示。

(2)打开终端软件,在实时显控中点击“参数”,设置所要测试的脉宽,在系统配置里打开“A 显”(图 4-32),在 A 显中右键“设置”选择“强度(滤波前)/垂直强度(滤波前)”(图 4-33)。

图 4-31　接收机带宽测试电缆连接实物图

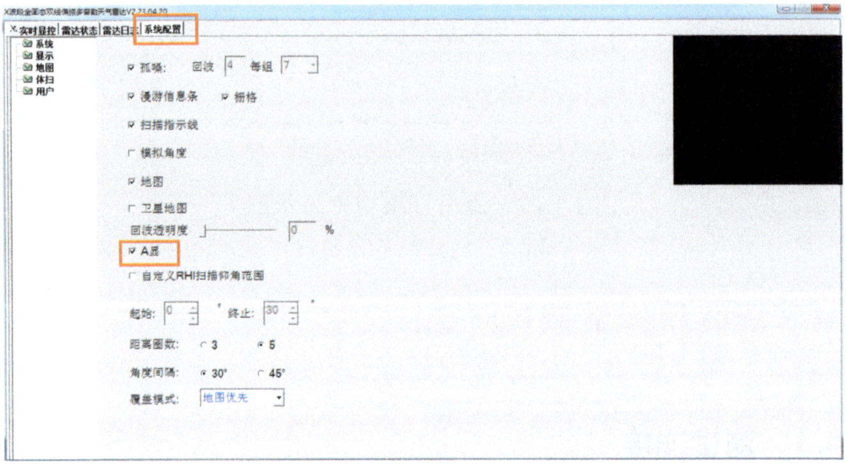

图 4-32　终端获取强度 dB 操作流程图

(3)信号源设置频率为 140 MHz，功率输出设置为－50 dBm，打开射频。在 A 显上观察并记录显示值，记为 A_1，改变(减小)信号源频率，直到输出值 A_1 降低 3 dB，记录当前频率值 F_1；改变(增大)信号源频率，直到输出值 A_1 降低 3 dB，记录当前频率值 F_2；中频带宽为 $B=F_2-F_1$。

4.3.5　接收机脉冲压缩比测试

4.3.5.1　测试连接

连接框图如图 4-34 所示。

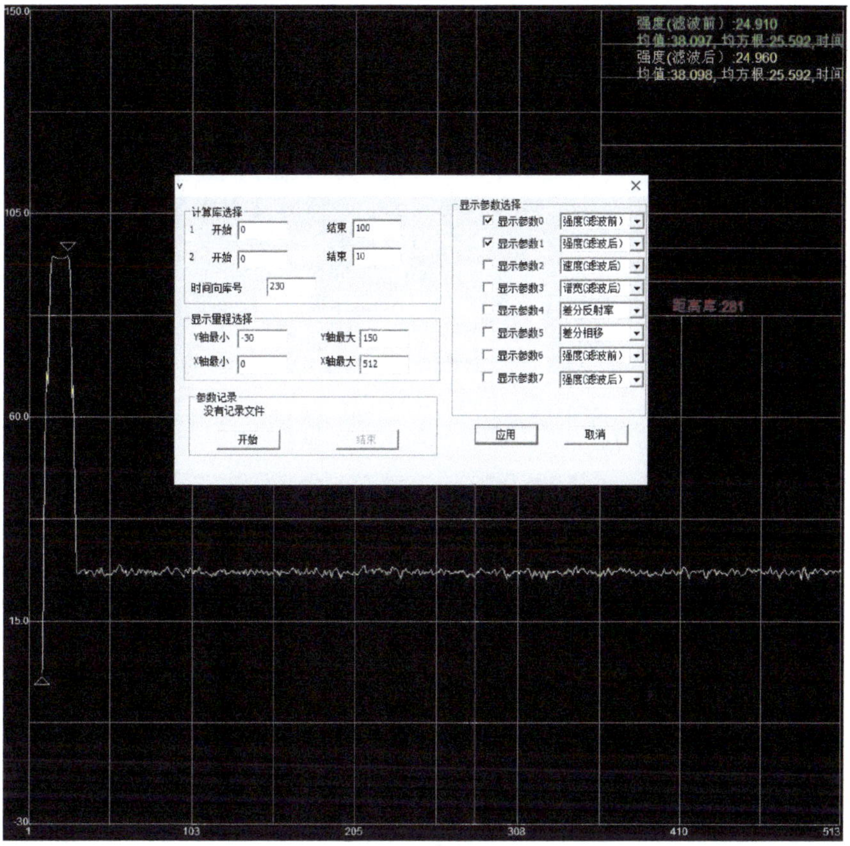

图 4-33　终端显示强度 dB 图

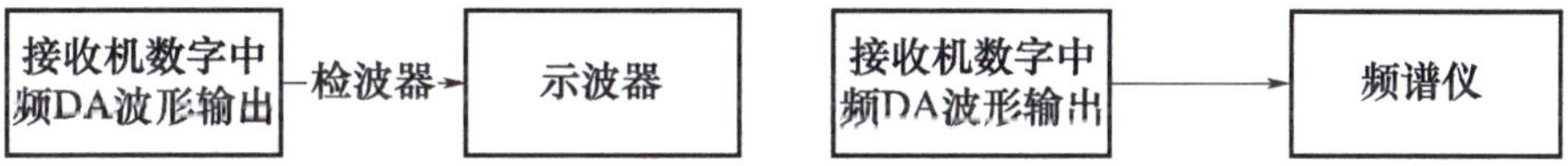

图 4-34　接收机脉冲压缩比测试连接框图

4.3.5.2　测试流程

(1)按测试连接框图连接设备,断开接收机数字中频 DA 通道 2,通过测试电缆接入示波器/频谱仪。

(2)打开终端软件,点击“参数”设置脉宽 40 μs(脉冲压缩比<100)。

(3)用示波器读出数字中频输出的脉冲宽度 τ(图 4-35)。

(4)接入频谱仪,点击频谱仪“Meas”,选择“Occupied BW”,频率“FREQ”设置 140 MHz,频宽“Span”设置 50 kHz,扫描时间“Sweep Time”设置 1 s,选择“Meas Setup”,选择 x dB 输入−3 dB,在频谱仪读取接收机带宽 B,脉冲压缩比$=\tau\times B$(图 4-36)。

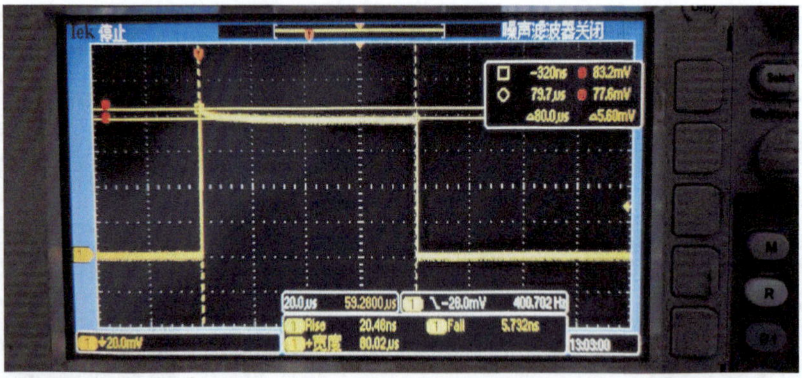

图 4-35　接收机脉冲压缩比(<100)测试示波器显示图

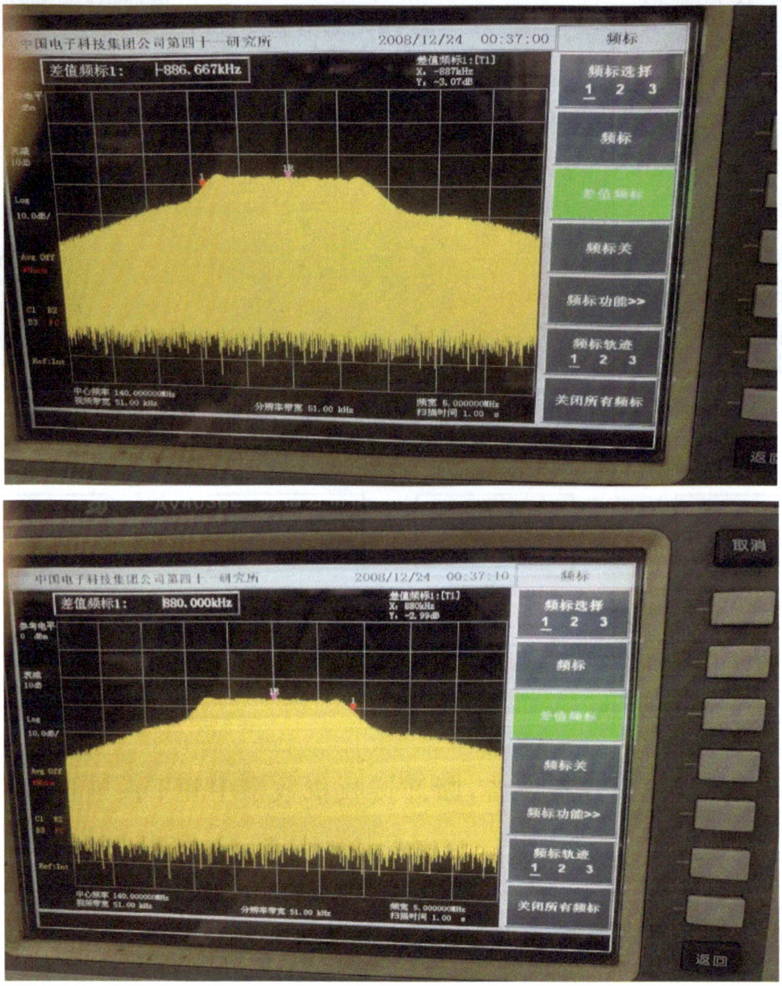

图 4-36　接收机脉冲压缩比(<100)测试频谱仪显示图

(5)选择脉宽 80 μs(脉冲压缩比≥100),重复步骤(2)—(4)得到 80 μs 的脉冲压缩比(图 4-37、图 4-38)。

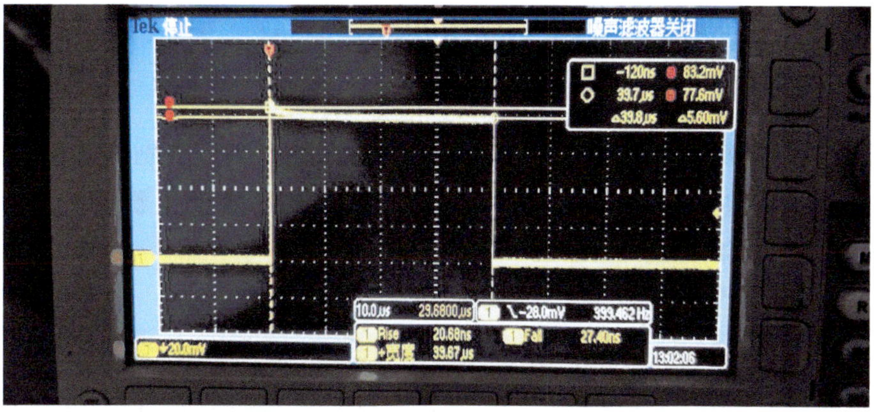

图 4-37 接收机脉冲压缩比(≥100)测试示波器显示图

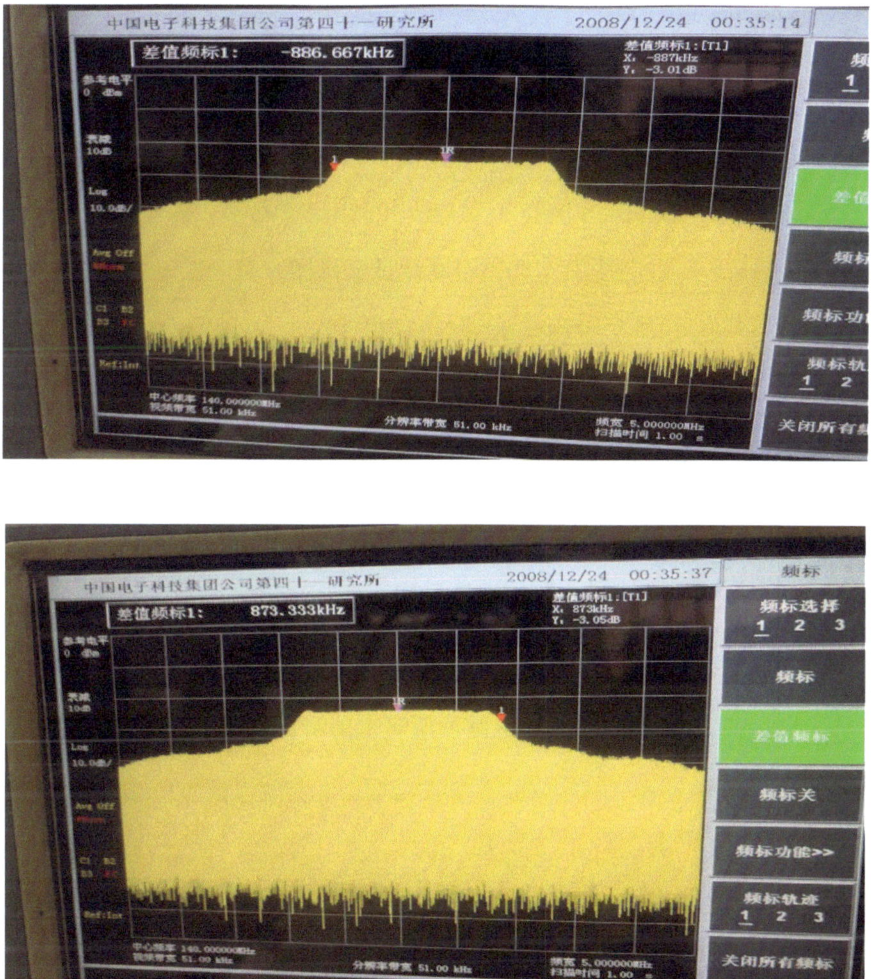

图 4-38 接收机脉冲压缩比(≥100)测试频谱仪显示图

4.3.6 脉冲压缩主副瓣比测试

打开雷达自动测试软件，进入“标校测试”(图 4-39)中“主副瓣比测试”项。点击测试，自动测试软件自动读出脉压主副瓣比＝$A-B$(脉压主瓣最大值 A 和脉压副瓣最大值 B)(图 4-40)。

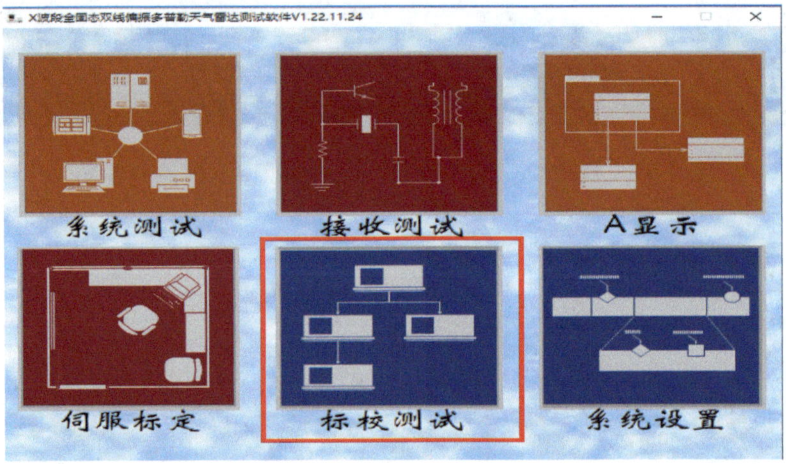

图 4-39　自动测试显示图

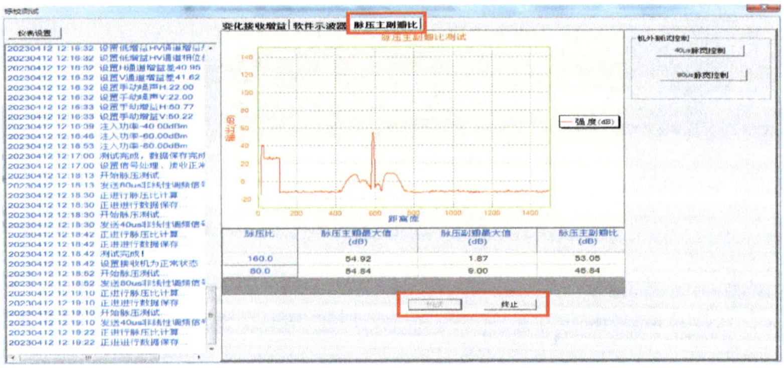

图 4-40　接收机脉冲压缩主副瓣比测试图

4.3.7 噪声系数测试标校

4.3.7.1　机外测试

4.3.7.1.1　测试连接

连接框图如图 4-41 所示。

图 4-41　噪声系数机外标校连接框图

4.3.7.1.2　测试流程

(1)按测试连接框图连接设备，断开接收机数字中频 AD 通道 1(H 路)/AD 通道 2(V 路)，机外噪声源经功分器后接入 AD 通道 1/AD 通道 2。

(2)打开自动测试软件，进入“接收测试”页面，选择“噪声系数测试”，选择测试项(机外源，H 路/V 路，宽脉冲)，自动测试软件自动计算出结果，并生成图片及数据(图 4-42)。

图 4-42　机外噪声系数标校图

(3)将噪声源输出口分别接入接收机前端回波输入口 IN1、IN2，打开雷达自动测试软件，进入“接收测试”中噪声系数测试项，点击“测试”，自动测试软件自动计算出结果，并生成图片及数据。

4.3.7.2　机内测试

恢复线缆，打开自动测试软件，进入“接收测试”页面，选择“噪声系数”测试，选择测试项(机内源，H 路/V 路，窄脉冲)，自动测试软件自动计算出结果，并生成图片及数据(图 4-43)。

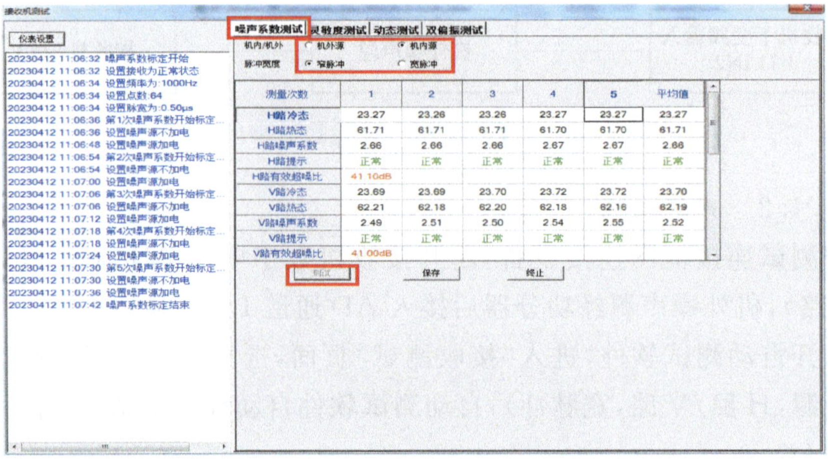

图 4-43　机内噪声系数标校图

4.3.7.3　标校调整

机内噪声系数和机外不一致(误差≤0.2 dB)，根据机外测试结果调整机内噪声系数，步骤如下：

打开“WRM”监控处理服务器，打开“work”文件夹，进入系统配置参数软件(AdapterParaSet)，默认密码为“qx123”，点击“接收系统”，如果机内噪声系数比机外噪声系数偏大，将对应通道“噪声测试通道损耗”值调大；如果机内噪声系数比机外噪声系数偏小，将对应通道“噪声测试通道损耗”值调小(图 4-44)。

图 4-44　机内噪声系数标校调整图

4.4　系统指标

4.4.1　测试仪表

信号源。

4.4.2　系统相位噪声和滤波前后功率比

(1)打开雷达终端软件,应用接收(图 4-45)、信号处理,开启发射机“射频”。

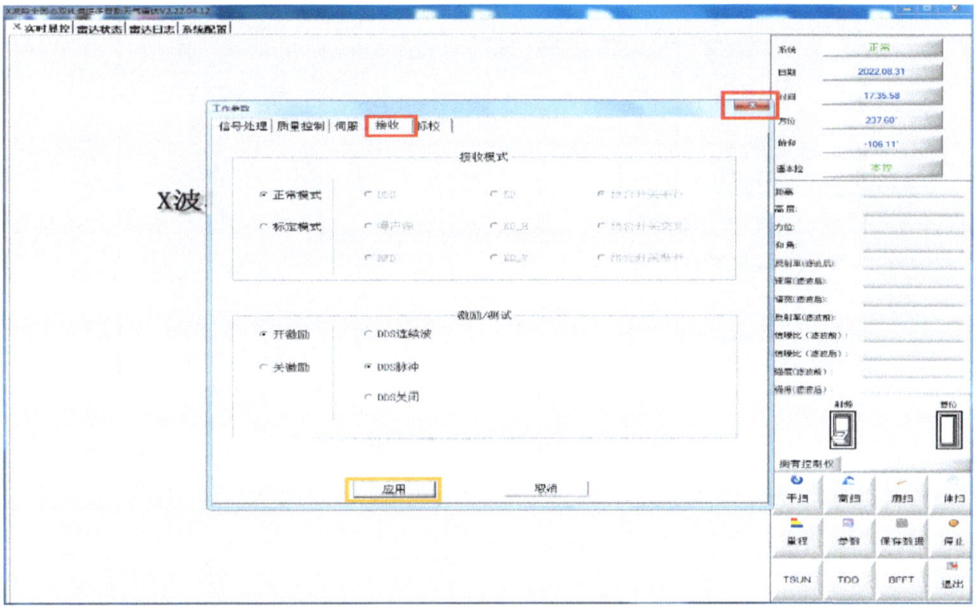

图 4-45　接收机设置

(2)打开雷达自动测试软件,进入“系统测试”(图 4-46)中“相干性测试”项,选取“相角法”(图 4-47)。

(3)取相位噪声 σ_φ10 次测量值的平均值来表征系统相干性。当 $\sigma_\varphi<5°$时可近似地用来估算系统的地物对消能力 L(分贝,dB),其换算公式为:$L=-20\lg(\sin\sigma_\varphi)$。

(4)抑制能力测试结果即为滤波前后功率比。检验时选择滤波器的凹口宽度应≤1 m/s。

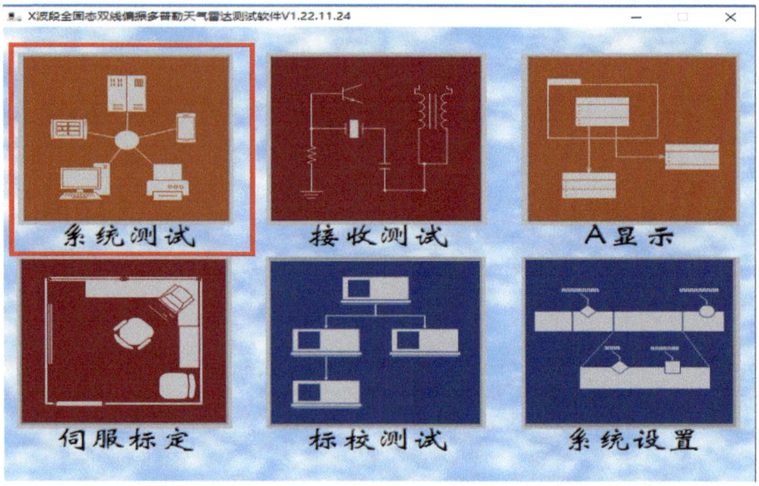

图 4-46　自动测试软件显示图

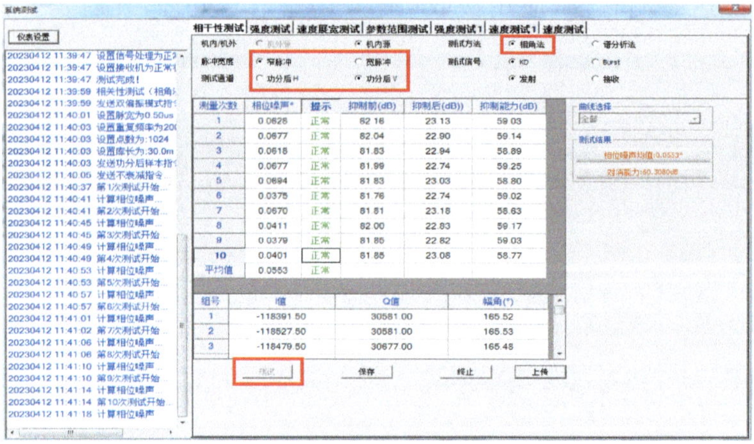

图 4-47　IQ 相角法测试显示图

4.4.3　实际地物对消能力检验测试

用雷达观测到的 10 个实际地物回波在对消前和对消后的强度差值检验系统的地物对消能力。检验时选择滤波器的凹口宽度应≤1 m/s。

4.4.4　径向速度测量检验测试

4.4.4.1　机外测试

4.4.4.1.1　测试连接

连接框图如图 4-48 所示。

图 4-48　机外径向速度连接框图

4.4.4.1.2　测试流程

(1)按测试框图方式连接测试设备,需要一台双网卡电脑,其中一个网卡与雷达同网段,另一个网卡与信号源设置同网段。

(2)打开自动测试软件,进入“系统设置”,在“信号源设置”页面里把 IP 地址改为信号源 IP 地址,点击“初始化”,检查仪表与自动测试软件是否连接成功。

(3)断开接收机下变频输入口 IN1/IN2,信号源输出经功分器后分别把两个测试电缆接入 IN1(H 通道)/IN2(V 通道)。

(4)进入自动测试软件“系统测试”,点击“速度展宽测试”,选择需要测试的内容后,点击“测试”。自动测试软件自动计算出结果,并生成图片及数据(图 4-49)。

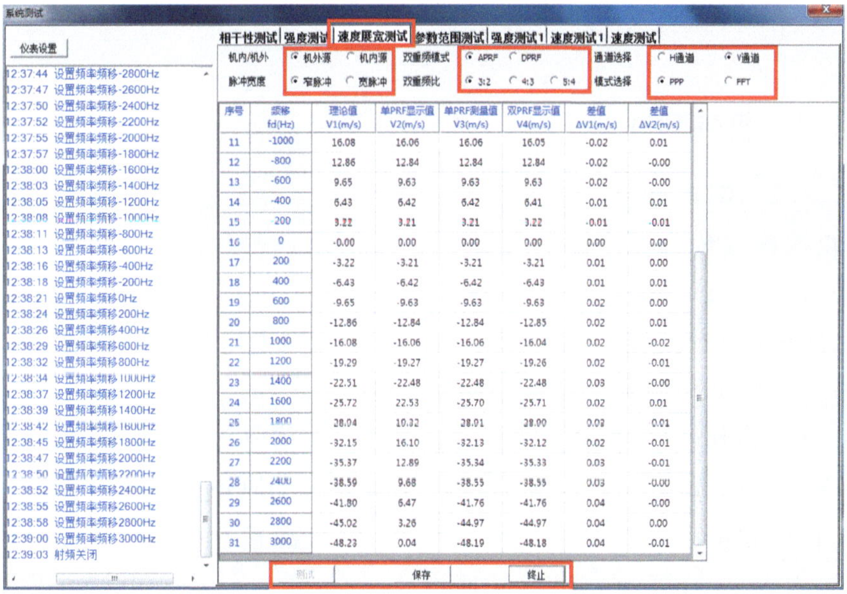

图 4-49　机外速度测试显示图

4.4.4.2　机内测试

打开自动测试软件,进入自动测试软件“系统测试”,点击“速度测试”,选择需要测试的内容后,点击“测试”。自动测试软件自动计算出结果,并生成图片及数据(图 4-50)。

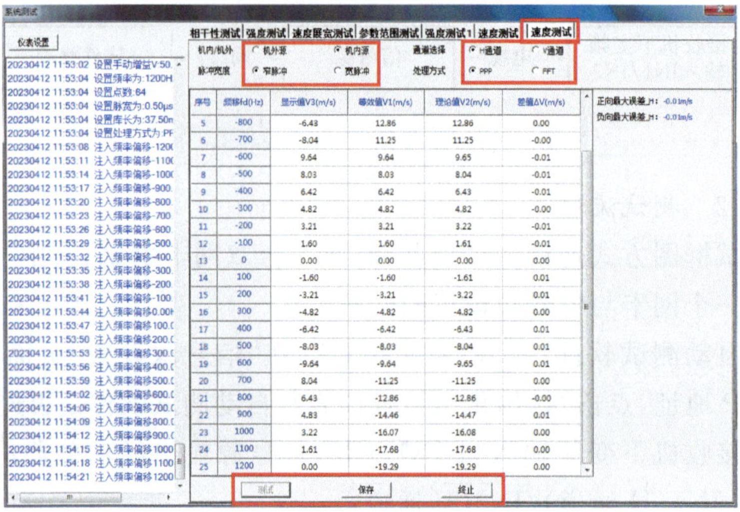

序号	频移fd(Hz)	显示值V3(m/s)	等效值V1(m/s)	理论值V2(m/s)	差值ΔV(m/s)
5	-800	-6.43	12.86	12.86	0.00
6	-700	-8.04	11.25	11.25	-0.00
7	-600	9.64	9.64	9.65	-0.01
8	-500	8.03	8.03	8.04	-0.01
9	-400	6.42	6.42	6.43	-0.01
10	-300	4.82	4.82	4.82	-0.00
11	-200	3.21	3.21	3.22	-0.01
12	-100	1.60	1.60	1.61	-0.01
13	0	0.00	0.00	-0.00	0.00
14	100	-1.60	-1.60	-1.61	0.01
15	200	-3.21	-3.21	-3.22	0.01
16	300	-4.82	-4.82	-4.82	0.00
17	400	-6.42	-6.42	-6.43	0.01
18	500	-8.03	-8.03	-8.04	0.01
19	600	-9.64	-9.64	-9.65	0.01
20	700	8.04	-11.25	-11.25	0.00
21	800	6.43	-12.86	-12.86	-0.00
22	900	4.83	-14.46	-14.47	0.01
23	1000	3.22	-16.07	-16.08	0.00
24	1100	1.61	-17.68	-17.68	0.00
25	1200	0.00	-19.29	-19.29	0.00

图 4-50　机内速度测试显示图

4.4.5　双偏振参数测试

4.4.5.1　机外测试

4.4.5.1.1　测试框图

机外双偏振参数测试连接框图如图 4-48 所示。

4.4.5.1.2　测试流程

(1)测试框图方式连接测试设备,需要一台双网卡电脑,其中一个网卡与雷达同网段,另一个网卡与信号源设置同网段。

(2)打开自动测试软件,进入“系统设置”,在“信号源设置”页面里把 IP 地址改为信号源 IP 地址,点击“初始化”,检查仪表与自动测试软件是否连接成功。

(3)断开接收机下变频输入口 IN1/IN2,信号源输出经功分器后分别把两个测试电缆接入 IN1(H 通道)/IN2(V 通道)。

(4)进入自动测试软件“接收测试”,点击“双偏振测试”,选择需要测试的内容(机外源,H/V,窄脉冲),点击“测试”,自动测试软件自动计算出结果,并生成图片及数据(4-51)。

4.4.5.2　机内测试

打开自动测试软件,进入“接收测试”,点击“双偏振测试”,选择需要测试的内容(机内源,H/V,窄脉冲),点击“测试”,自动测试软件自动计算出结果,并生成图片及数据(图 4-52)。

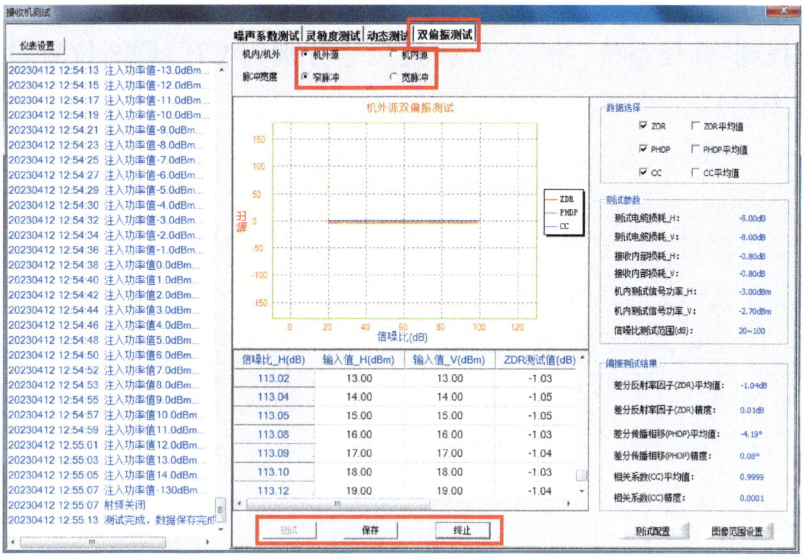

图 4-51　机外双偏振参数测试显示图

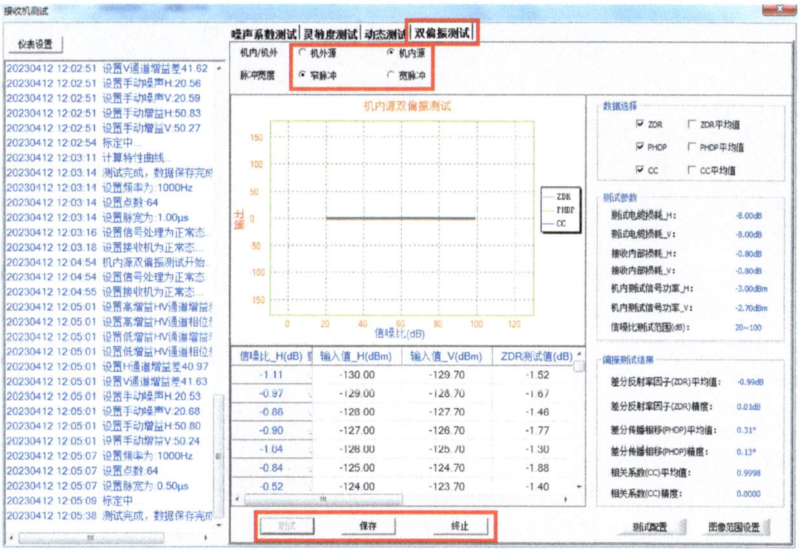

图 4-52　机内双偏振参数测试显示图

4.4.6　回波强度测试标校

4.4.6.1　接收机前端注入信号功率(CW)标定

(1)测试输入到主通道入口处的信号功率(拆掉 CS 电缆，接入频谱仪测试)，随后进入 WRM 监控处理分系统，打开配置参数软件(AdapterParaSet)，默认密码为“qx123”，找到“标校系统”第 3 页，找到位号分别为 C19、C22 位置，填入对应栏(图 4-53、图 4-54)。

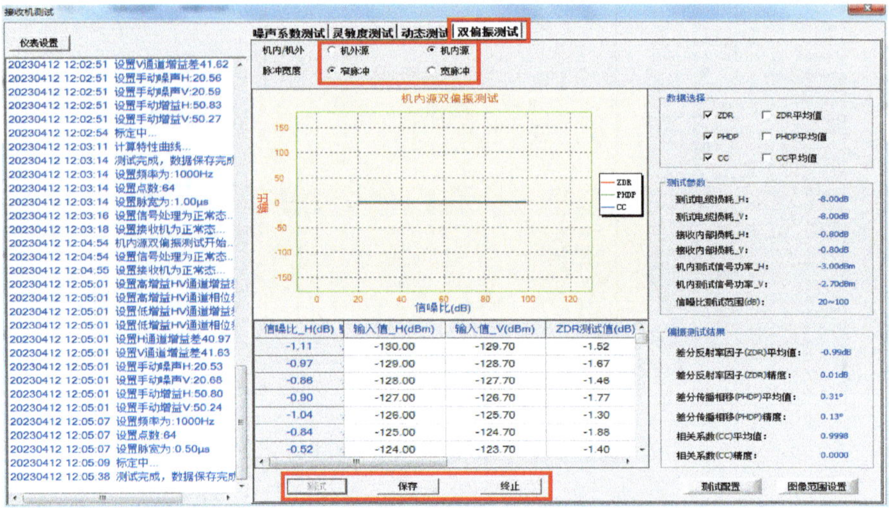

图 4-53　标定信号输出功率测试口

图 4-54　填写测试信号功率显示图

(2)修改收发支路损耗和实测值一致。

(3)根据测试结果填写标定参数(图 4-55)。

图 4-55　填写各损耗适配参数图

（4）检查软件中的天线及天线罩参数（图 4-56），是否与第三方给出的正式报告一致。

图 4-56　填写天线罩损耗适配参数图

4.4.6.2　机内测试

进入自动测试软件，"系统测试"进入强度测试，选择需要测试的内容（机内源，H 通道，窄脉冲，单发双收），点击"测试"。自动测试软件自动计算出结果，并生成图片及数据（图 4-57）。

图 4-57 机内强度标校显示图

4.4.6.3 机内调整

如果机内回波强度超差，则进入 WRM 监控处理分系统，打开配置参数软件(AdapterParaSet)，默认密码为"qx123"，找到"标校系统"第 3 页，找到位号分别为 C208、C209、C210、C211 所在位置，如果机内强度测试结果偏大，调小相应偏差值；如果机内强度测试结果偏小，调大相应偏差值(图 4-58)。

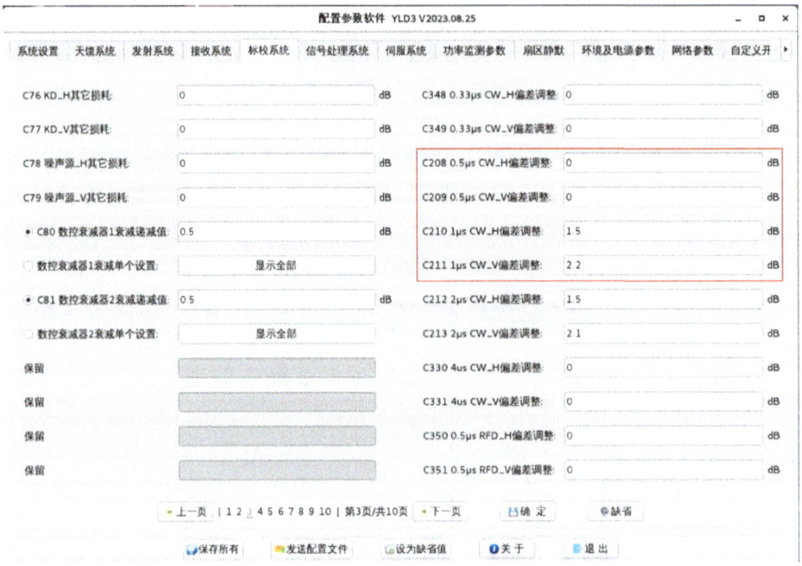

图 4-58 机内强度标校修正显示图

4.4.6.4 机外测试

4.4.6.4.1 测试连接

机外强度测试连接框图如图 4-48 所示。

4.4.6.4.2 测试流程

(1)检查雷达测试软件中各项参数(波长、发射峰值功率、脉冲宽度、天线增益、水平/垂直波束宽度、收发支路损耗、大气损耗、接收机前端注入功率等),确保以上参数使用实测值或与第三方提供的测试报告一致。

(2)按测试连接框图方式连接测试设备,需要一台双网卡电脑,其中一个网卡与雷达同网段,另一个网卡与信号源设置同网段。

(3)打开自动测试软件,进入“系统设置”,在“信号源设置”页面里把 IP 地址改为信号源 IP 地址,点击“初始化”,检查仪表与自动测试软件是否连接成功。

(4)断开接收机下变频输入口 IN1/IN2,信号源输出经功分器后分别把两个测试电缆接入 IN1(H 通道)/IN2(V 通道)。

(5)进入自动测试软件,“系统测试”进入“强度测试”,选择需要测试的内容(机外源,H 通道,窄脉冲,单发双收),点击“测试”。自动测试软件自动计算出结果,并生成图片及数据(图 4-59)。

图 4-59 机外强度标校显示图

4.4.6.5 机外调整

如果机外回波强度超差,则进入 WRM 监控处理分系统,打开配置参数软件(AdapterParaSet),默认密码为“qx123”,找到“标校系统”第 3 页,找到位号分别为 C19、C22 位置,如果机外强度测试结果偏大,调小相应通道“输出功率值”;如果机外强度测试结果偏小,调大相应通道“输出功率值”(图 4-60)。

注：应根据机内的注入功率，调整机外注入功率，使二者保持一致。

图 4-60　机外强度标校修正显示图

第 5 章

YLD4-D 型天气雷达性能参数测试及标校

5.1　伺服系统

5.1.1　测试仪表

利用雷达测试软件自动测试。

5.1.2　伺服系统角度控制精度测试

利用雷达测试软件控制天线转动至 12 个不同的方位角(0°、30°、60°、90°、120°、150°、180°、210°、240°、270°、300°、330°)和俯仰角(0°、5°、10°、15°、20°、25°、30°、35°、40°、45°、50°、55°),预置值与实测值的差值即为角度控制精度。

(1)进入显控软件维护/测试模式(图 5-1)。

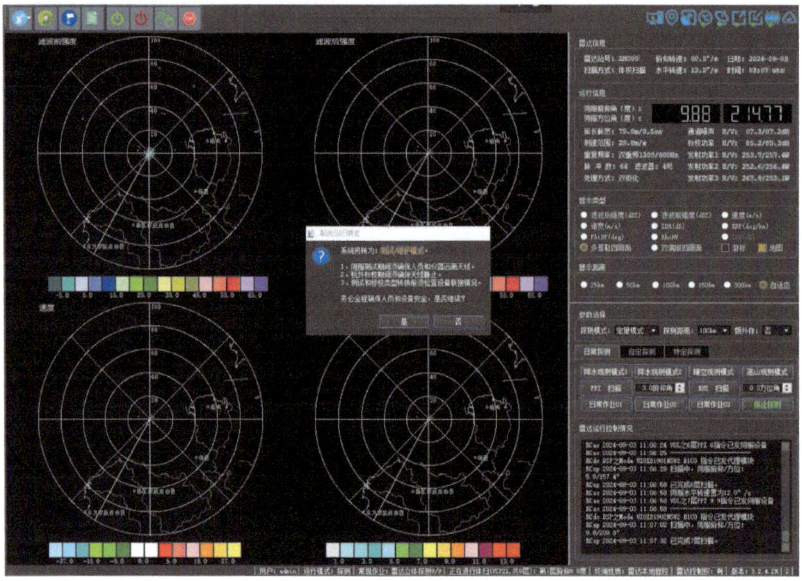

图 5-1　测试模式按钮图

(2)进入"天线转速与指向测试"(图 5-2)。

(3)根据提示确认天线、天线座周围人员及设备安全(图 5-3)。

(4)在"天线指向测试"中,输入方位和俯仰位置,点击定位,根据上方显示区显示数值计算相应误差(图 5-4)。

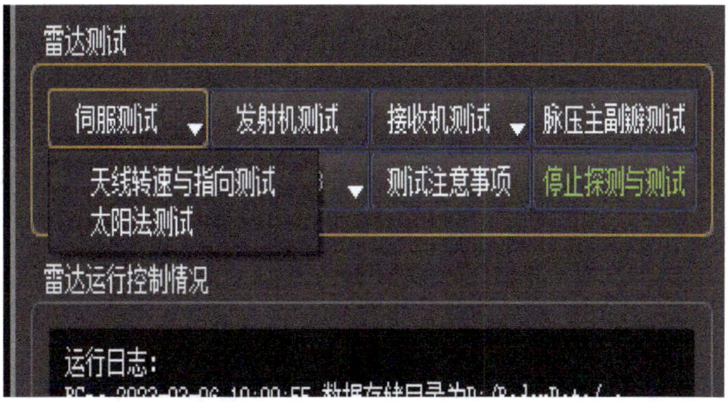

图 5-2　天线转速与指向测试按钮示意图

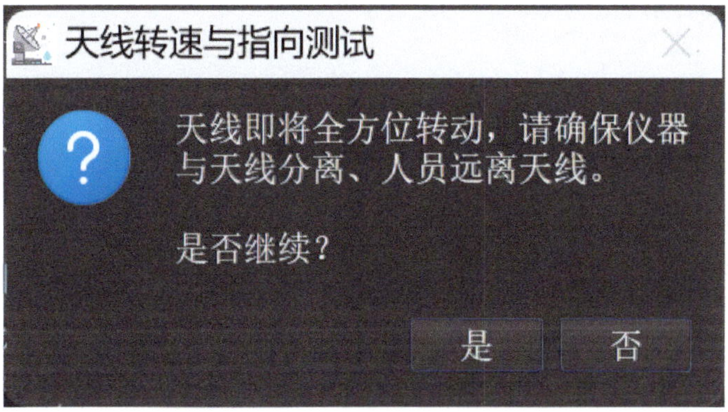

图 5-3　安全提示图

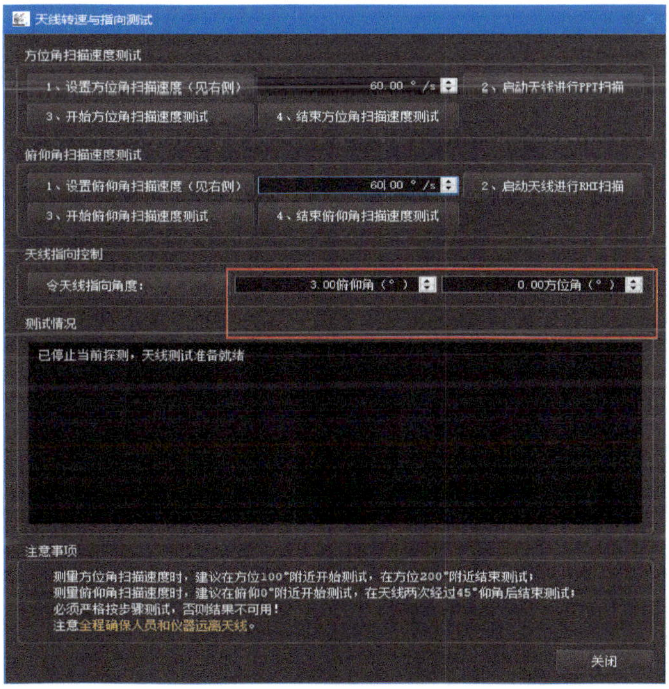

图 5-4　天线指向测试图

5.1.3 天线扫描速度测试

在雷达测试软件上分别设置天线方位角和俯仰角扫描速度为指标要求的最大扫描速度，读取天线方位角和俯仰角扫描速度最大测量值，并与预置值进行比较，计算扫描速度误差。

（1）进入“天线转速与指向测试”（图 5-2）。

（2）根据提示确认天线、天线座周围人员及设备安全（图 5-3）。

（3）在“方位角扫描速度测试”（图 5-4）中，按照顺序，依次点击步骤 1、2、3、4。

（4）记录测试结果。

5.1.4 天线波束指向误差测试标校

校准雷达测试软件所在计算机时间、台站经纬度和海拔高度，利用太阳法，通过雷达测试软件自动测试波束指向误差，测试时应保证太阳俯仰角度在 8°～50°，最佳角度为 15°～30°。

5.1.4.1 测试流程

（1）确认天线座水平度在要求范围之内，终端计算机时间精确到 1 s，检查、设置雷达站经度、纬度参数。

（2）打开显控软件，进入太阳法测试（图 5-5）；太阳法会自动进行方位和俯仰角的计算，并指挥天线转动进行太阳法扫描。

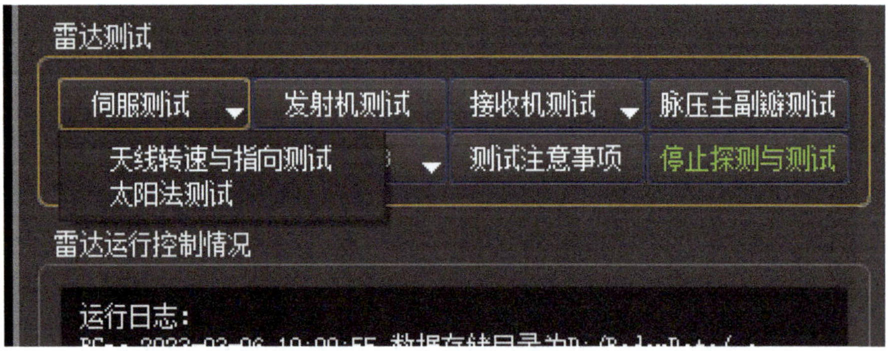

图 5-5 太阳法测试按钮图

（3）测试结束后，左侧数据结果区域会显示测量误差，记录测试结果（图 5-6）。

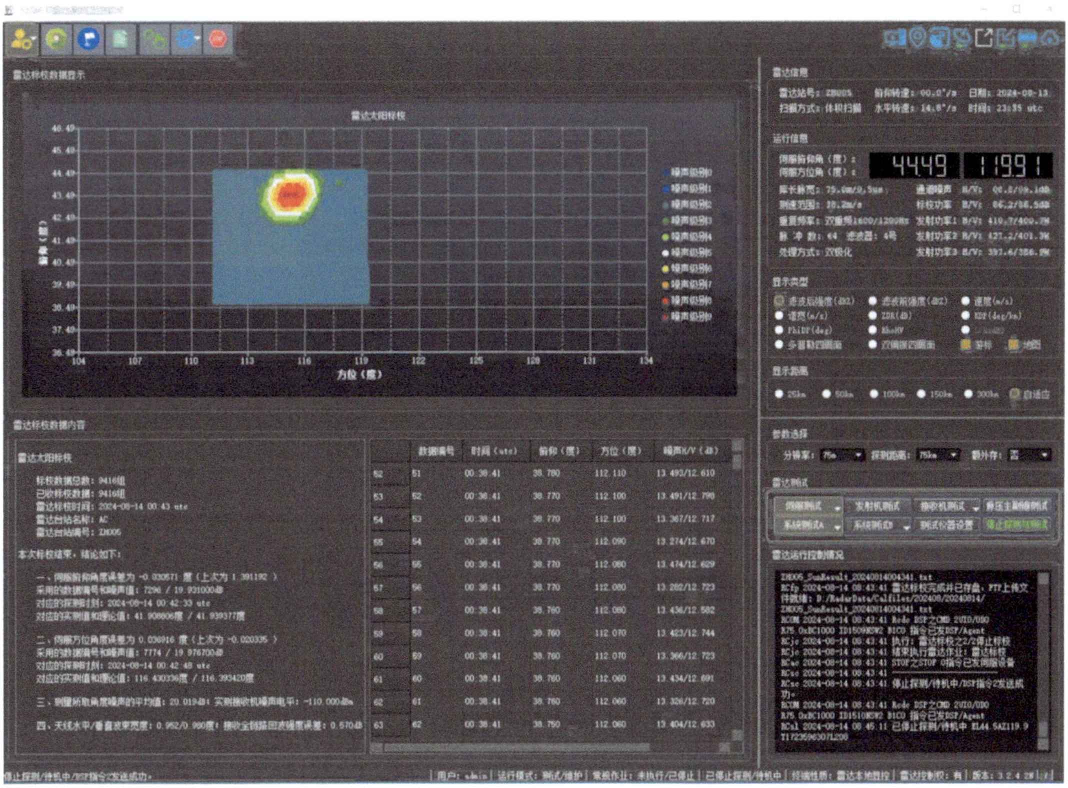

图 5-6 太阳法结果图

5.1.4.2 标校调整

当波束指向出现较大误差时(超过±0.05°),调整误差方法如下:

(1)进入 D:\RadarX100\文件夹。

(2)选择 SystemData.ini 参数配置文件。

(3)在[SUN]分类中,调整 FerrEL 和 FerrAZ 数值,根据软件显示的误差,俯仰误差写入 FerrEL,方位误差写入 FerrAZ(图 5-7)。

SystemData.ini - 记事本

文件(F) 编辑(E) 格式(O) 查看(V) 帮助(H)

```
[VOL]
VolSnNumber=29459

[SUN]
ferrEL=-0.0348190665245056 15
ferrAZ=-1.18561589717865
```

图 5-7 参数调整位置截图

5.2 发射机

5.2.1 测试仪表

检波器、示波器、功率探头、功率计、频谱仪。

5.2.2 发射射频脉冲包络测试

5.2.2.1 参数定义

包络宽度 τ：脉冲包络前、后沿半功率点（0.707 电压点）之间的时间间隔。如脉冲包络的平顶幅度为 U_m，从脉冲前沿 $0.7U_m$ 到后沿 $0.7U_m$ 的时间间隔为脉冲宽度，单位为微秒（μs）。

上升时间 τ_r：从脉冲前沿 $0.1U_m$ 到前沿 $0.9U_m$ 的时间间隔为脉冲上升沿时间，单位为纳秒（ns）。

下降时间 τ_f：从脉冲后沿 $0.9U_m$ 到后沿 $0.1U_m$ 的时间间隔为脉冲下降沿时间，单位为纳秒（ns）。

顶降 δ：如脉冲包络的最大幅度为 U_{max}，那么 $\delta=\frac{(U_{max}-U_m)}{2U_m}\times100\%$，单位为百分数（%）。

5.2.2.2 测试连接

连接框图如图 5-8 所示。

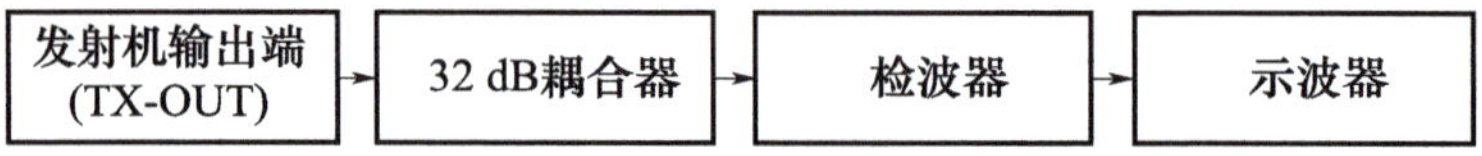

图 5-8 测试连接框图

5.2.2.3 测试流程

(1)按测试连接框图（图 5-8）和对应端口（图 5-9）连接设备。

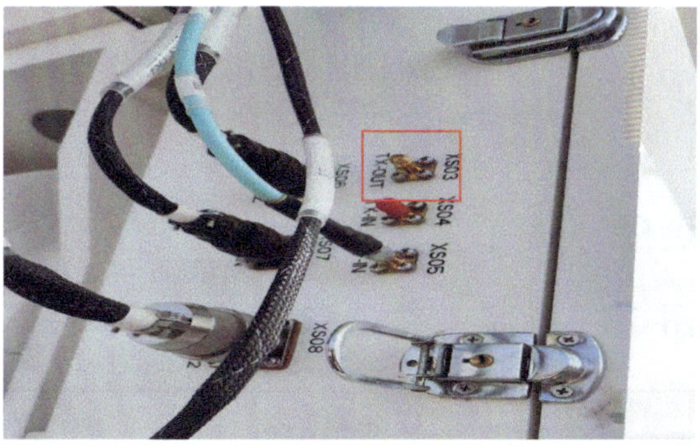

图 5-9 发射机输出端测试口 TX-OUT(XS03)

(2)在终端电脑上运行显控软件程序,点击发射机包络测试选项(图 5-10)。

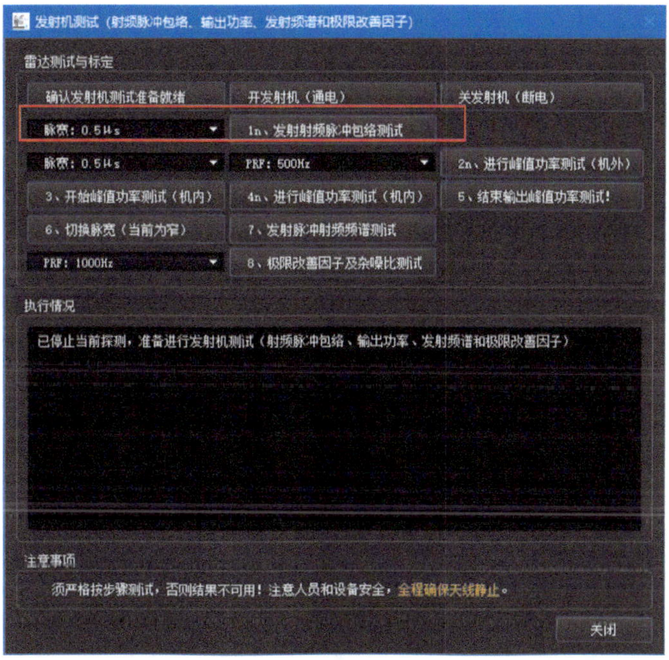

图 5-10 发射机包络测试界面

(3)选择 0.5 μs 的波形,分别读取示波器上的脉冲包络的脉冲宽度、上升时间、下降时间、顶降,并记录。

(4)在测试软件上控制雷达发射脉冲宽度分别为 1.0 μs、2.0 μs、10 μs、20 μs、40 μs、80 μs、160 μs 和 200 μs,重复上述操作,通过示波器分别读取对应脉冲包络的脉冲宽度、上升时间、下降时间、顶降,并记录。

5.2.2.4 注意事项

测试前确保衰减器、检波器均连接正常后,方可进行发射机加电操作。

5.2.3 发射脉冲射频频谱测试

5.2.3.1 测试连接

测试连接框图如图 5-11 所示。

图 5-11 发射脉冲射频频谱测试连接框图

5.2.3.2 测试流程

(1)按测试连接框图连接设备。

(2)在终端电脑上运行显控软件程序,点击发射机频谱测量选项(图 5-12)。

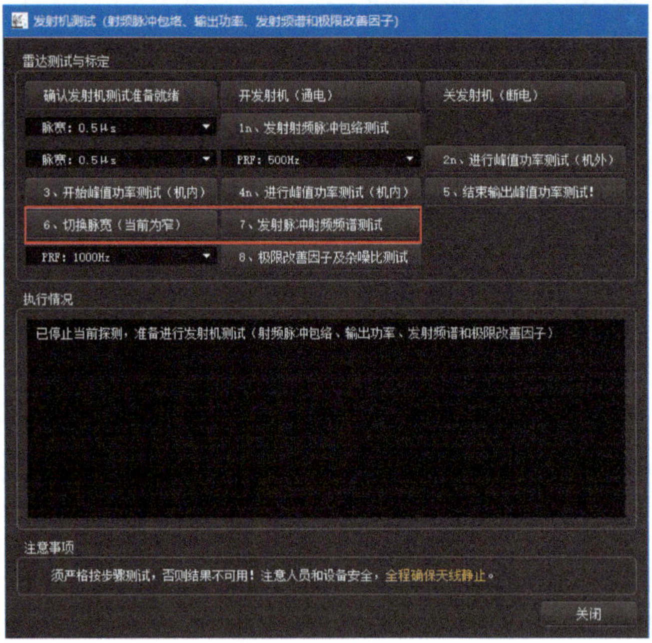

图 5-12 发射频谱测量界面

(3)选择窄脉冲选项,此时 PRF 设为 1000 Hz、脉冲宽度设为 0.5 μs,再次检查后,开启发射机电源。

(4)在频谱仪上按照雷达工作频点设置中心频率,“Signal Track”选择关闭;“Span”设置为 200 MHz,“RBW”设置为 30 kHz,“Sweep Time”设置为 1 s,读取中心频率谱线衰减−10 dB 至−40 dB 时的左频偏数据和右频偏数据并记录,计算谱宽。

(5)在软件界面选择宽脉冲,此时发射脉冲宽度为 1 μs,重复步骤(4),获得 1 μs对应的频谱数据(图 5-13)。

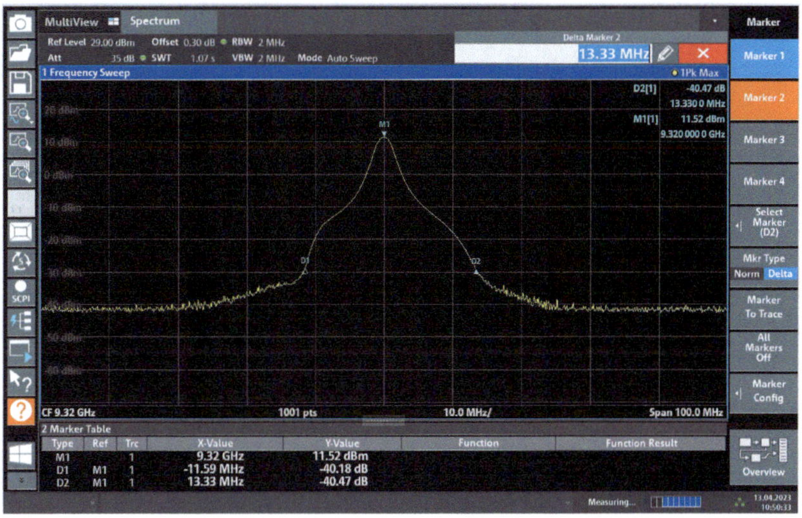

图 5-13　频谱测量示意图

5.2.3.3　注意事项

测试前确保衰减器、线缆等均连接正常后,方可进行发射机加电操作。

5.2.4　发射机输出极限改善因子及杂噪比测试

5.2.4.1　测试连接

测试连接框图如图 5-14 所示。

图 5-14　测试连接框图

5.2.4.2　测试流程

(1)按测试连接框图连接设备。

(2)终端电脑上运行显控软件程序,选择极限改善因子测试选项(图 5-15)。

(3)选择 PRF 为 2000 Hz 选项,确认接线正确后,开始测试。

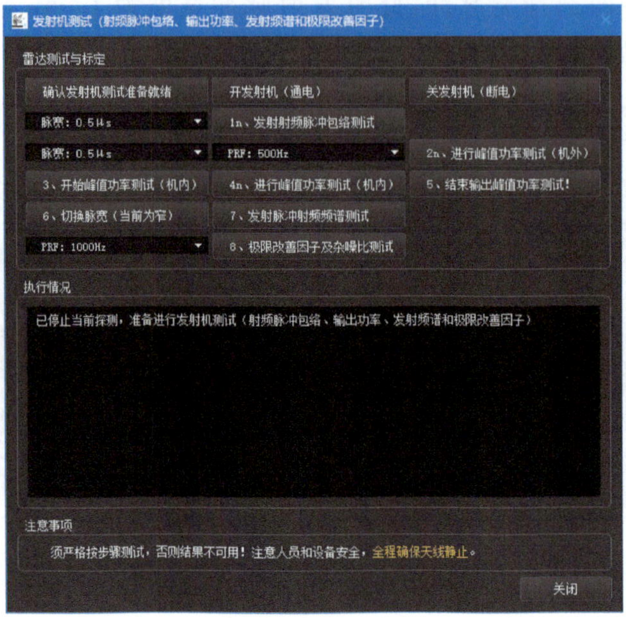

图 5-15　极限改善因子测试界面

(4)在频谱仪上按照雷达工作频点设置中心频率，“Span”设置为 2×PRF，即 4 kHz，“BW/Avg”设置为 3 Hz，“Trace Average”设置为 100 次，读取 1/2PRF 时的信噪比，计算极限改善因子，公式为

$$I = \mathrm{SNR} + 10\lg B - 10\lg F$$

式中，I 为改善因子，SNR 为信噪比，B 为频谱仪分析带宽(RBW)，F 为雷达重复频率。选取两个脉冲间底噪上的最大值作为杂散，与底噪值的比值即为杂噪比。

(5)重复步骤(2)—(4)，获得不同重频对应的极限改善因子(图 5-16)和杂噪比。

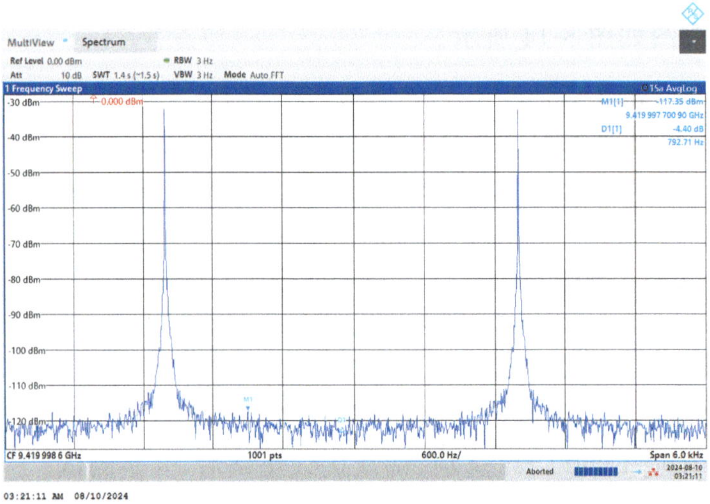

图 5-16　极限改善因子测试结果示意图

5.2.4.3　注意事项

测试前确保衰减器、线缆等均连接正常后，方可进行发射机加电操作。

5.2.5　发射机输出功率测试标校

5.2.5.1　测试连接

测试连接框图如图 5-11 所示。

5.2.5.2　机外测试

(1)按测试连接框图连接设备。

(2)利用参考测量法测量衰减器损耗、线缆损耗，作为功率计的 Offset 的设置值。

(3)在终端电脑上运行显控软件程序，点击发射机功率测试选项(图 5-17)。

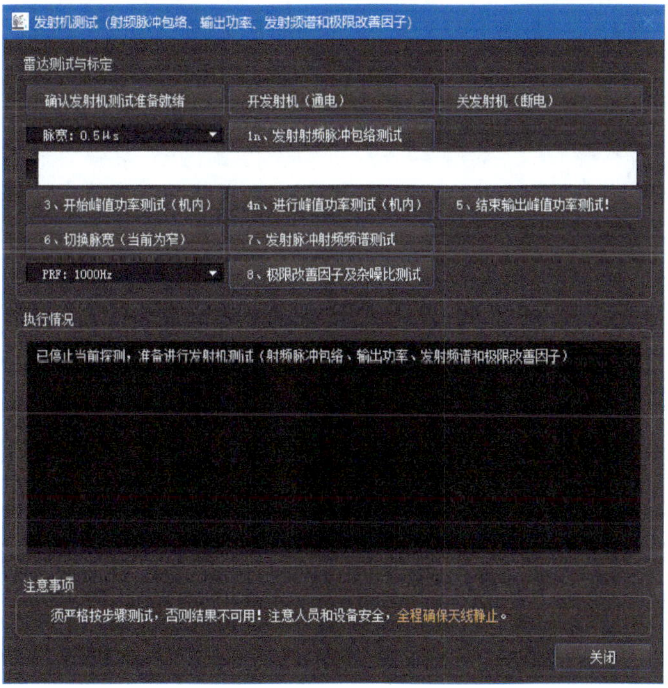

图 5-17　功率测试界面图

(4)选择 0.5 μs、500 Hz 的波形，在功率计上设置 Offset 值，读出对应的功率计读数。

(5)在测试软件控制雷达发射脉冲宽度，分别测量 1.0 μs、2.0 μs、10 μs、20 μs、40 μs、80 μs、160 μs、200 μs 对应的脉冲峰值功率。

(6)重复步骤(4)—(5)，分别测量 1000 Hz 重复频率下脉冲宽度 0.5 μs、1.0 μs、2.0 μs、10 μs、20 μs、40 μs 和 80 μs 对应的脉冲峰值功率，2500 Hz 重复频率下脉冲宽度 0.5 μs、1.0 μs、2.0 μs、10 μs、20 μs、40 μs 对应的脉冲峰值功率。

5.2.5.3 机内测试

(1)在终端电脑上运行显控软件程序，点击发射机功率测试选项(图 5-18)。

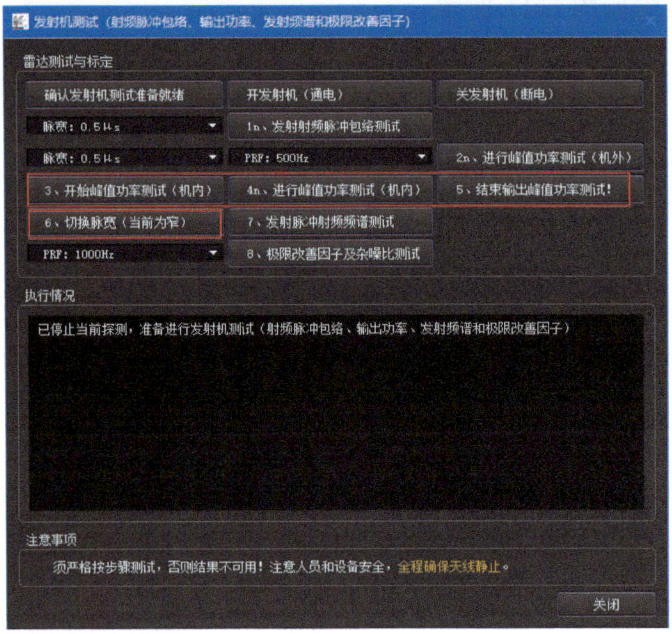

图 5-18　功率测试界面图

(2)选择 0.5 μs、500 Hz 的波形，在软件上读出对应的功率值。

(3)在测试软件控制雷达发射脉冲宽度，分别测量 1.0 μs、2.0 μs、10 μs、20 μs、40 μs、80 μs、160 μs、200 μs 对应的脉冲峰值功率。

(4)重复步骤(2)—(3)，分别测量 1000 Hz 重复频率下脉冲宽度 0.5 μs、1.0 μs、2.0 μs、10 μs、20 μs、40 μs 和 80 μs 对应的脉冲峰值功率，2500 Hz 重复频率下脉冲宽度 0.5 μs、1.0 μs、2.0 μs、10 μs、20 μs、40 μs 对应的脉冲峰值功率。

5.2.5.4 标校调整

当机内功率测试与机外功率测试结果差距较大时(误差超过±0.2 dB)，在确认非硬件问题时(功率计测量功率正常，连接线缆损耗正常)，可更改标准发射功率参数。具体方法如下：

（1）打开文件 D:\RadarX100\user.ini。

（2）搜索，并找到 POWERCal_ActualPower 参数。

（3）根据机外测试的实际发射功率值，对应修改参数 POWERCal_ActualPower 的数值（单位为 W），并保存文件（图 5-19）。

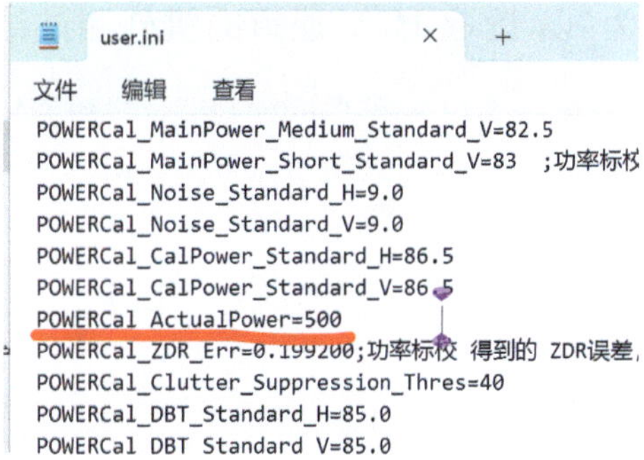
user.ini
文件　编辑　查看
POWERCal_MainPower_Medium_Standard_V=82.5
POWERCal_MainPower_Short_Standard_V=83　;功率标校
POWERCal_Noise_Standard_H=9.0
POWERCal_Noise_Standard_V=9.0
POWERCal_CalPower_Standard_H=86.5
POWERCal_CalPower_Standard_V=86.5
POWERCal_ActualPower=500
POWERCal_ZDR_Err=0.199200;功率标校 得到的 ZDR误差,
POWERCal_Clutter_Suppression_Thres=40
POWERCal_DBT_Standard_H=85.0
POWERCal_DBT_Standard_V=85.0

图 5-19　POWERCal_ActualPower 参数位置示意图

5.2.5.5　注意事项

测试前确保衰减器、线缆等均连接正常后，方可进行发射机加电操作。

5.3　接 收 机

5.3.1　测试仪表

噪声源、频谱仪、信号源、示波器、检波器。

5.3.2　接收系统线性动态特性测试

5.3.2.1　测试连接

线路 1：信号源→网线→终端计算机。

线路 2：信号源→功分器→接收机输入端（XS01、XS02）。

线路 3：接收机箱 XS11→信号源 Pulse In 接口。

线路 4：接收机箱 XS10→信号源 Ref In 接口。

5.3.2.2　机外测试

设置终端计算机 IP 与信号源 IP 在同一网段（一般设置信号源为 192.168.0.X 网段），在雷达测试软件中确认雷达中心频率、测试线缆（图 5-20）损耗，选择输出结果为 dB,读取 H/V 通道的机外测试结果。

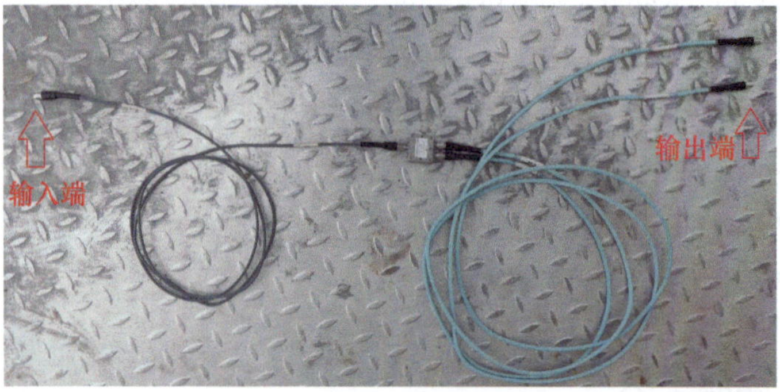

图 5-20　测试线缆实物图

(1)利用参考测量法测量功分器、线缆损耗,按“Peak”键后,读取“Mkr1”幅度数值,分别记录该数值为线损 1、线损 2(注意功分器 P1 端连接线缆记录为线损 1,P2 端记录为线损 2)。打开雷达常数界面,将线损 1 记录为 H 通道线损,线损 2 记录为 V 通道线损(图 5-21)。

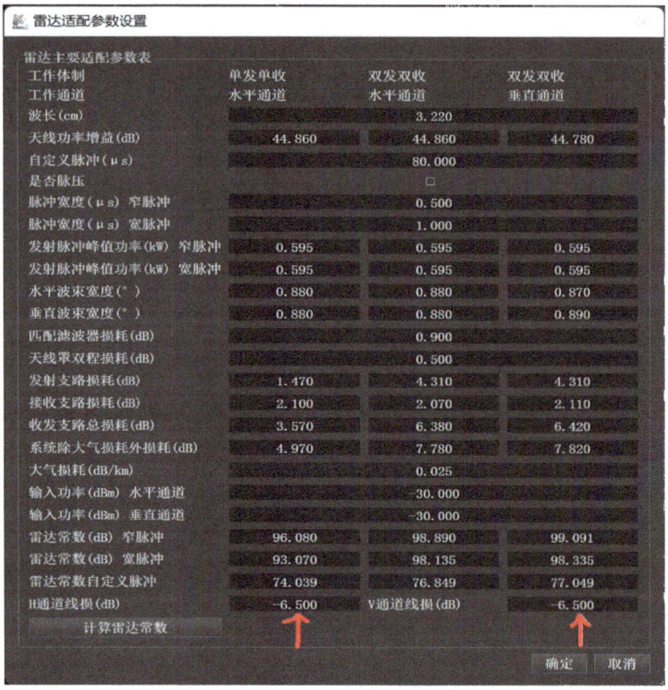

图 5-21　线损修改位置示意图

(2)断开接收机水平和垂直通道输入端(XS01 和 XS02),用 SMA 测试线缆将信号源经过功分器后输出接入 H 和 V 通道接收机输入端(功分器 P1 端接 XS02、P2 端接 X01),用网线将终端计算机与信号源连接起来。

(3)将终端计算机的 IP 地址设置为与仪器同一网段且 IP 不相同(一般设置信号源为 192.168.0.X 网段,是德科技信号源按照 Utility→GPIB/RS-232→LAN Setup→IP Adress 设置,罗德与施瓦茨信号源按照 Setup→Network Settings 设置,IP 推荐 192.168.0.3,设置完后,需前往 D:\RadarX100\文件夹下找到 DeviceTest.ini 文件,修改 strIP 为信号源的 IP,iProtocol 根据使用的仪器设置为 0 或者为 1 即可)。如图 5-22～图 5-25 所示。

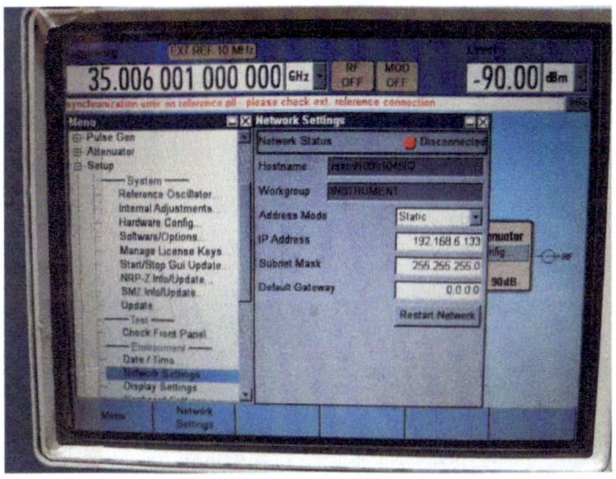

图 5-22　信号源 IP 设置界面图
(罗德与施瓦茨)

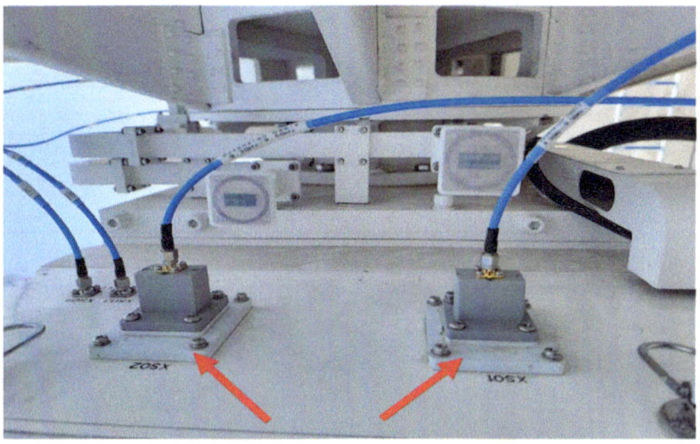

图 5-23　功率注入口实物图

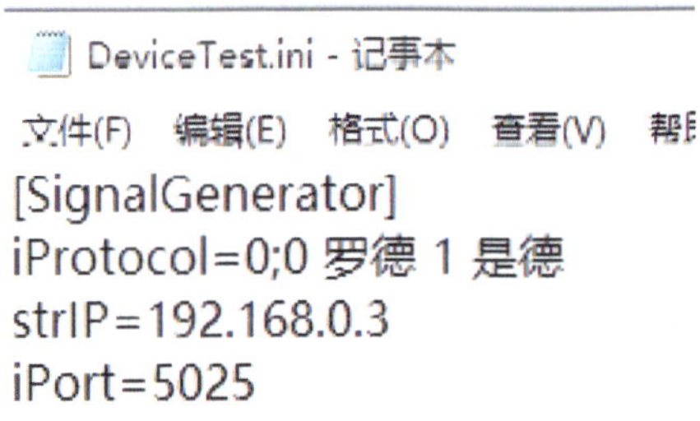
DeviceTest.ini - 记事本
文件(F)　编辑(E)　格式(O)　查看(V)　帮
[SignalGenerator]
iProtocol=0;0 罗德 1 是德
strIP=192.168.0.3
iPort=5025

图 5-24　参数设置修改位置截图

图 5-25　功分器实物图

(4)利用线缆连接转接板 X6(导前信号)与信号源 Pulse In(或 Pulse/Trig Gate Input)接口,利用线缆连接接收机 10 MHz Out 与信号源 Ref In(或 10 MHz In)接口。

(5)在显控软件中点击机外动态范围测试选项(图 5-26)。

(6)根据需求,切换宽窄脉冲(图 5-27)。

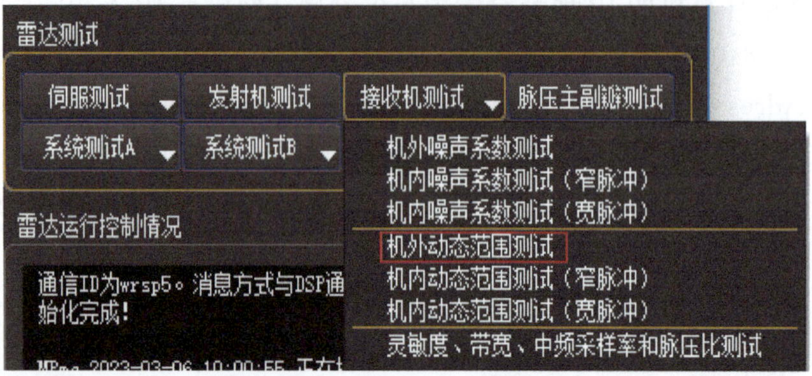

图 5-26　动态范围按钮界面图

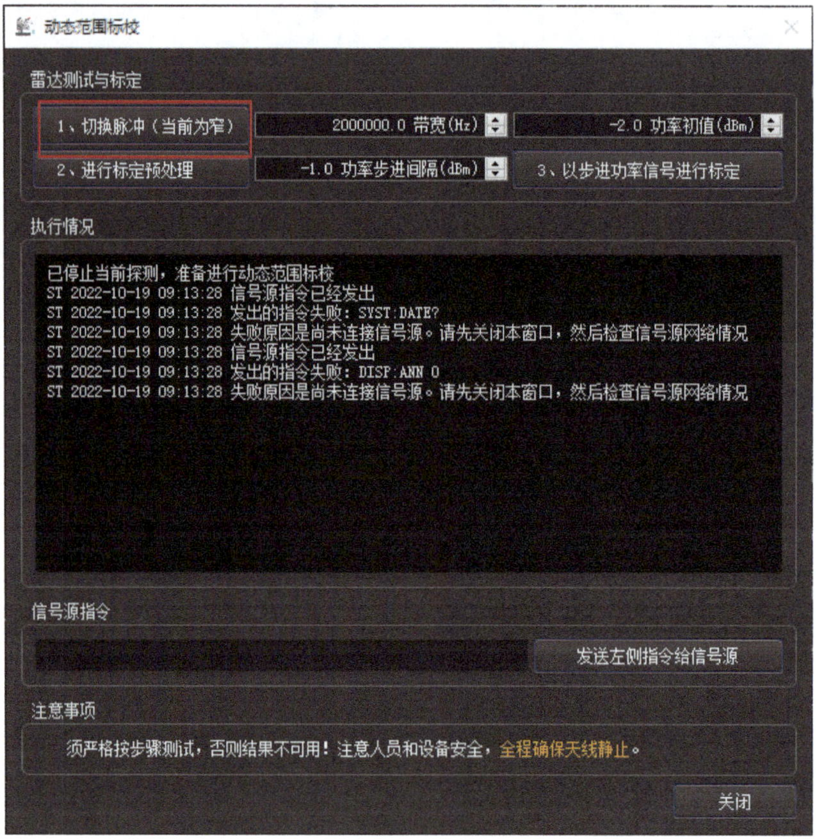

图 5-27　动态范围测试界面“切换脉冲”

(7)设定功率初始值，窄脉冲线缆输出端为 −9 dBm，宽脉冲线缆输出端为 −12 dBm，需根据线损大小，修改设置值（当线损为 −5 dB 时，窄脉冲线缆设置功率值 = −4 dBm，宽脉冲线缆功率值 = −7 dBm），点击“进行标定预处理”按钮（第 2 步，图 5-28），等待显示界面获取第一个探测点（图 5-29）。

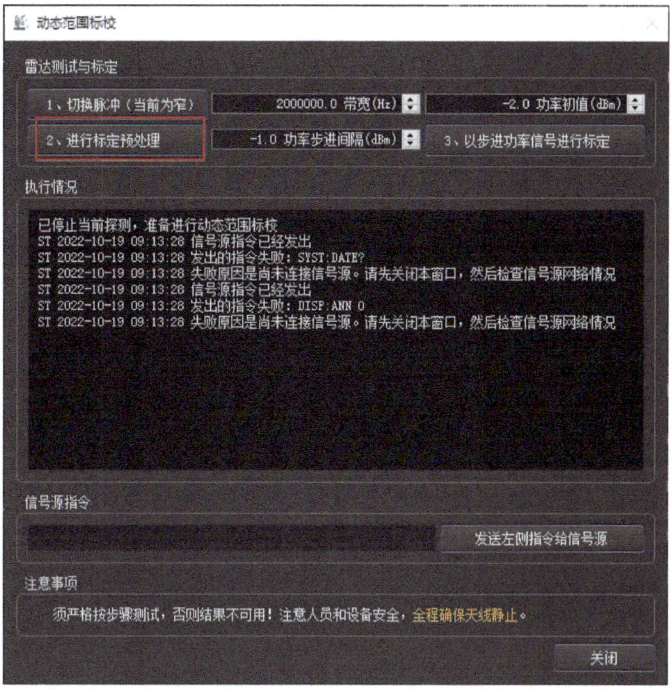

图 5-28　动态范围标校界面选择“进行标定预处理”

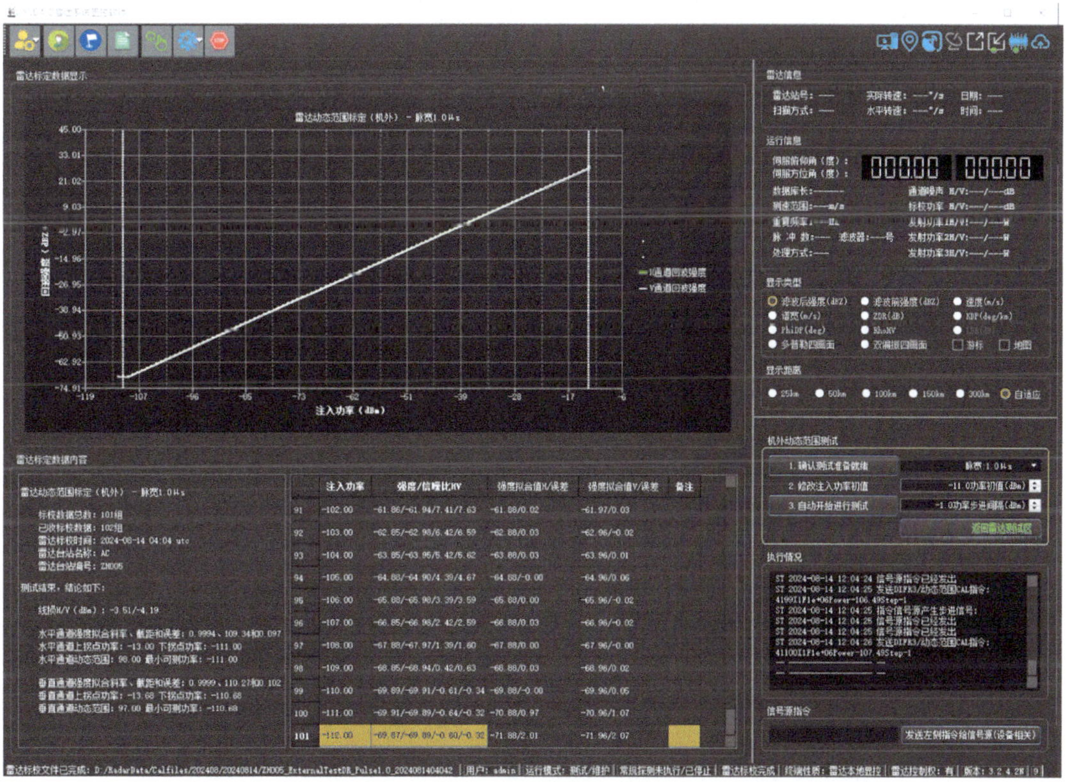

图 5-29　动态范围结果界面

(8)点击测试(第 3 步“以步进功率信号进行标定”,图 5-30),软件自动完成机外测试。

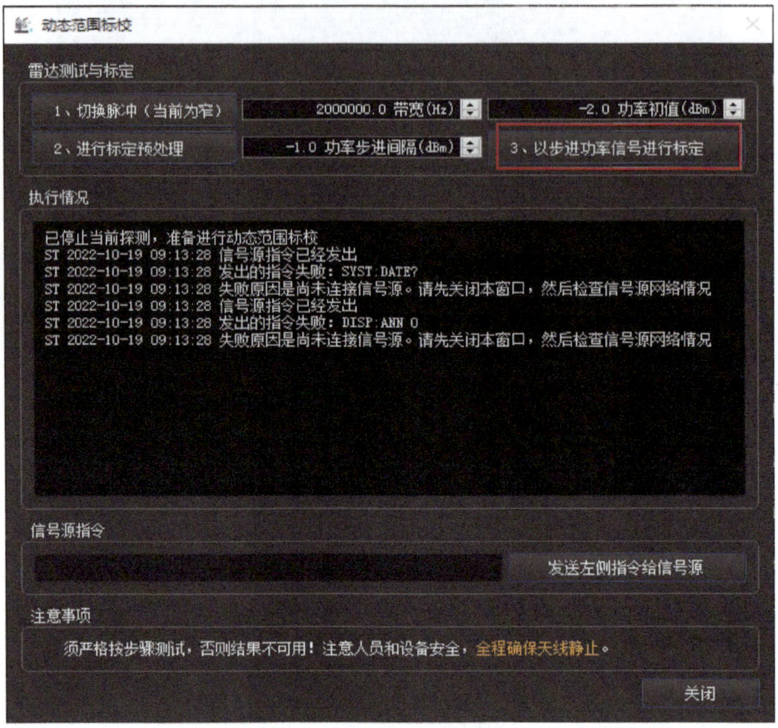

图 5-30　动态范围界面

(9)点击脉宽更换按钮(第 1 步切换脉冲)。

(10)重复(3)—(8)步骤,完成机外动态范围测试。

5.3.2.3　机内测试

恢复接收通道线缆连接,测试机内动态特性。

(1)打开显控软件,打开机内动态范围标校菜单,选择宽窄脉冲(图 5-31)。

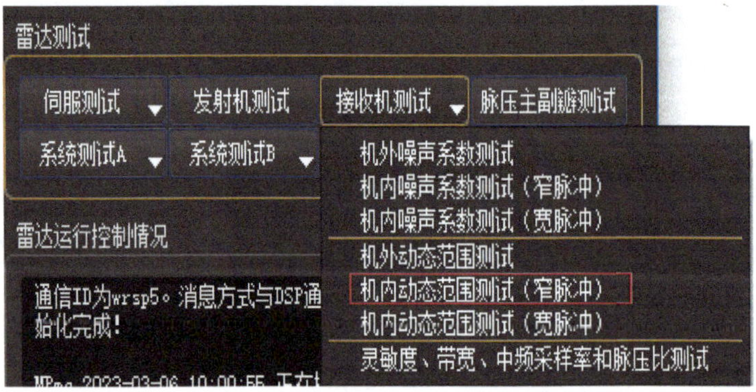

图 5-31　机内动态范围界面

(2)显控软件自动进行机内线性动态范围测试(图 5-32)。

(3)记录测试数值。

(4)点击脉宽更换按钮(第 1 步切换脉冲)。

(5)重复(2)—(3)步骤,完成机内动态范围测试。

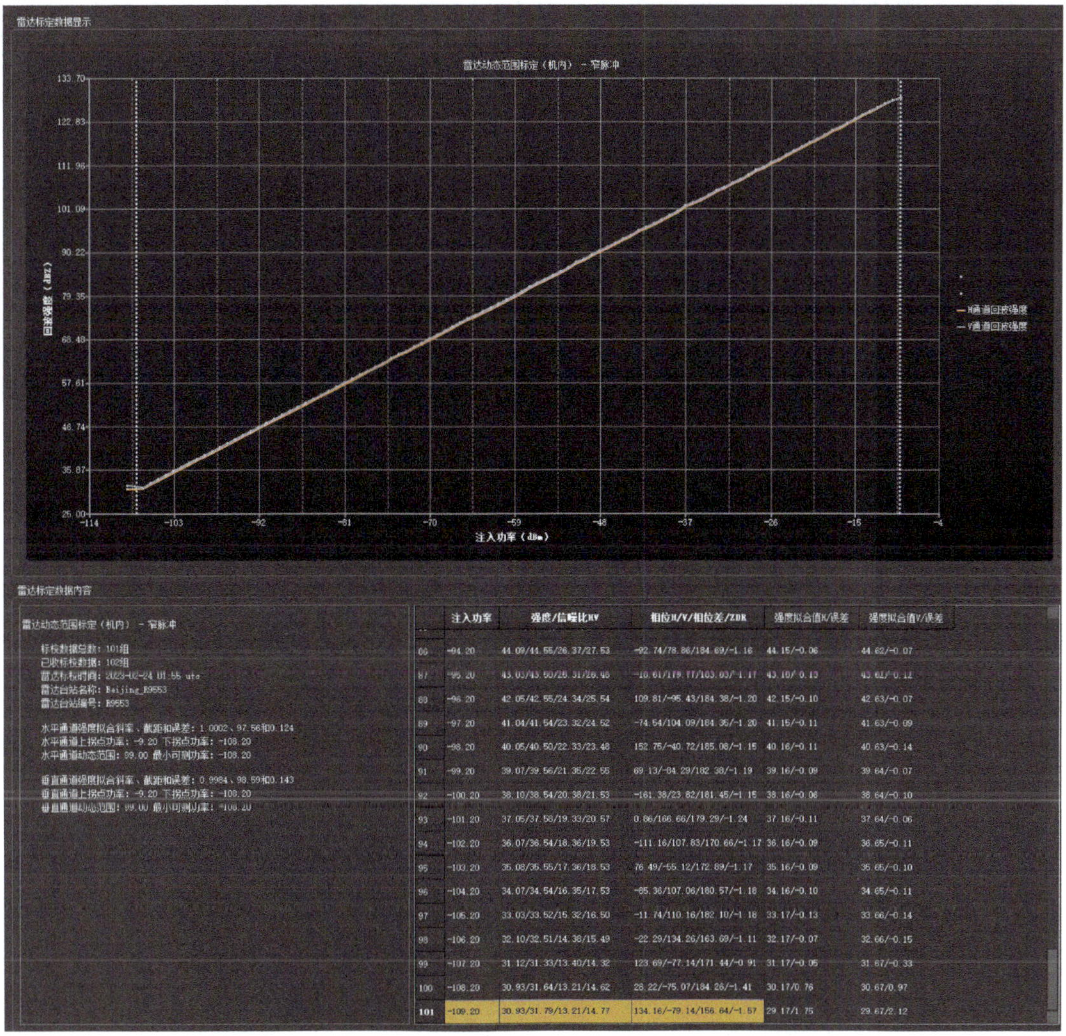

图 5-32　机内动态范围测试结果

5.3.3　最小可测功率测试

5.3.3.1　测试连接

线路 1:信号源→网线→终端计算机。

线路 2：信号源→功分器→接收机箱输入口（XS01、XS02）。

线路 3：接收机箱 XS11→信号源 Pulse In（或 Pulse/Trig Gate Input）。

5.3.3.2 测试流程

设置终端计算机 IP 与信号源 IP 在同一网段（Utility→GPIB/RS-232→LAN Setup→IP Adress，推荐 192.168.0.3），将接收机箱 XS10（导前信号）接入信号源 Pulse In（或 Pulse/Trig Gate Input）接口中，在雷达测试软件中确认雷达中心频率、测试线缆损耗，进行噪声采样得到底噪，软件调整脉冲宽度、延迟时间，同时调整接收机注入功率，输出功率高于底噪 3 dB 时的注入功率即为窄脉冲/宽脉冲、水平（H）/垂直（V）通道的最小可测功率，具体操作流程如下：

（1）按照动态范围测试中的方法调整信号源与终端计算机之间的网络连接、测试及修改线损（若已完成动态范围测试，则无需重新设置及测量线损，此步骤可跳过）。

（2）断开接收机水平和垂直通道输入端（XS01 和 XS02），信号源输出信号经过功分器后分别用 SMA 测试线缆将信号源输出接入 H 通道或者 V 通道低噪声放大器的输入端（功分器 P1 端接 XS02、P2 端接 XS01），若已完成动态范围测试，则无需重新连接，此步骤可跳过。

（3）打开“灵敏度测试”（图 5-33），切换宽窄脉冲，点击“开始接收机灵敏度测试”按钮，显控软件将自动测试大于噪声电平 3 dB 时的最小信号可测功率。

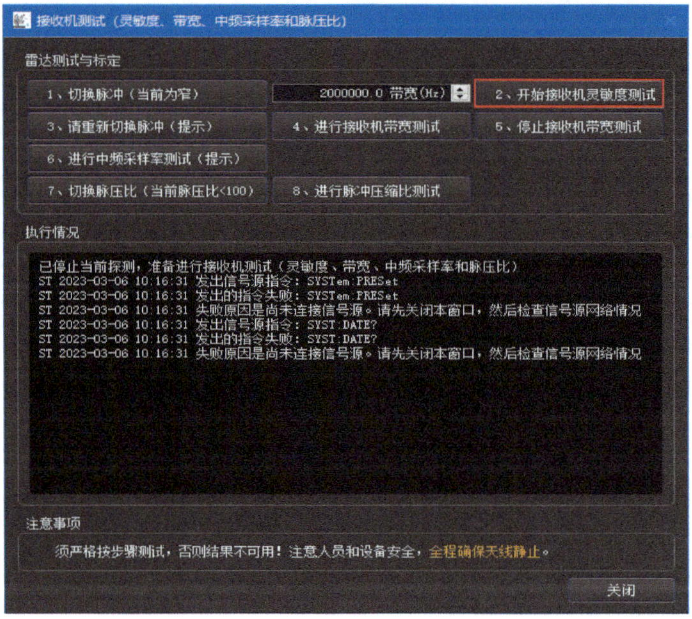

图 5-33　灵敏度测试界面

(4)更换脉冲宽度,可以选择不同的脉宽进行灵敏度测试。

(5)更换线缆连接至另一通道,重复操作可以得到对应通道最小可测功率。

5.3.4 接收机带宽测试

通过显控软件设置发射机信号脉宽为 0.5 μs 和 1.0 μs,用信号源注入功率,修改注入频率,并观察软件显示幅度。选择中心频点输出值为初始点,改变(减小)频率,直到输出值降低 3 dB,记录当前频率值 F_1;改变(增大)频率,直到输出值降低 3 dB,记录当前频率值 F_2;中频带宽 $B=F_2-F_1$。

5.3.4.1 测试连接

线路 1:信号源→网线→终端计算机。

线路 2:信号源→功分器→接收机输入端(XS01、XS02)。

5.3.4.2 测试流程

(1)参照 5.3.2 接收系统线性动态特性测试的方法连接设备(图 5-23)。

(2)打开显控软件,进行接收机带宽测试(图 5-34),发射机电源关闭。

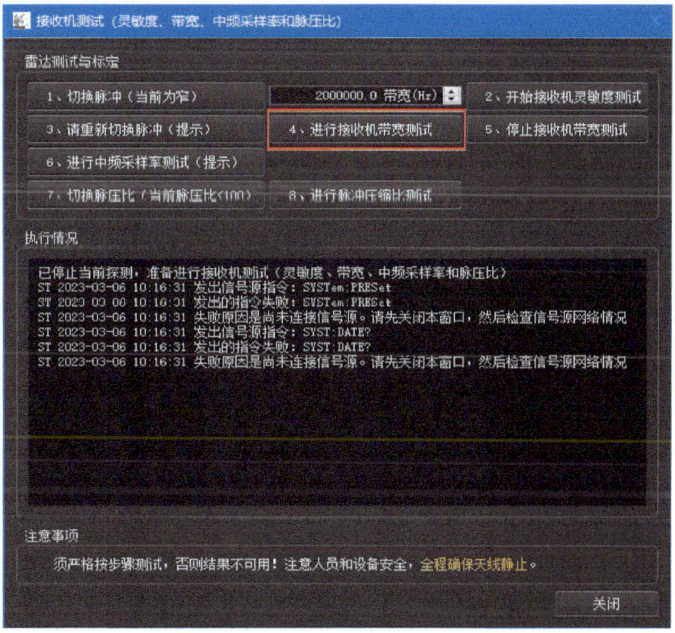

图 5-34 接收机带宽测试截图

(3)设置频点“X GHz”(X 为本台站所使用频点),幅度“Amplitude”为 −40 dBm,记录回送数值 A_1。

(4)逐渐改变频点,当回送数值$=A_1-3$ dB 时停止,分别记录左侧频点 F_1 和右侧频点 F_2。

(5)中频带宽 $B=F_2-F_1$。

5.3.5 接收机脉冲压缩比测试

通过显控软件设置发射机信号脉宽为要求的测试脉宽,用示波器通过检波器测试数字中频信号的脉冲宽度 τ,用频谱仪测试中频信号的带宽 B,压缩比为 $\tau\times B$。

5.3.5.1 测试连接

测试设备连接馈线系统耦合端 XS07(图 5-35),带宽测试频谱仪设置:①测试通道将发射机输出脉冲信号注入接收机前端;②频谱仪设置为带宽测试模式(Occupied BW);③Span:5 MHz;④BW:50 kHz;⑤Sweep Time:1 s。

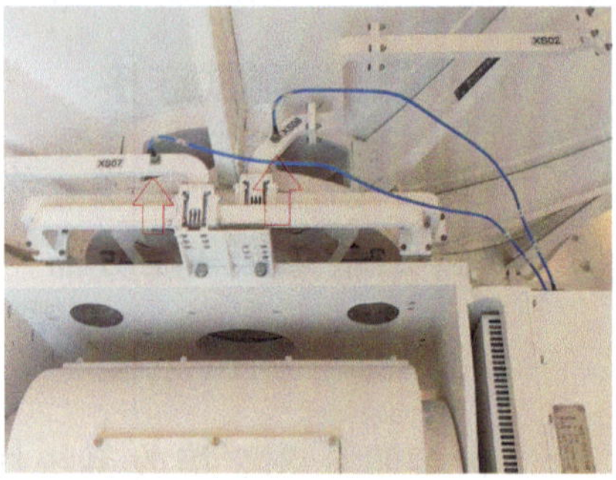

图 5-35 馈线耦合端示意图

5.3.5.2 测试流程

(1)打开显控软件,进行脉冲压缩比测试(图 5-36)。

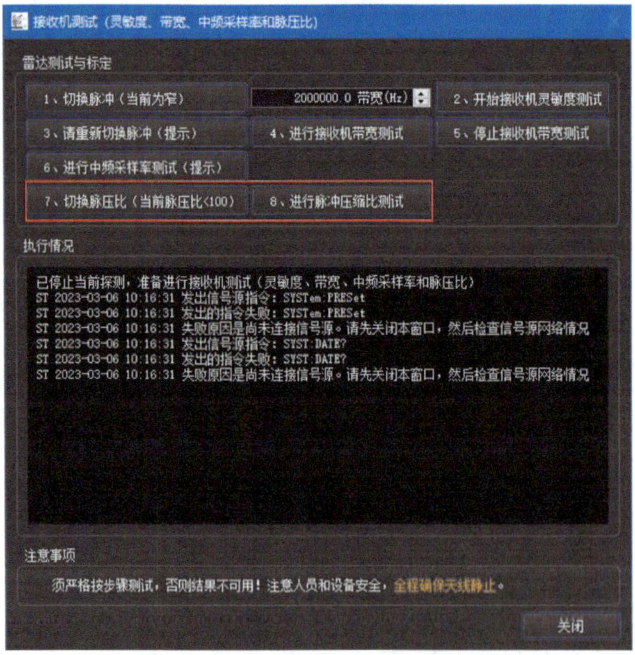

图 5-36 脉冲压缩比测试界面

(2)选择压缩比>100。

(3)测试 X GHz 频点处信号幅度 A_1。

(4)左右移动频点 Marker,找到幅度$=A_1-3$ dB 处的左频点 F_1 和右频点 F_2。

(5)信号带宽 $B=F_2-F_1$(图 5-37)。

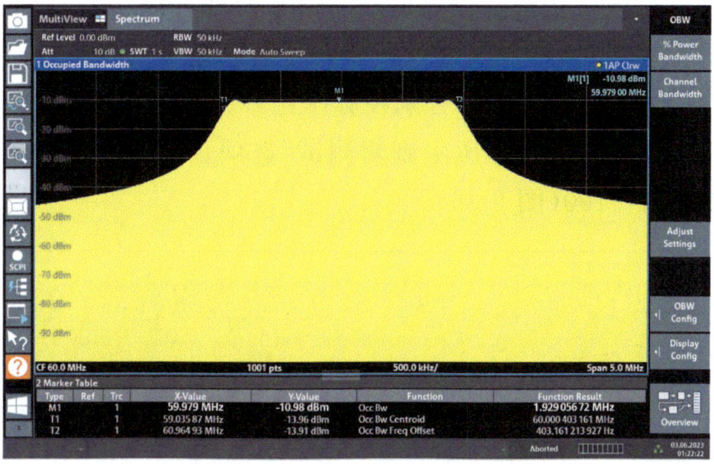

图 5-37　带宽测试结果

(6)切换脉宽,得到其他脉宽下的信号带宽(图 5-38)。

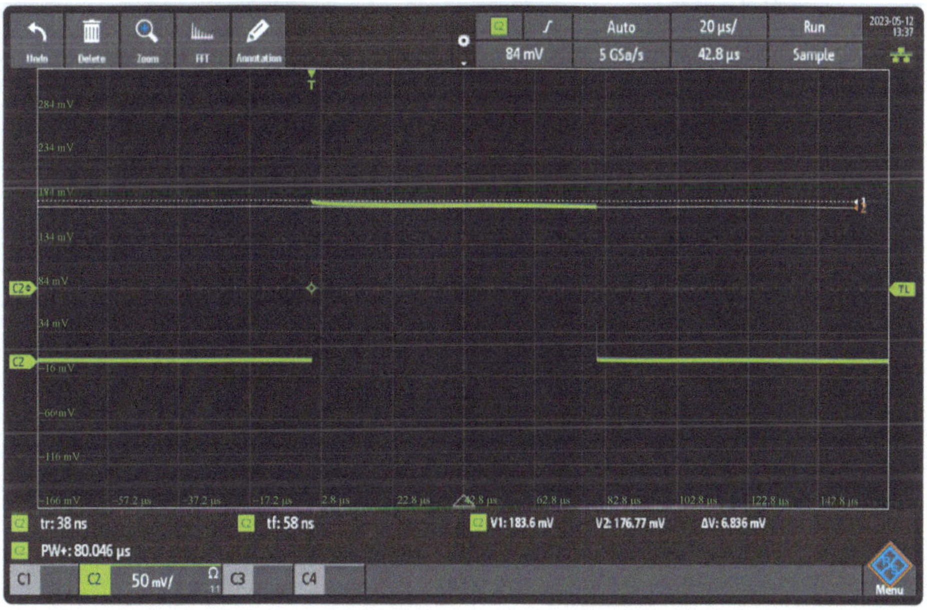

图 5-38　脉冲测试结果

(7)通过公式计算,得出脉冲压缩比。

5.3.6 脉冲压缩主副瓣比测试

通过雷达测试软件设置接收机射频测试模式，设置相应的脉宽和带宽，雷达发射的耦合信号通过接收机功率监测通道回到信号处理，信号处理对信号进行脉冲压缩后会形成脉冲压缩波形，通过雷达显控软件可读取脉压主瓣最大值 A 和脉压副瓣最大值 B，脉压主副瓣比 $=A-B$。分别在脉压比≥100 和<100 的时候进行测试。

(1)打开显控软件，点击“脉压主副瓣测试”选项。

(2)选择脉压比<100(图 5-39)。

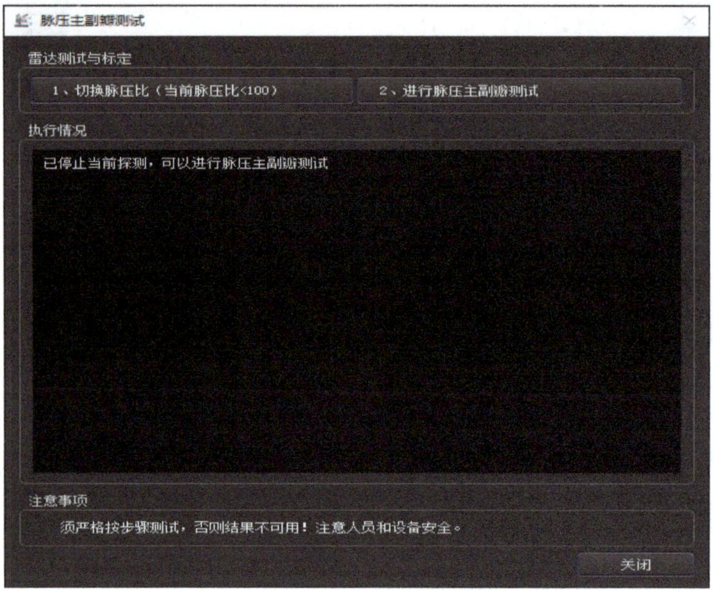

图 5-39 脉压主副瓣比测试界面

(3)软件自动寻找脉冲压缩波形的峰值及第一副瓣，并获取主副瓣比，记录主副瓣比数值(图 5-40)。

(4)修改脉压比(≥100)，重复步骤(3)。

5.3.7 数字中频采样速率

5.3.7.1 测试连接

数字中频输出端→频谱仪。

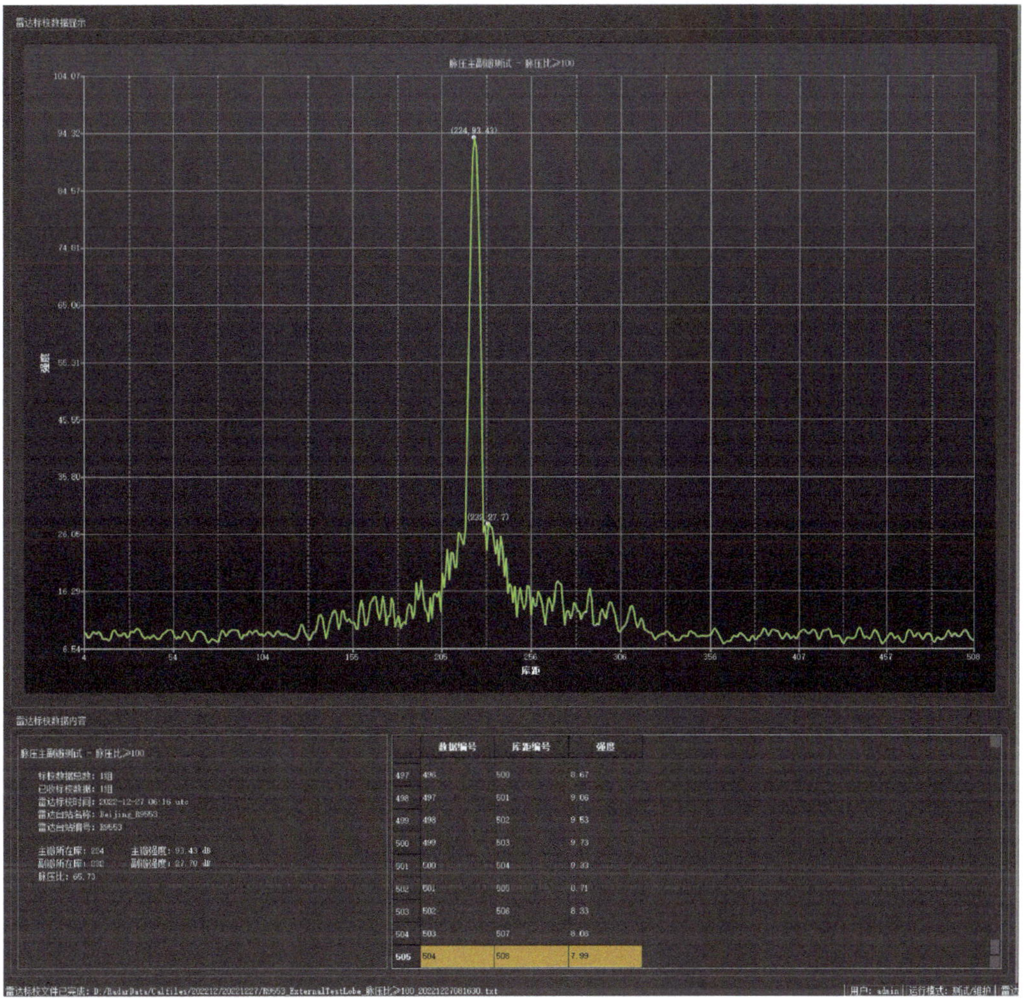

图 5-40　脉冲压缩主副瓣比测试图

5.3.7.2　测试流程

(1)将频谱仪连接至数字接收机采样时钟输入端线缆(W205 线缆的 J5 端)。

(2)在频谱仪上按照数字中频采样速率设置中心频率 Frequency＝80 MHz，设置 Span＝10 MHz，设置 BW＝18 kHz，点击“Peak”按键，读取“Mkr1”数值，即为数字中频采样速率。

5.3.8　噪声系数标校

5.3.8.1　标校连接

线路 1：频谱仪→网线→终端计算机。

线路 2：频谱仪 Noise Control 端口（28 V 供电端口）→噪声源→低噪声放大器前端（XS01、XS02）。

5.3.8.2 机外测试

雷达显控软件通过频谱仪控制噪声源切换冷态/热态，在雷达软件中确认噪声源超噪比（ENR），读取水平/垂直通道的噪声系数测试结果，取 5 次平均值作为最终结果，具体测试方法如下。

（1）利用网线连接频谱仪与终端，设置频谱仪 IP（图 5-41、图 5-42），设置方法为：点击 Network Remote 选项，在 Network 界面中输入 IP 即可，设置完成后，需前往 D:\RadarX100\文件夹下找到 DeviceTest. ini 文件，在 Spectrum Analyzer 选项下修改 strIP 对应的参量数值，修改为对应设置的 IP，iProtocol 根据使用的仪器设置为 0 或 1 即可（图 5-43）。

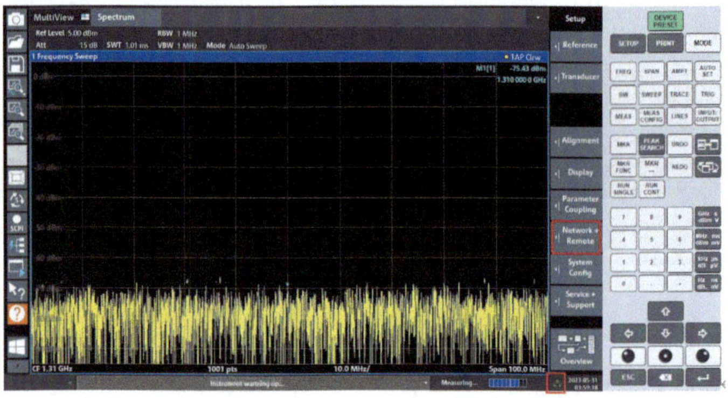

图 5-41 频谱仪网络设置示意图 1

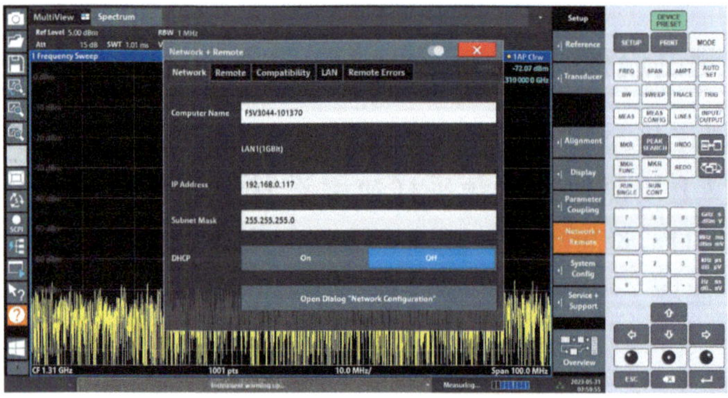

图 5-42 频谱仪网络设置示意图 2

（2）利用参考测量法测试功分器、线缆（图 5-44）损耗，按“Peak”键后，读取“Mkr1”幅度数值，分别记录该数值为线损 1、线损 2（注意功分器 P1 端连接线缆记录为线损 1,P2 端记录为线损 2)。打开雷达常数界面,将线损 1 记录为 H 通道线损,线损 2 记录为 V 通道线损。

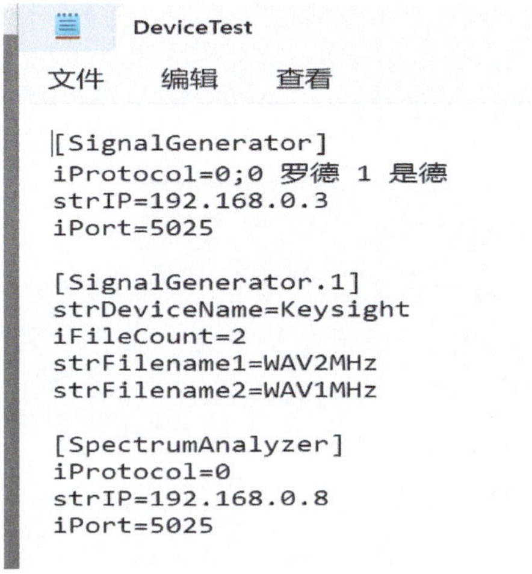

图 5-43　参数修改位置示意图

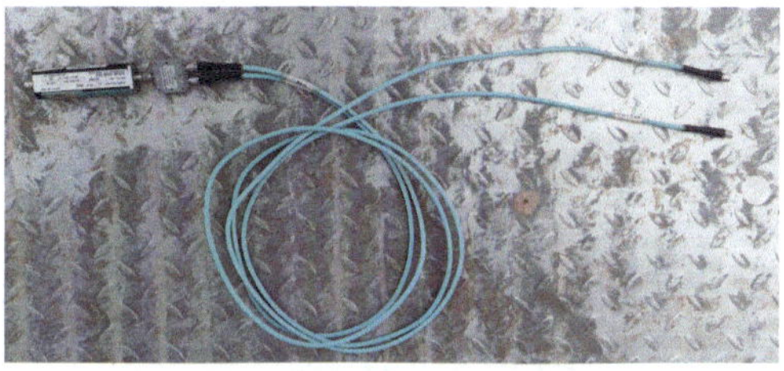

图 5-44　噪声源连接功分器测试线缆示意图

(3)断开接收机水平和垂直通道输入端(XS01、X02),噪声源连接功分器,将功分后的 2 端线缆连接到低噪声放大器的输入端(功分器 P1 端接 XS02、P2 端接 XS01)。

(4)打开显控软件,选取“机外噪声系数测试”项(图 5-45)。

(5)在确认线缆连接正确后,输入超噪比(ENR),选择窄脉冲,点击“开始进行自动测试”,软件自动控制频谱仪进行冷态噪声测试、热态噪声测试以及噪声系数计算(图 5-46)。

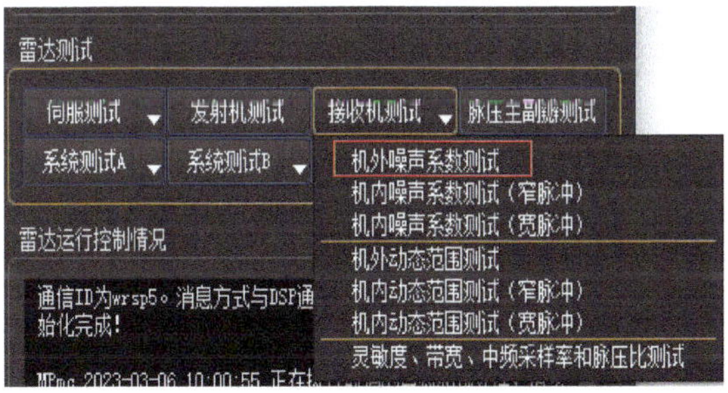

图 5-45　机外噪声系数选项图

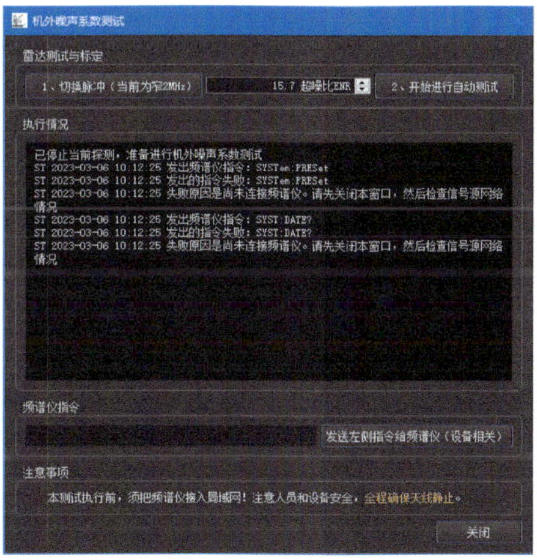

图 5-46　机外噪声系数界面

(6)记录参数后，更换噪声源连接口至另一个通道，重复操作后可以得到另一个通道机外噪声系数。

5.3.8.3 机内标校

(1)打开显控软件噪声系数菜单，选择窄脉冲(图 5-47)。

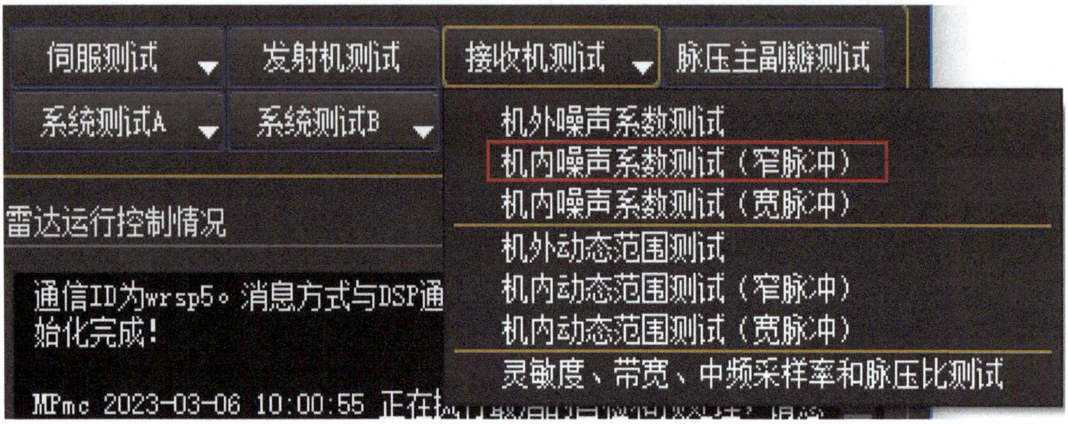

图 5-47　噪声系数按钮示意图

(2)显控软件自动进行机内噪声系数测试(图 5-48)。

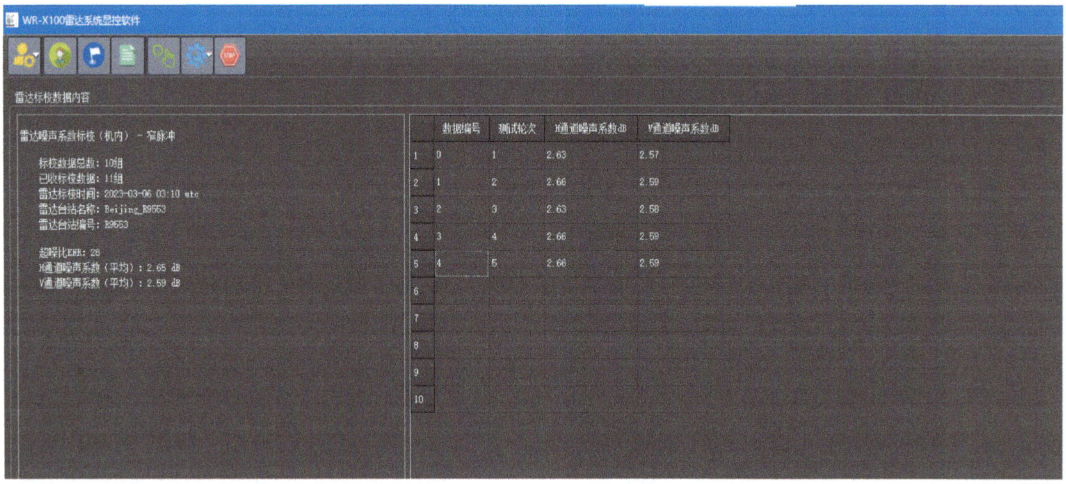

图 5-48　噪声系数结果界面

(3)记录并切换其他脉冲进行测试。

5.3.8.4 标校调整

当机外噪声系数与机内噪声系数差异较大时(误差>0.2 dB)，可通过设置参数调整机内噪声系数值。具体流程如下。

(1)打开文件 D:\RadarX100\RadarPara.ini。

(2)搜索，并找到 NOISEFIGURECal_IN_Enr 参数(图 5-49)。

(3)将 NOISEFIGURECal_IN_Enr 参数的原参数值与测试的差值相加，得到的结果为新的参数值，再次输入到 NOISEFIGURECal_IN_Enr 中，并保存文件。

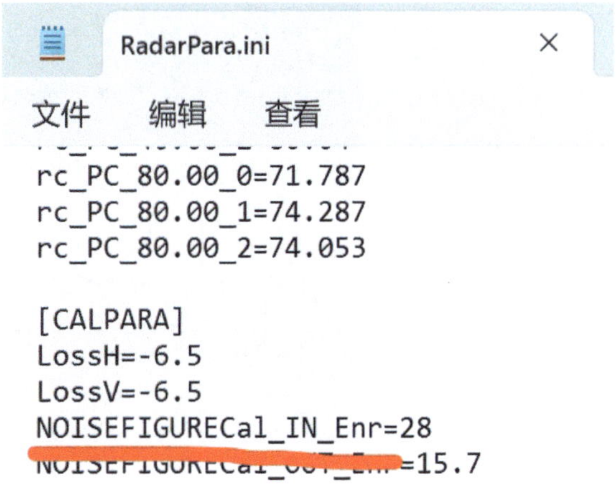
RadarPara.ini
文件　编辑　查看
rc_PC_80.00_0=71.787
rc_PC_80.00_1=74.287
rc_PC_80.00_2=74.053

[CALPARA]
LossH=-6.5
LossV=-6.5
NOISEFIGURECal_IN_Enr=28
NOISEFIGURECal_OUT_Enr=15.7

图 5-49　机内 ENR 参数调整位置示意图

5.4　系统指标

5.4.1　测试仪表

信号源。

5.4.2　系统相干性检验测试

设置脉冲重复频率为 2000 Hz，通过雷达测试软件控制，将雷达发射射频信号经衰减延迟后输入接收机前端，对该信号放大、相位检波后的 I、Q 值进行多次采样，由每次采样的 I、Q 值计算出信号的相位，求出相位的均方根误差即可表征信号的相位噪声。取相位噪声 10 次测量值的平均值来表征系统相干性。

测试流程如下。

(1)点击测试软件相干性检验(IQ 相角法/窄脉冲)(图 5-50)。

(2)等待系统自动测试，输出测试结果。

(3)切换宽脉宽，重复上述操作，输出测试结果(图 5-51)。

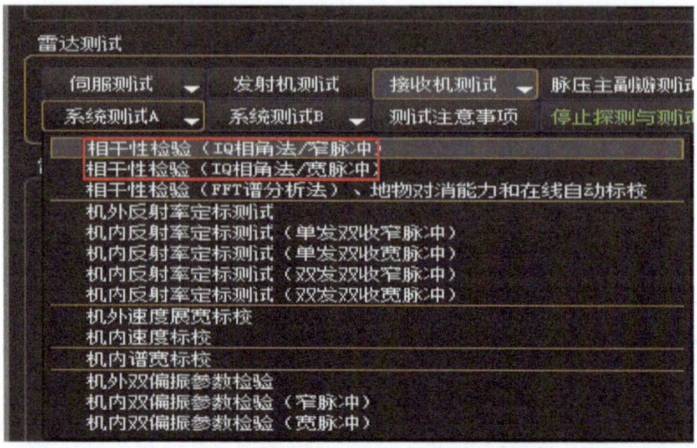

图 5-50　IQ 相角法测试操作界面

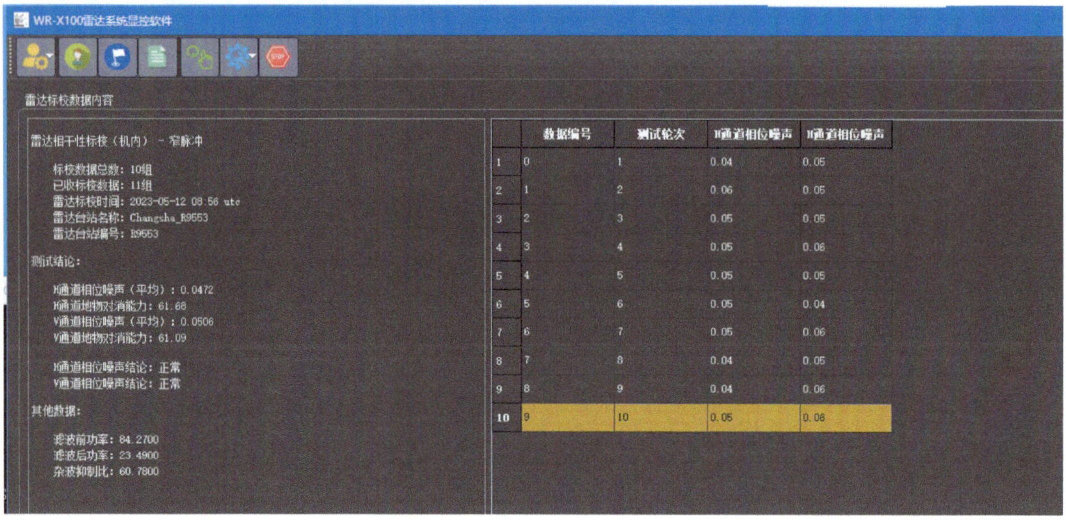

图 5-51　IQ 相角法测试结果界面

5.4.3　估算地物对消能力检验测试

5.4.3.1　测试方法

方法一：

当相位噪声 σ_{φ} 小于 5°时，可利用相位噪声近似的估算系统的水平/垂直通道地物对消能力 L（单位为 dB），其换算公式为：$L=-20\lg(\sin\sigma_{\varphi})$。

方法二：

通过雷达终端软件设置滤波器的凹口宽度≤1 m/s，信号处理器选择 PPP 模式，控制雷达将发射脉冲经衰减后送入接收机，对该信号的 I、Q 值采样并送入地杂波滤波器进行滤波，比较 10 个模拟地物回波在对消前和对消后的强度差值，求其平均值，来表征滤波前后的地物对消能力。

5.4.3.2　测试流程

方法一：IQ 相角法测量相位噪声反算

(1)点击显控软件，进入“相干性检验”选项(图 5-52)。

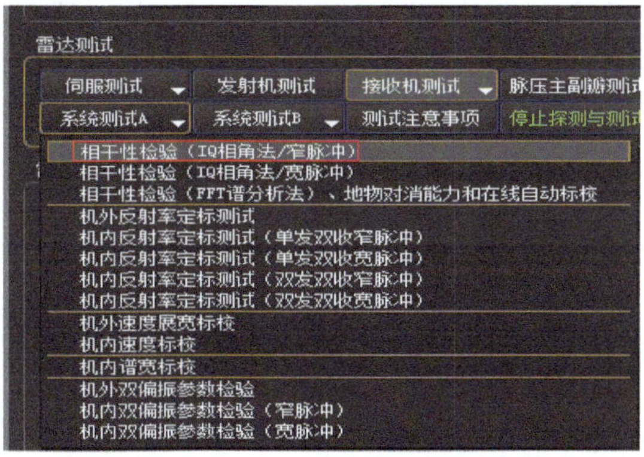

图 5-52　相干性测试选项

(2)点击选择窄脉冲测试，等待软件自动测试并给出测试结果(图 5-53)。

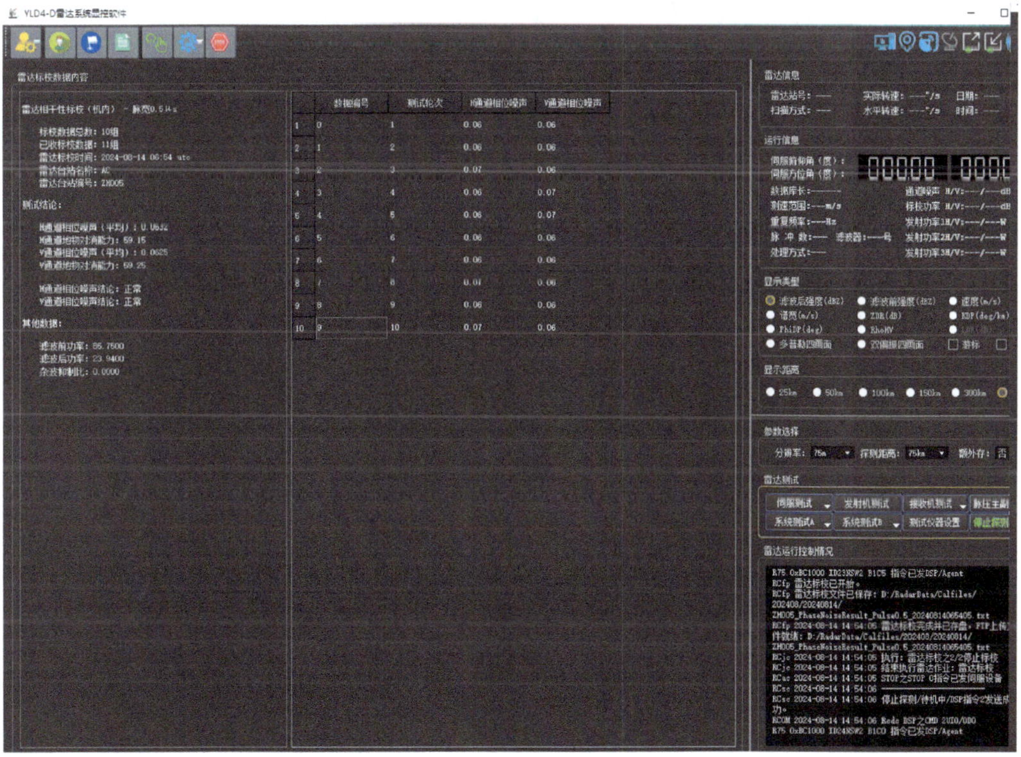

图 5-53　相干性测试结果

方法二：PPP 信号处理模式滤波前后功率法

(1)打开测试软件，点击“地物对消能力和在线自动标校”按钮（图 5-54），测试地物对消能力（图 5-55）。

(2)分别读取滤波前后滤波的强度（图 5-56）。

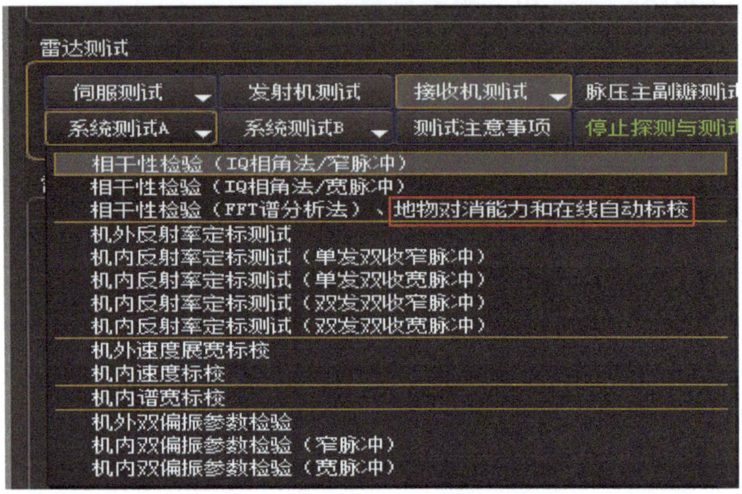

图 5-54　地物对消能力测试选项

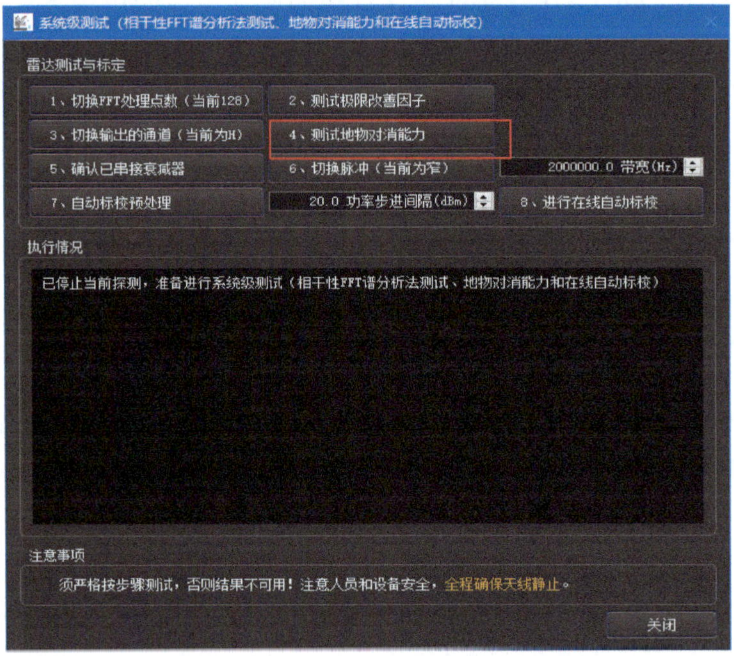

图 5-55　点击“测试地物对消能力”按钮

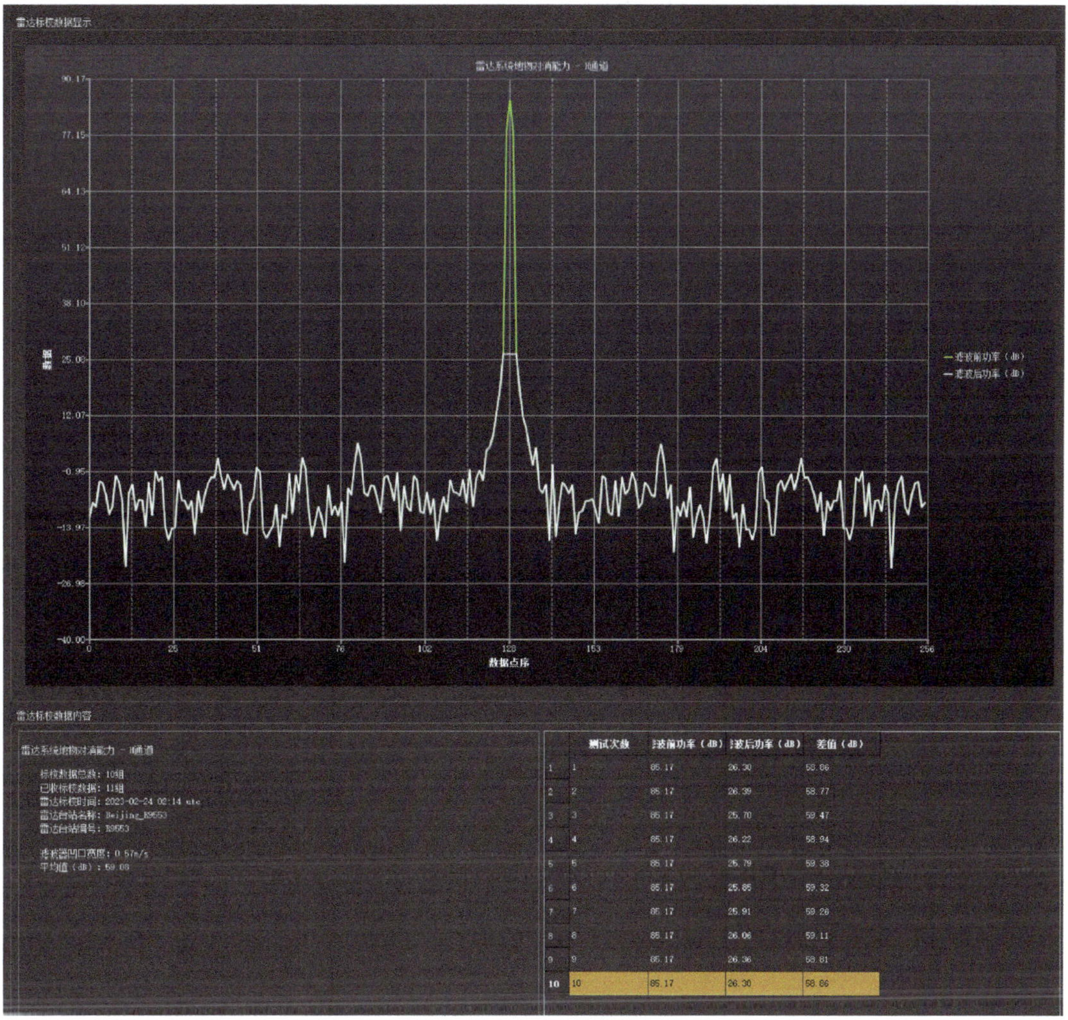

图 5-56　地物对消能力测试数据

5.4.4　实际地物对消能力检验测试(现场)

通过雷达终端软件设置滤波器的凹口宽度≤1 m/s，控制雷达进行体积扫描，获得包含至少 2 个地物（回波强度≥50 dBZ、径向速度≤±1 m/s）的一组滤波前的基数据，通过软件游标比对 0.5°仰角对消前和对消后的回波强度，地物处的回波强度差值即为实际地物对消能力（注意需将游标功能打开）。

（1）点击软件右侧游标选项；

（2）点击选择多普勒四画面；

（3）鼠标选取画面中较强的地杂波；

(4)根据滤波前、滤波后游标数值计算地物对消抑制比(图 5-57)。

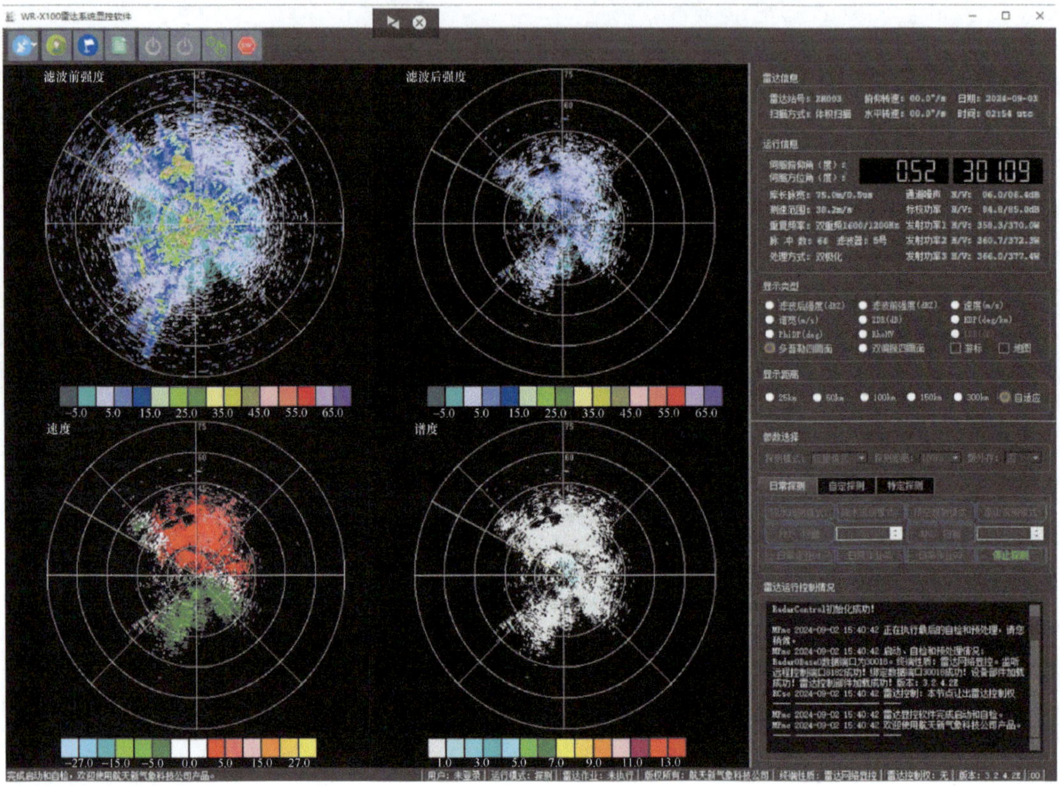

图 5-57　地物抑制能力检验测试图

5.4.5　径向速度测量检验

5.4.5.1　测试连接

线路 1:信号源→网线→终端计算机。

线路 2:信号源→功分器→接收机输入端(XS01、XS02)。

线路 3:接收机箱 XS10→信号源 Ref In(或 10 MHz In)接口。

5.4.5.2　计算公式

径向速度测试理论值V_1与最大不模糊速度V_{max}计算公式如下:

$$V_1 = -(\lambda \times f_d)/2$$

$$V_{max} = \pm(\lambda \times F)/4$$

式中:λ——雷达波长,单位为米(m);

f_d——多普勒频移,单位为赫兹(Hz);

F——脉冲重复频率，单位为赫兹(Hz)。

真实的径向速度计算公式如下：

$$V_3=\begin{cases}V_2 & V_1\times V_2\geqslant 0\\ V_2-2\left|V_{\max}\right| & V_1<0<V_2\\ V_2+2\left|V_{\max}\right| & V_2<0<V_1\end{cases}$$

单脉冲重复频率速度测量误差 ΔV_1、单脉冲重复频率和双脉冲重复频率测速差值 ΔV_2 计算公式分别如下：

$$\Delta V_1=V_3-V_1$$

$$\Delta V_2=V_3-V_4$$

5.4.5.3　机外测试

(1)按照动态范围测试中的方法调整信号源与终端计算机之间的网络连接(若在线性动态范围后测试，则无需重新连接线缆)。

(2)断开接收机水平和垂直通道输入端(XS01 或 XS02)，用 SMA 测试线缆将信号源输出接入(与动态范围测试连接方式相同，若在线性动态范围后测试，则无需重新连接线缆)。

(3)打开显控软件，进入“机外速度展宽标校”(图 5-58)，速度测试界面。

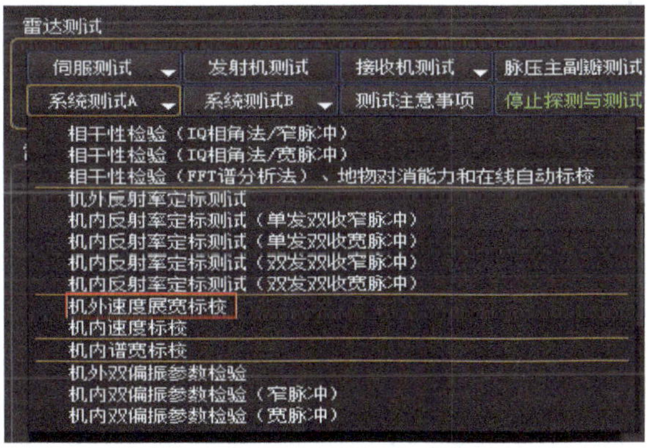

图 5-58　选择“机外速度展宽标校”

(4)按照步骤，逐步进行速度测试(图 5-59)，顺序点击第一阶段(步骤 1)、第二阶段(步骤 2)、测试零速度(步骤 3)、确认 Fv(步骤 4)、第三阶段(步骤 5)，此时显控软件开始测试未速度展宽情况下的速度标校(±3000 Hz、步进 200 Hz)。

(5)步骤 5 标校结束后，点击第四阶段(步骤 6)，此时显控软件自动测试速度展宽情况下的速度标校(同样为±3000 Hz、步进 200 Hz)，并给出标校结果(包含 V_1，V_2，V_3，V_4 以及速度误差)(图 5-60)。

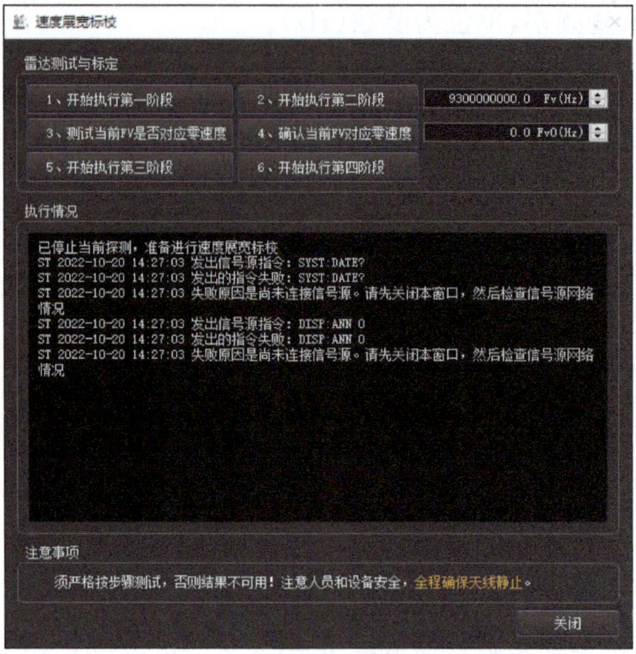

图 5-59　机外速度测试界面

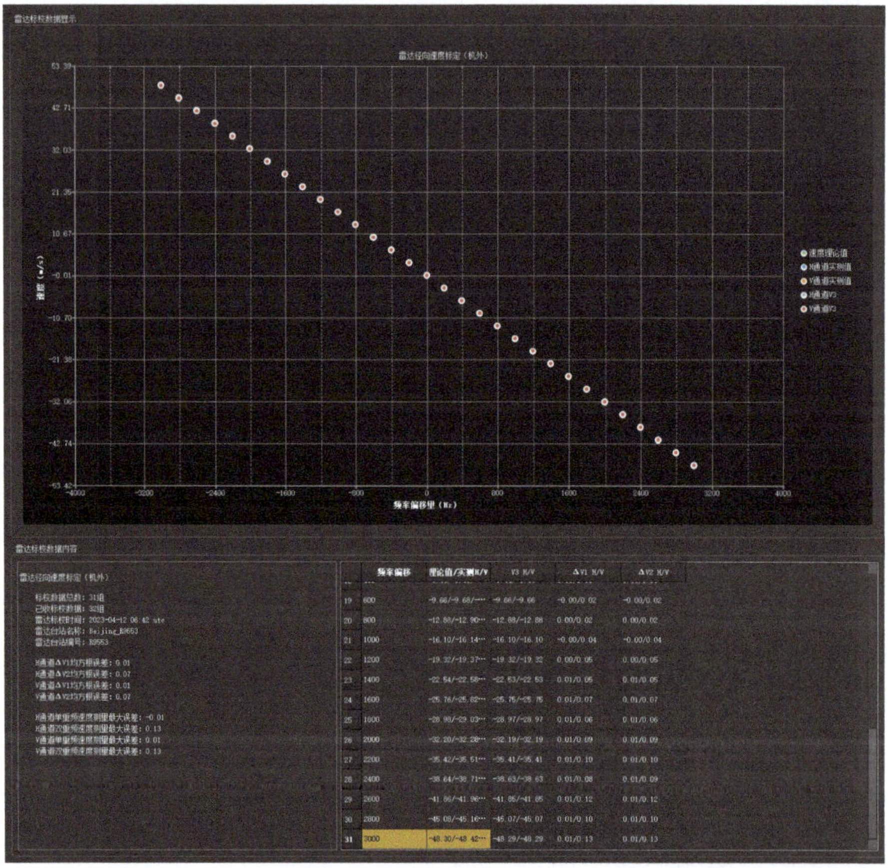

图 5-60　机外速度测试结果

5.4.5.4 机内测试

（1）打开显控软件，选择“机内速度标校”（图 5-61）。

（2）显控软件自动进行速度测试，等待软件测试结束，并记录测试结果（图 5-62）。

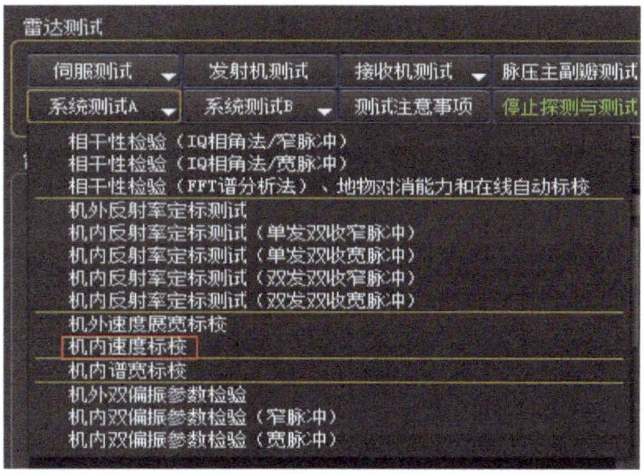

图 5-61 机内速度测试按钮

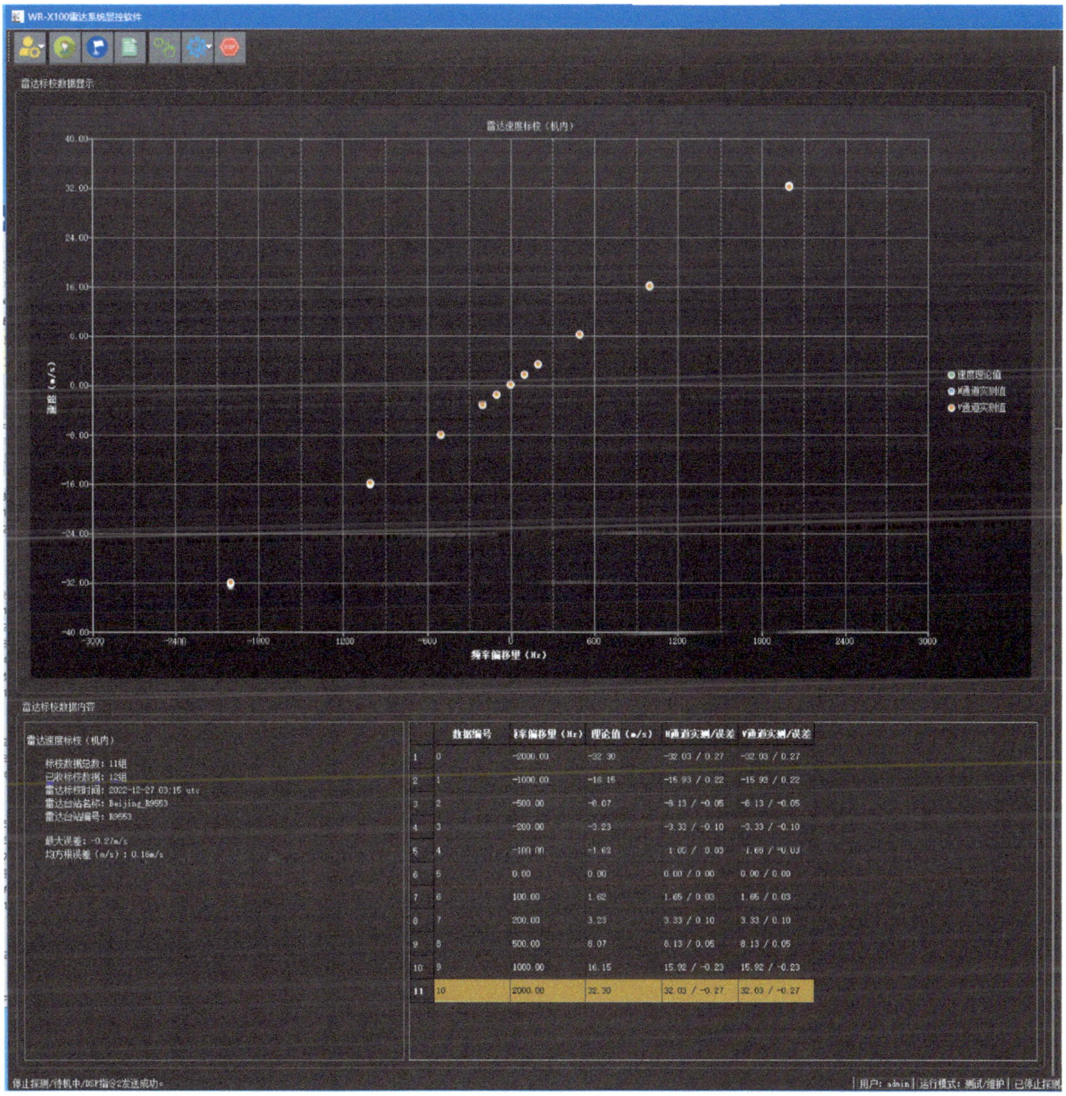

图 5-62 机内速度测试界面

5.4.6 双偏振参数测试

5.4.6.1 测试连接

线路 1:信号源→网线→终端计算机。
线路 2:信号源→功分器→接收机输入端(XS01、XS02)。
线路 3:接收机箱 XS11→信号源 Pulse In 接口。
线路 4:接收机箱 XS10→信号源 Ref In 接口。

5.4.6.2 测试方法

分别用机外信号源和机内信号源输出连续波测试信号(步进 1 dB),机内信号经过接收机测试通道后,进入二路功分器(机外信号直接进入二路功分器),功分成两路相同强度的信号,分别送入水平和垂直接收通道,在雷达测试软件中获取水平和垂直通道信号强度的比值(即差分反射率)和信号相位的差值(即差分传播相移),计算差分反射率和差分传播相移标准差来分别检验幅度一致性和相位一致性。

5.4.6.3 机外测试

(1)按照动态范围测试中的方法调整信号源与终端计算机之间的网络连接,测试线缆损耗、修改线损数值(若在线性动态范围后测试,则无需重新连接线缆)。

(2)断开接收机水平和垂直通道输入端(XS01 或 XS02),用 2 根 SMA 测试线缆将信号源输出用二路功分器同时接入 H 和 V 接收通道的输入端(与动态范围测试连接方式相同,若在线性动态范围后测试,则无需重新连接线缆)。

(3)打开显控软件,进入"机外双偏振参数检验"(图 5-63)。

(4)在做完机内动态范围测试的前提下,软件在获取数据后自动取信噪比≥20 dB 且信号强度值比机内动态范围上拐点低至少 10 dB 的数据进行双偏振参量计算,并输出结果(图 5-64)。

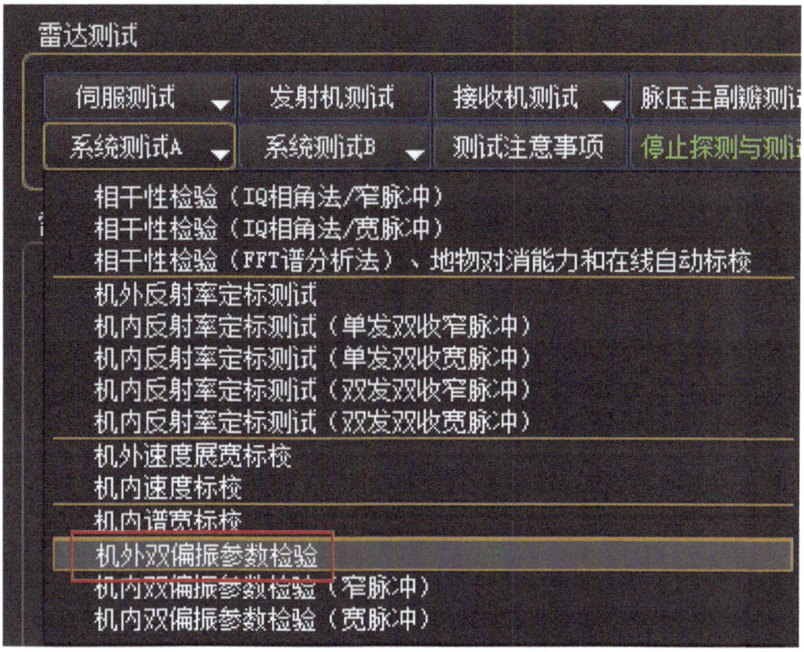

图 5-63　“机外双偏振参数检验”按钮

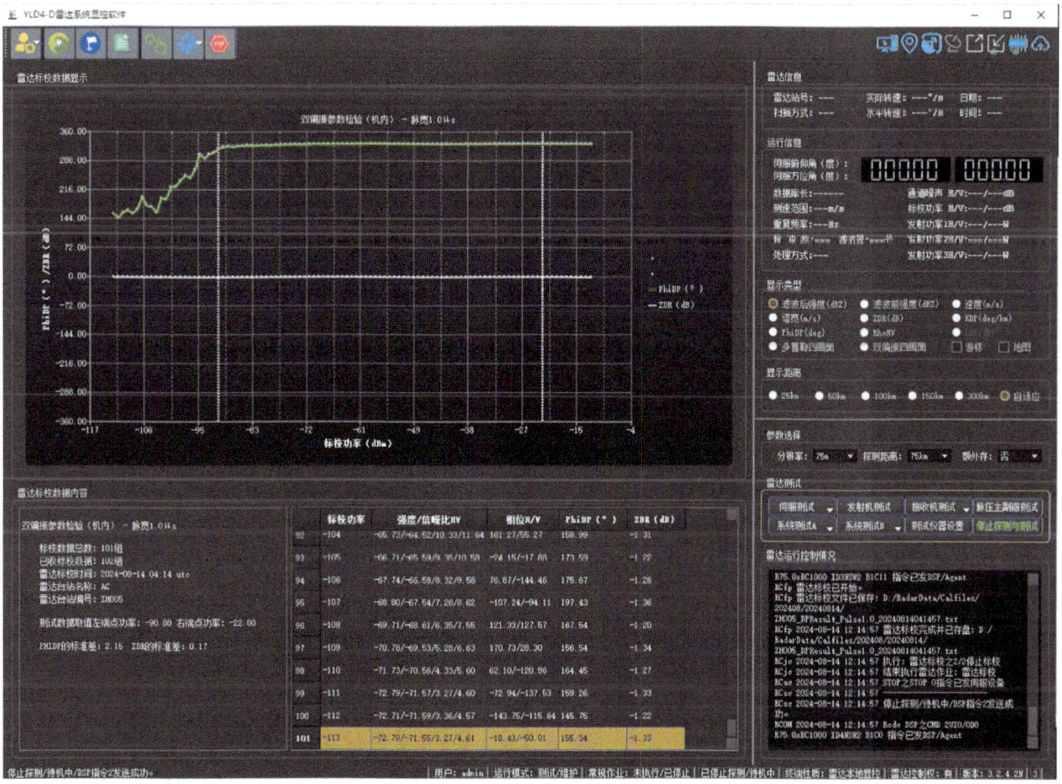

图 5-64　双偏振参数测试结果图

5.4.6.4 机内测试

(1)选择显控软件机内线性动态范围测试,选择窄脉冲(图 5-65)或宽脉冲。

(2)显控软件自动进行双极化参数测试,等待测试结束并记录结果(图 5-66)。

(3)更换脉冲类型,并重新测试。

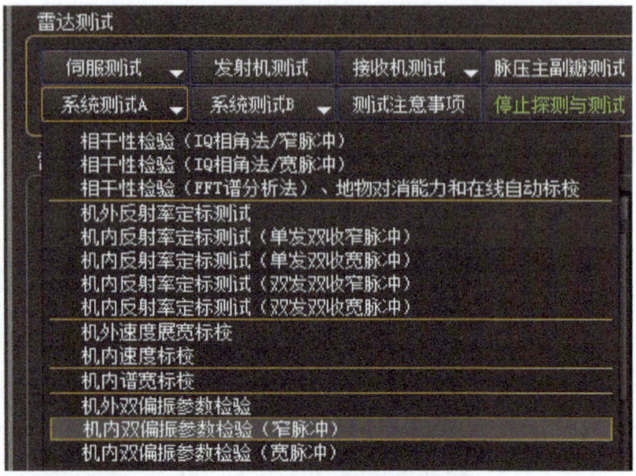

图 5-65 “机内双偏振参数检验”按钮

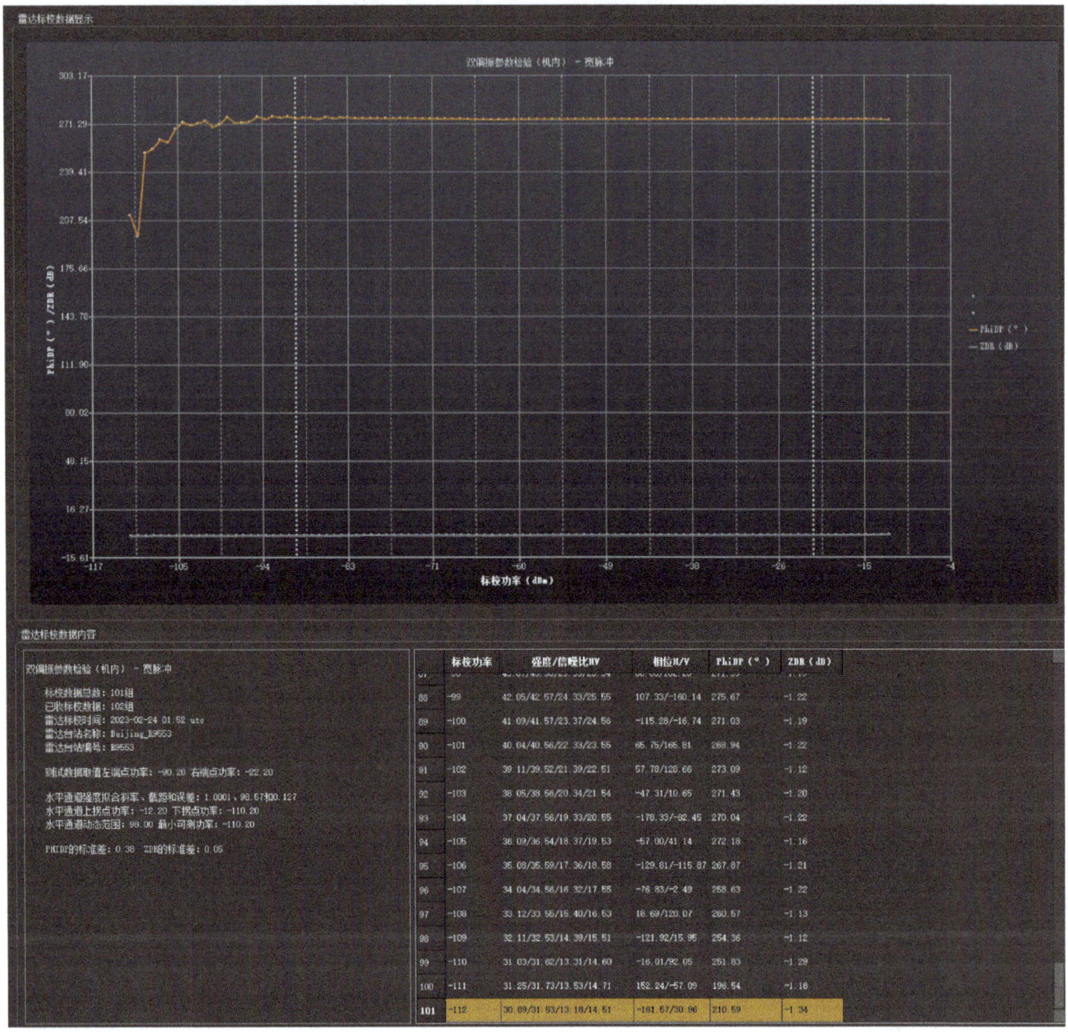

图 5-66 双偏振参数测试结果

5.4.7　回波强度定标检验

5.4.7.1　标校连接

线路 1:信号源→网线→终端计算机。

线路 2:信号源→功分器→接收机输入端(XS01、XS02)。

5.4.7.2　标校流程

(1)检查雷达测试软件中各项参数(波长、发射峰值功率、脉冲宽度、天线增益、水平/垂直波束宽度、收发支路损耗、大气损耗、接收机前端注入功率等),确保以上参数与实测值或厂家提供的测试报告一致。

(2)分别用机外信号源和机内信号源从接收机前端注入功率为－30 dBm 至－80 dBm 范围(步进 10 dB)的连续波测试信号,在雷达终端分别获取距离 5 km、50 km、100 km、150 km 处水平/垂直通道回波强度的测量值,与计算的回波强度期望值进行对比。

根据雷达方程由输入信号功率计算回波强度期望值可采用如下公式:

$$Z_{\exp}=10\lg[(2.69\times10^{16}\lambda^2)/(P_t\tau G^2\theta\varphi)]+P_r+20\lg R+L_\Sigma+RL_{at}$$
$$=C+P_r+20\lg R+RL_{at}$$

其中 $C=10\lg[(2.69\times\lambda^2)/(P_t\tau\theta\varphi)]-2G+160+L_\Sigma$

$L_\Sigma=L_o+L_p+L_{tr}$

$L_{tr}=L_t+L_r$

式中:λ——波长,单位为米(m);

P_t——发射脉冲峰值功率,单位为千瓦(kW);

τ——脉冲宽度,单位为微秒(μs);

G——天线增益,单位为分贝(dB);

θ——水平波束宽度,单位为度(°);

φ——垂直波束宽度,单位为度(°);

P_r——输入信号功率,单位为分贝毫瓦(dBm);

R——距离,单位为千米(km);

L_Σ——系统除大气损耗外总损耗,单位为分贝(dB);

L_{at}——大气损耗,单位为分贝每千米(dB/km);

C——雷达常数,单位为分贝(dB);

L_o——匹配滤波器损耗，单位为分贝(dB)；

L_p——天线罩双程损耗，单位为分贝(dB)；

L_t——发射支路损耗，单位为分贝(dB)；

L_r——接收支路损耗，单位为分贝(dB)；

L_{tr}——收发支路总损耗，单位为分贝(dB)。

5.4.7.3 接收机前端注入功率定标

(1)利用测试线缆连接 XS07 和频谱仪。设置频谱仪频点为雷达工作频点，利用频谱仪读取 XS07 输出幅度 A。

(2)打开文件 D:\RadarX100\user.ini，找到 REFCal_IN_Attenuation_RF 参数(图 5-67)，将测试的幅度 A 与 REFCal_IN_Attenuation_RF 参数相加后获得注入功率 B。

(3)在测试/维护模式下点击设置→雷达常数设置(图 5-68)，比较雷达注入功率与计算的注入功率 B 是否一致，若不一致，需将注入功率数值进行修改(图 5-69)。

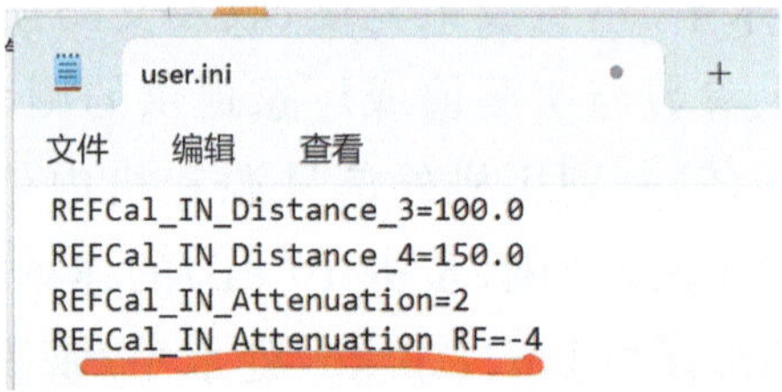

图 5-67　REFCal_IN_Attenuation_RF 参数位置示意图

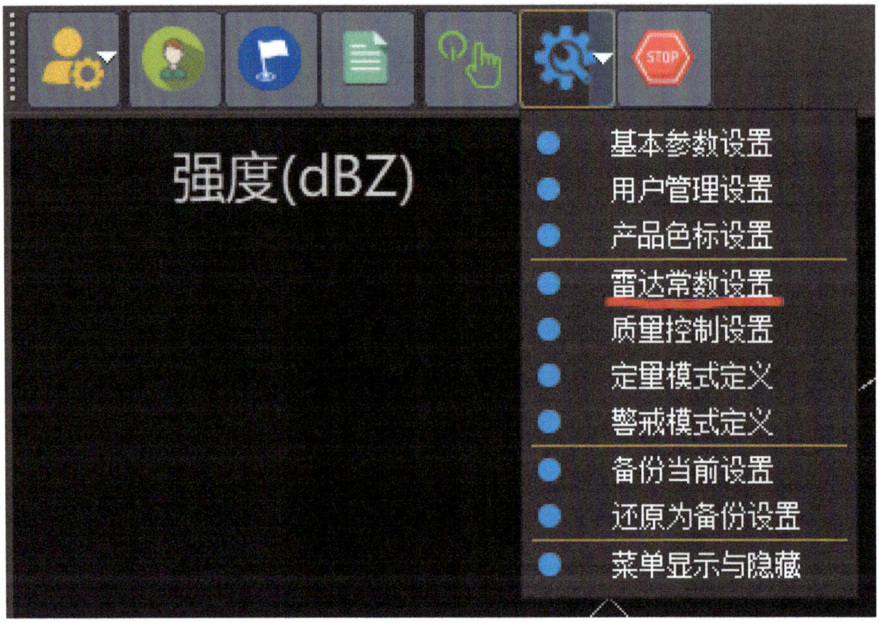

图 5-68　选择“雷达常数设置”按钮

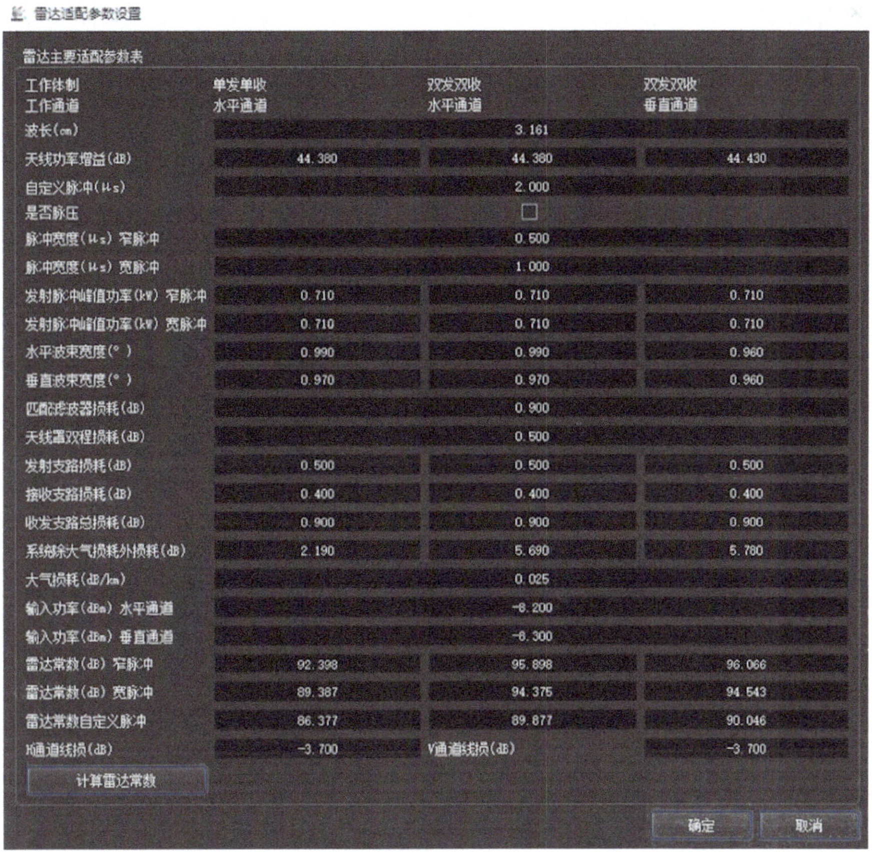

图 5-69　“雷达适配参数设置”界面

5.4.7.4　机内回波强度定标

(1)打开显控软件,选择“机内反射率定标测试”选项(图 5-70),选择单发或双发、窄脉冲或宽脉冲。

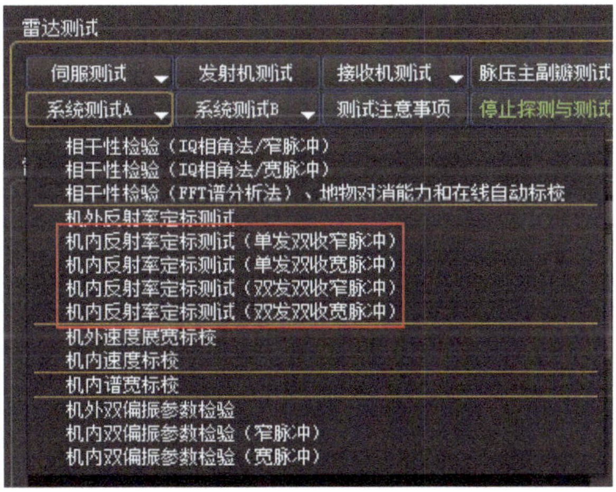

图 5-70　“机内反射率定标测试”选项

(2)点击后显控软件自动测试,等待显控软件测试结束,并记录结果(图 5-71)。

(3)选择其他发射模式、其他脉冲类型进行测试。

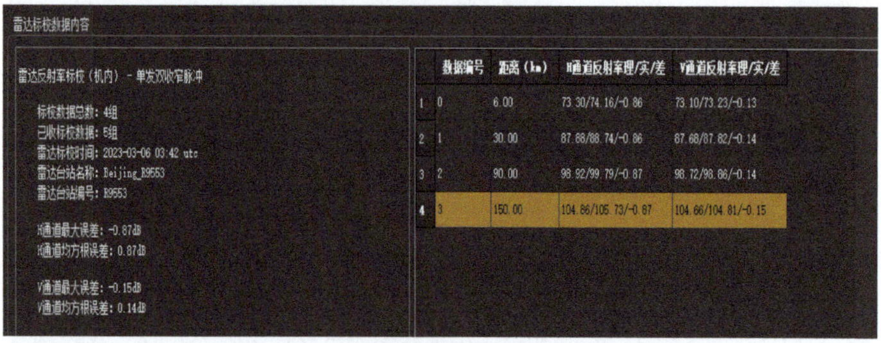

图 5-71 机内反射率标校结果

5.4.7.5 机内回波强度定标超限调整

当出现反射率标校误差超过 1 dB 时,误差较小时一般对系统 Syscal(接收机增益)数值进行微调。具体修改方法如下。

(1)进入 D:\RadarX100\文件夹。

(2)找到并打开 user. ini 配置文件。

(3)在文件中搜索 PowerCal_Syscal_H 和 PowerCal_Syscal_V,将原有数据与误差值相加所得结果,写回原位置并保存(图 5-72)。

(4)重新进行机内测试,确认误差满足指标要求。

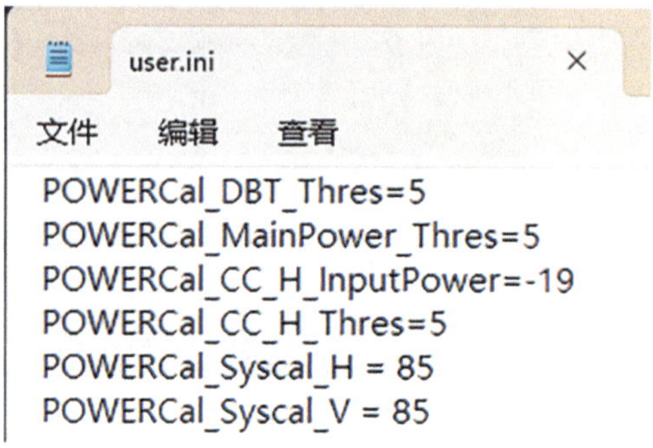

图 5-72 Syscal 修改所在位置截图

5.4.7.6 机外回波强度定标

(1)按照动态范围测试中的方法调整信号源与终端计算机之间的网络连接,测试线缆损耗、修改线损数值(若在线性动态范围后测试,则无需重新连接线缆)。

(2)断开接收机水平和垂直通道输入端(XS01 或 XS02),用 SMA 测试线缆将信号源输出接入(与动态范围测试连接方式相同,若在线性动态范围后测试,则无需重新连接线缆)。

(3)打开显控软件,选择“机外反射率定标测试”选项(图 5-73),进入反射率标校测试界面。

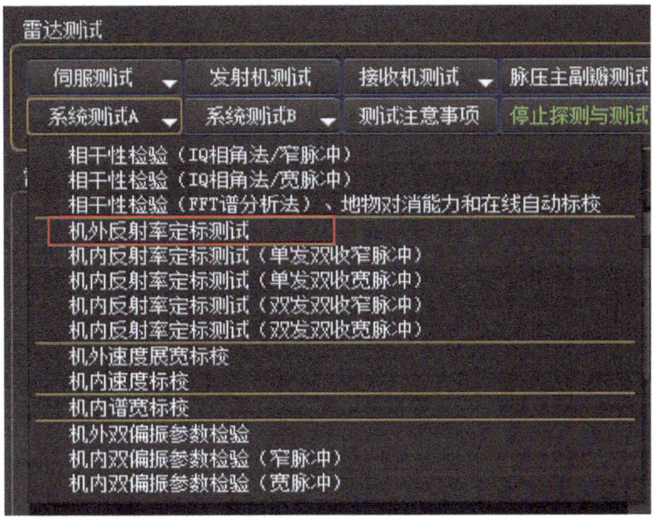

图 5-73　选择“机外反射率定标测试”

（4）根据按钮数字提示，依次进行选择（1——宽窄脉冲选择、2——单双极化选择），然后点击“标定预处理”（步骤 3），等待显控界面出现第一个测试点，最后进行标定（步骤 4）（图 5-74），等待显控软件完成全部标校以及计算结果，记录数据及结果（图 5-75）。

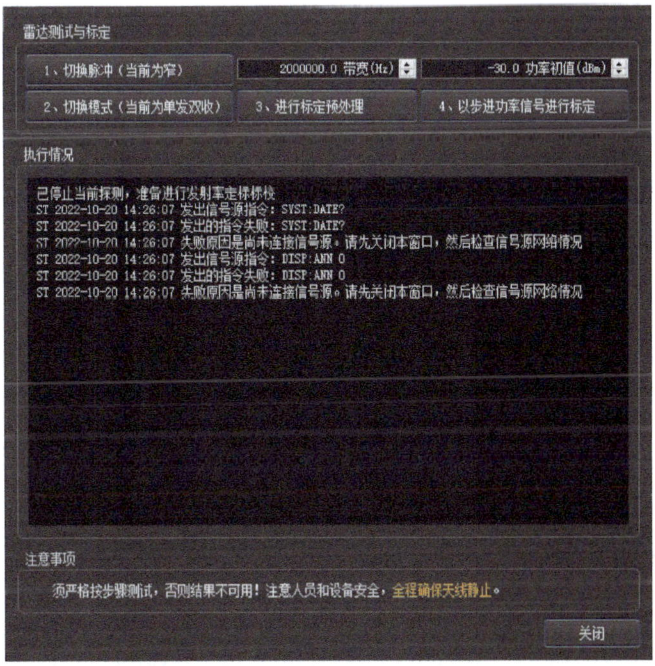

图 5-74　反射率标定界面

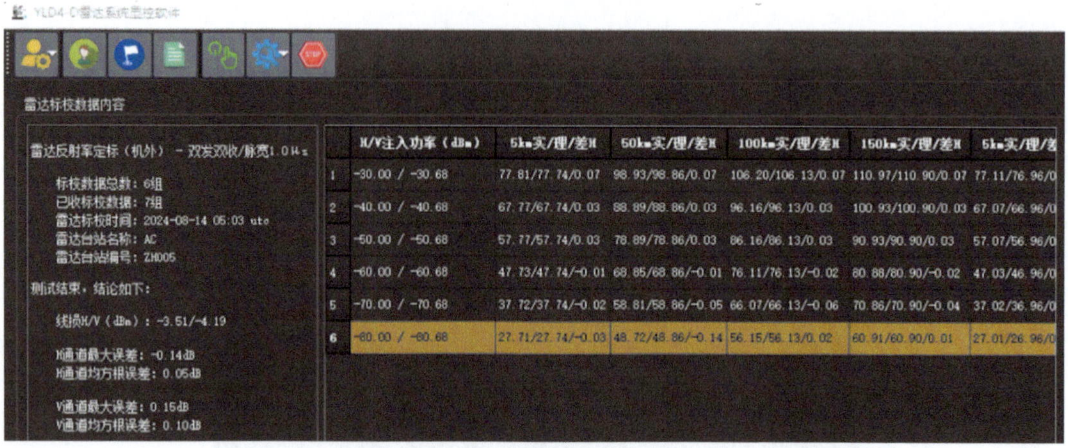

图 5-75　反射率标校测试结果

5.4.7.7　机内外回波强度定标超限调整

当机内外反射率标校误差超过 1 dB 时，误差较小时一般对参数进行微调校准，具体调整方法如下。

(1)进入 D:\RadarX100\文件夹。

(2)找到并打开 user.ini 配置文件。

(3)在 user.ini 文件中搜索 REFCal_OUT_SPDTOUTH 和 REFCal_OUT_SPDTOUTV，将原有数据与误差值相加所得结果，写回原位置并保存(图 5-76)。

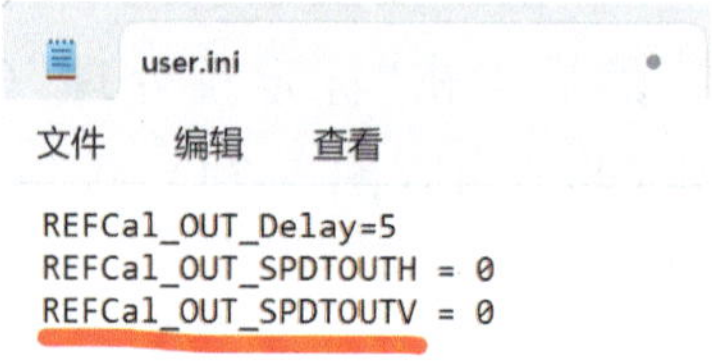

图 5-76　REFCal_OUT_SPDTOUTV 参数值

5.4.7.8　在线 RFD 和 TD 信号定标基准调整

在正常工作的体扫间将进行 RFD 和 TD 信号的标定，当出现主波功率超差、标校功率超差时，需要对 RFD 和 TD 信号标定基准进行调整，具体调整方法如下。

(1)进入 D:\RadarX100\文件夹。

(2)找到并打开 user.ini 配置文件。

(3)当出现长脉冲主波功率超差，需在文件中搜索 POWERCal_MainPower_Long_Standard_H 和 POWERCal_MainPower_Long_Standard_V，将原参数与超差值相加后，再次输入原参数位置(图 5-77)。

(4)当出现中脉冲主波功率超差，需在文件中搜索 POWERCal_MainPower_Medium_Standard_H 和 POWERCal_MainPower_Medium_Standard_V，将原参数与超差值相加后，再次输入原参数位置(图 5-78)。

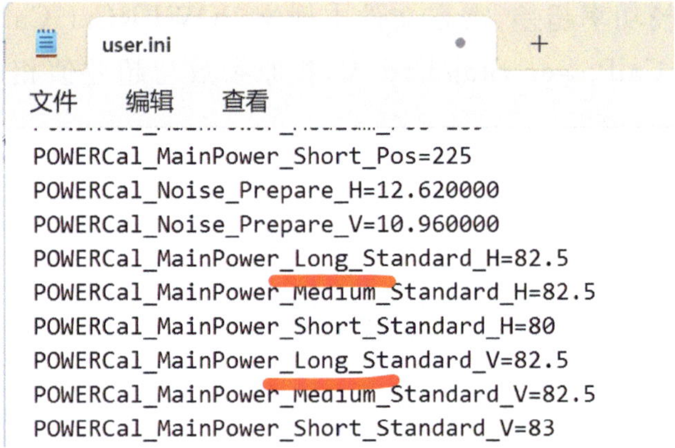

user.ini

文件　编辑　查看

```
POWERCal_MainPower_Short_Pos=225
POWERCal_Noise_Prepare_H=12.620000
POWERCal_Noise_Prepare_V=10.960000
POWERCal_MainPower_Long_Standard_H=82.5
POWERCal_MainPower_Medium_Standard_H=82.5
POWERCal_MainPower_Short_Standard_H=80
POWERCal_MainPower_Long_Standard_V=82.5
POWERCal_MainPower_Medium_Standard_V=82.5
POWERCal_MainPower_Short_Standard_V=83
```

图 5-77　长脉冲主波功率超差参数修改位置示意图

user.ini

文件　编辑　查看

```
POWERCal_MainPower_Short_Pos=225
POWERCal_Noise_Prepare_H=12.620000
POWERCal_Noise_Prepare_V=10.960000
POWERCal_MainPower_Long_Standard_H=82.5
POWERCal_MainPower_Medium_Standard_H=82.5
POWERCal_MainPower_Short_Standard_H=80
POWERCal_MainPower_Long_Standard_V=82.5
POWERCal_MainPower_Medium_Standard_V=82.5
POWERCal_MainPower_Short_Standard_V=83
```

图 5-78　中脉冲主波功率超差参数修改位置示意图

(5)当出现短脉冲主波功率超差，需在文件中搜索 POWERCal_MainPower_Short_Standard_H 和 POWERCal_MainPower_Short_Standard_V，将原参数与超差值相加后，再次输入原参数位置(图 5-79)。

user.ini

文件　编辑　查看

```
POWERCal_MainPower_Short_Pos=225
POWERCal_Noise_Prepare_H=12.620000
POWERCal_Noise_Prepare_V=10.960000
POWERCal_MainPower_Long_Standard_H=82.5
POWERCal_MainPower_Medium_Standard_H=82.5
POWERCal_MainPower_Short_Standard_H=80
POWERCal_MainPower_Long_Standard_V=82.5
POWERCal_MainPower_Medium_Standard_V=82.5
POWERCal_MainPower_Short_Standard_V=83
```

图 5-79　短脉冲主波功率超差参数修改位置示意图

(6)当出现标校功率超差,需在文件中搜索 POWERCal_CalPower_Standard_H 和 POWERCal_CalPower_Standard_V,将原参数与超差值相加后,再次输入原参数位置(图 5-80)。

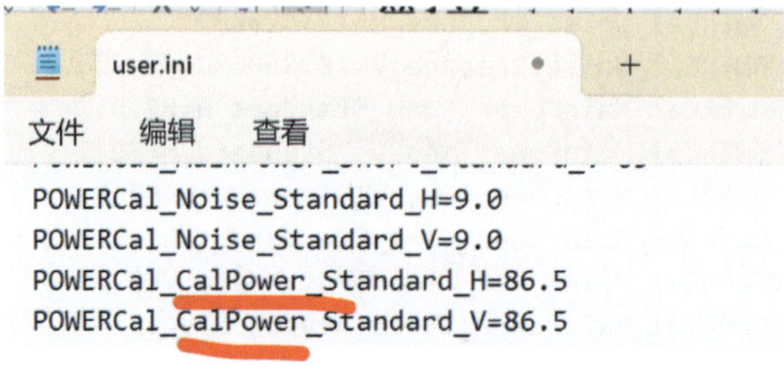

图 5-80　标校功率超差参数修改位置示意图

(7)在修改完后,点击系统测试 B→机内功率标校(图 5-81),可以对主波功率重新标校,确认处于正常范围内。

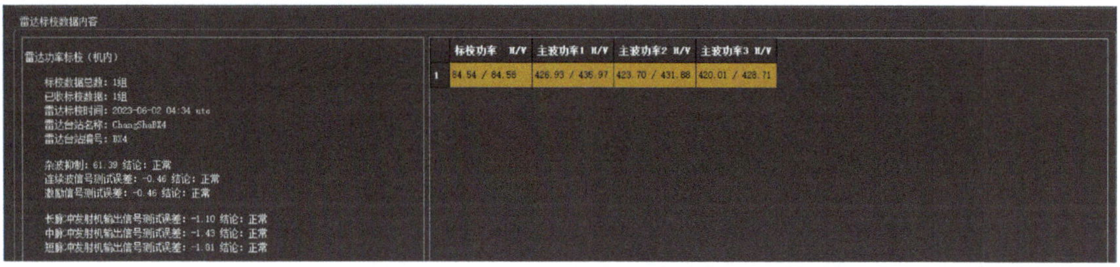

图 5-81　功率标校界面

第 6 章

YLD7-D 型天气雷达性能参数测试及标校

6.1 伺服系统

6.1.1 测试仪表

伺服系统测试无需测试仪表，只需使用雷达测试程序 rda_sot。

雷达的工作软件由信号处理程序 ReceiveData、采集监控程序 rda_svc、实时显示控制程序 rtshow. exe、测试程序 rda_sot 四个程序组成（图 6-1）。前面三个为雷达工作软件，测试程序 rda_sot 用于雷达参数测试，也是本测试方法中主要用到的程序。

图 6-1　雷达软件组成

依次点开信号处理程序 ReceiveData 和测试程序 rda_sot。正常情况下信号处理程序状态如图 6-2 所示。测试程序上的软件示波器噪声正常刷新。

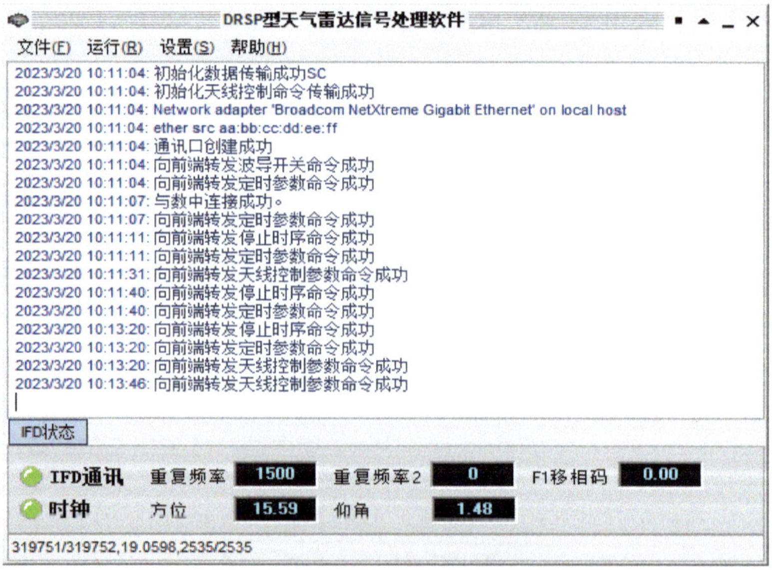

图 6-2　信号处理软件界面状态

打开测试程序后(图 6-3),默认输出的是模拟角码,如需天线真实角码可取消勾选“模拟角码”,测试程序上的软件示波器噪声正常刷新。

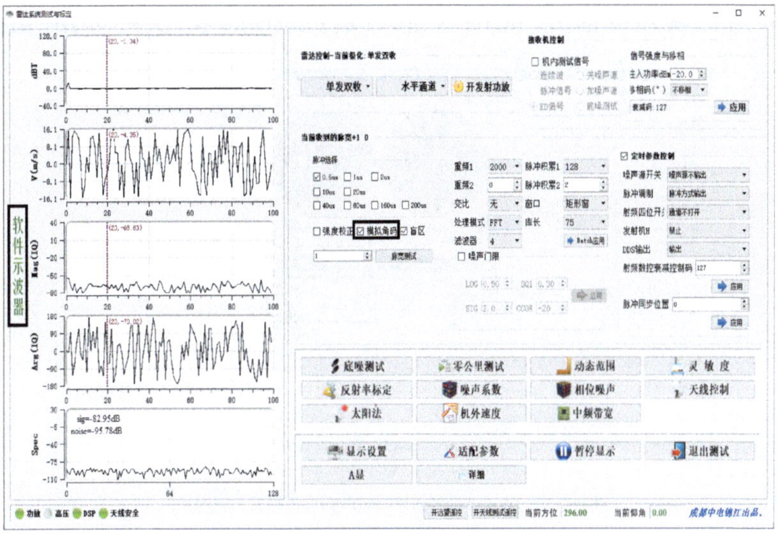

图 6-3　测试程序打开后正常界面

6.1.2　伺服系统角度控制精度测试

测试方位角和俯仰角的控制精度。控制精度分别用 12 个不同方位角和 12 个不同俯仰角上的实测值与预置值之间的差值来表征。

(1)方位角测试流程

打开测试程序 rda_sot,依次点击“天线控制”“到位控制”,在“方位到位控制”项中依次填入方位控制角度值并“应用”,当天线停稳后读取“实际方位”值(图 6-4)。

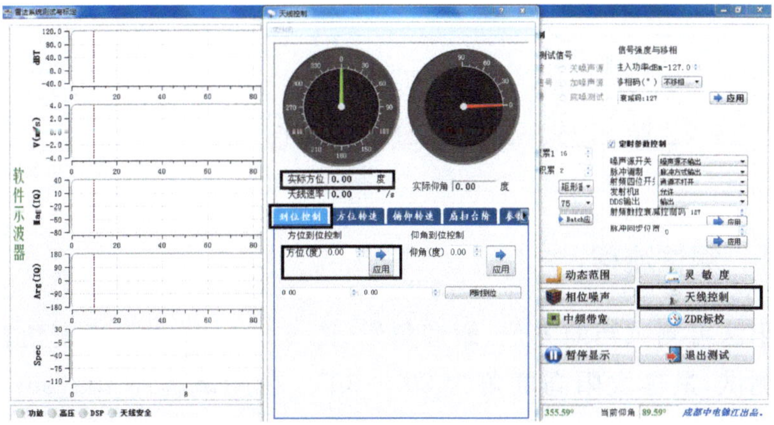

图 6-4　天线到位精度测试界面(方位)

(2)俯仰角测试流程

打开测试程序 rda_sot,依次点击“天线控制”“到位控制”,在“仰角到位控制”项中依次填入仰角控制角度值并“应用”,当天线停稳后读取“实际仰角”值(图 6-5)。

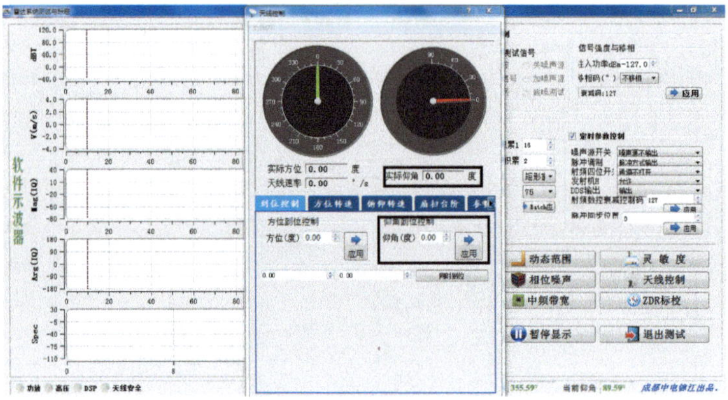

图 6-5　天线到位精度测试界面(仰角)

6.1.3　天线扫描速度测试

(1)测试流程

在测试程序 rda_sot 的扫描速度测试选项中分别设置天线方位角和俯仰角扫描速度为指标要求的最大扫描速度,从软件中获取天线方位角和俯仰角扫描速度最大测量值,并与预置值进行比较,计算扫描速度误差。

打开测试程序,点击“天线控制”,在“方位转速”下选择任意转速并输入转速(图 6-6)。

打开测试程序,点击“天线控制”,在“俯仰转速”下选择任意转速并输入转速(图 6-7)。

6.1.4　天线波束指向误差测试标校

6.1.4.1　测试流程

通过太阳法可测试当前方位、俯仰角码(图 6-8)。在太阳高度角在 8°～50°可进行太阳法测试,最佳太阳高度角为 20°～30°。在测试程序 rda_sot 中打开太阳法标校,点击“开始”可进行太阳法标校。太阳法成功后,可根据误差情况选择方位校正、俯仰校正。

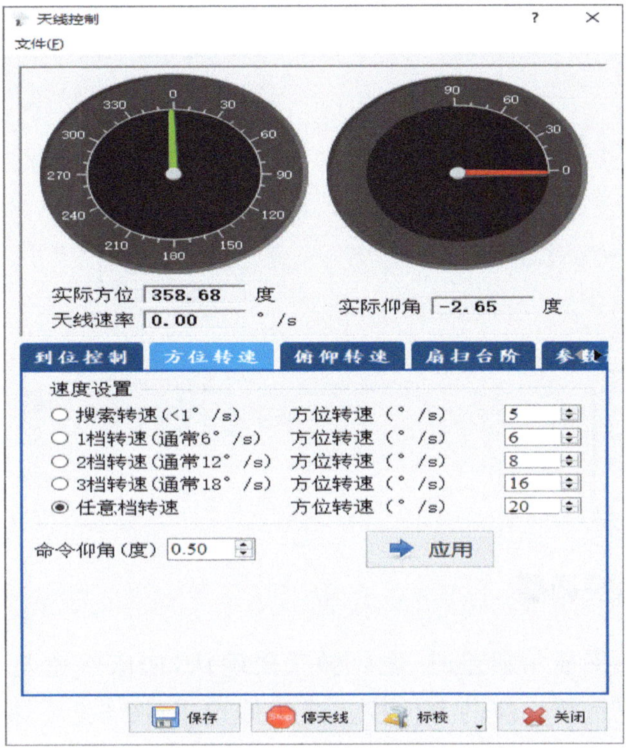

图 6-6　方位转速测试

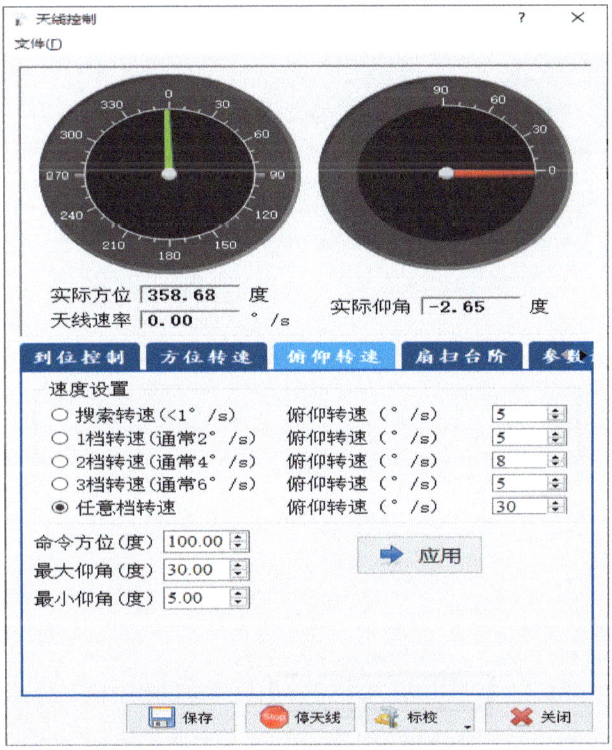

图 6-7　俯仰转速测试

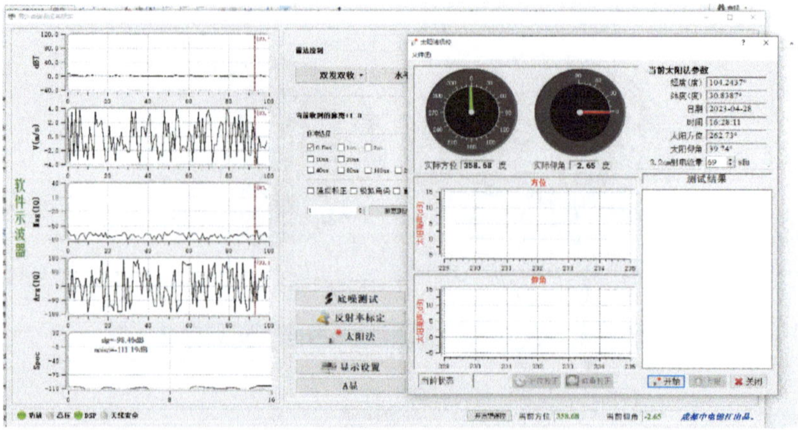

图 6-8　太阳法波束指向测试

6.1.4.2　标校调整

太阳法测试结果显示超差时，建议做三次确认，如依然超差，可根据方位和俯仰各自的误差情况选择相应的方位校正或俯仰校正（图 6-9）。标校调整完成后再进行一次测试。

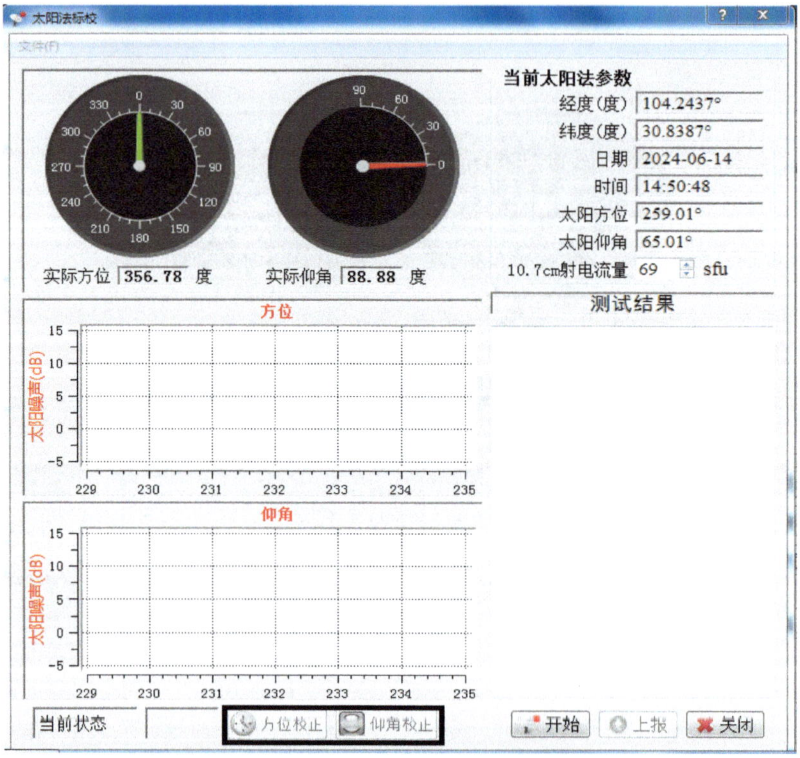

图 6-9　太阳法波束指向标校调整

6.2 发射机

6.2.1 测试仪表

检波器、示波器、功率计、功率探头、频谱仪等。

6.2.2 发射射频脉冲包络测试

6.2.2.1 参数定义

包络宽度 τ：脉冲包络前、后沿半功率点(0.707 电压点)之间的时间间隔。如脉冲包络的平顶幅度为 U_m，从脉冲前沿 $0.7U_m$ 到后沿 $0.7U_m$ 的时间间隔为脉冲宽度，单位为微秒(μs)。

上升时间 τ_r：从脉冲前沿 $0.1U_m$ 到前沿 $0.9U_m$ 的时间间隔为脉冲上升沿时间，单位为纳秒(ns)。

下降时间 τ_f：从脉冲后沿 $0.9U_m$ 到后沿 $0.1U_m$ 的时间间隔为脉冲下降沿时间，单位为纳秒(ns)。

顶降 δ：如脉冲包络的最大幅度为 U_{max}，那么 $\delta=(U_{max}-U_m)/(2U_m)\times100\%$，单位为百分数(%)。

6.2.2.2 测试连接

测试连接框图如图 6-10 所示。

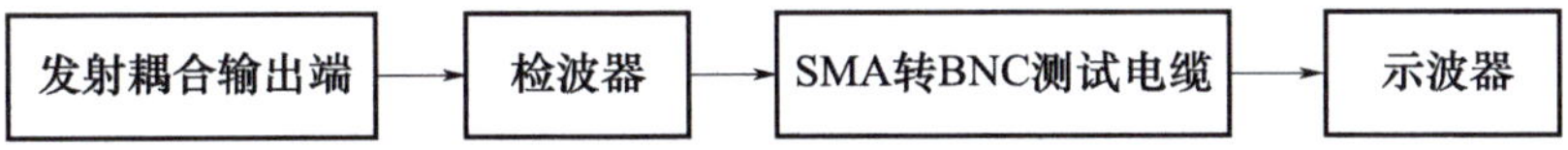

图 6-10 测试连接框图

用检波器将发射机箱发射耦合口 XS03 信号接至示波器(图 6-11)。

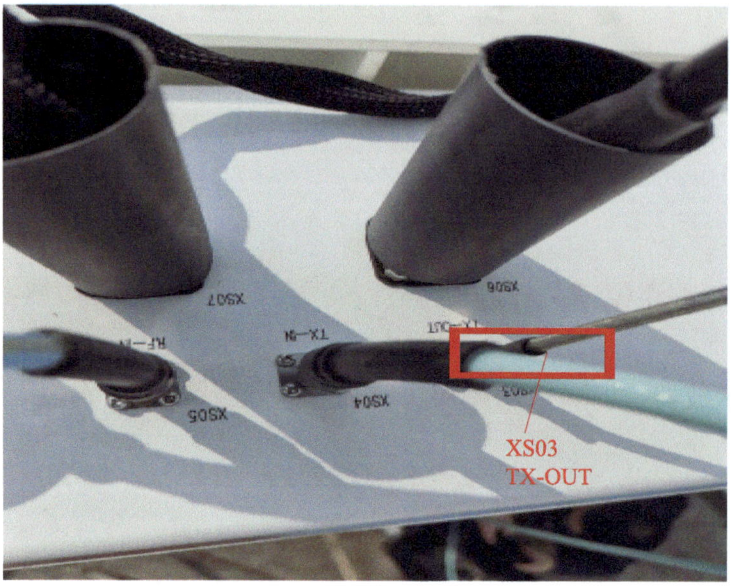

图 6-11　发射机箱上发射耦合口

在测试程序上选择需要测试的脉宽，并点击“开发射功放”。在示波器上读取相应的脉冲宽度、上升时间、下降时间、顶降等测量值(图 6-12)。

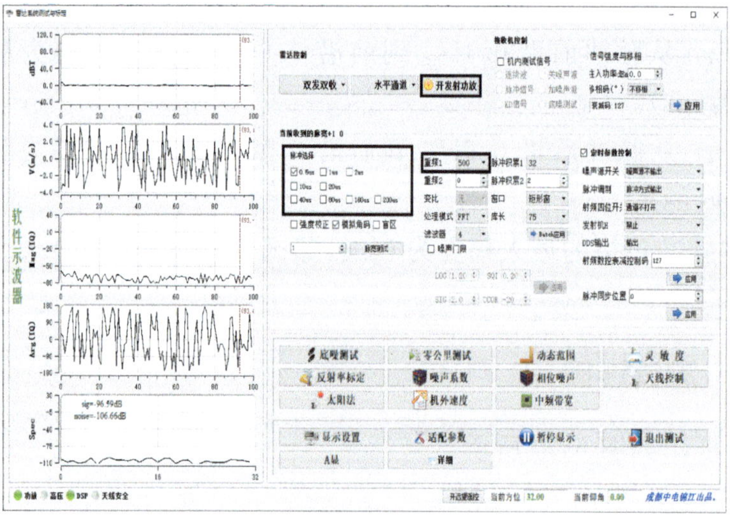

图 6-12　脉宽和重频选择

共需测试 9 组脉宽数据，记录脉冲宽度、上升时间、下降时间、顶降(图 6-13)。

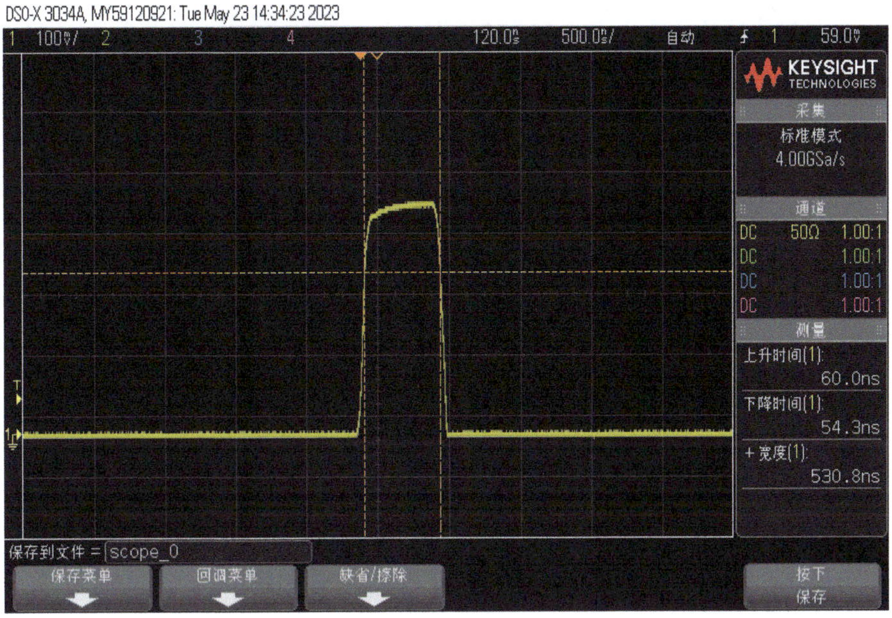

图 6-13　脉冲包络测试示例图

6.2.3　发射机峰值功率测试标校

6.2.3.1　机外测试

(1)测试连接

测试连接框图如图 6-14 所示。

图 6-14　测试连接框图

(2)测试流程

在发射机上查看定向耦合器耦合度(图 6-15),与实测的连接线缆损耗相加得到填入功率计的偏置量(Offset)。

将功率探头与发射耦合口 XS03 相连。

在测试程序界面选择相应脉冲宽度及重复频率(如是平均功率计,需根据脉宽和重频设置占空比),点击“开发射功放”,在功率计上读取当前功率值并记录。

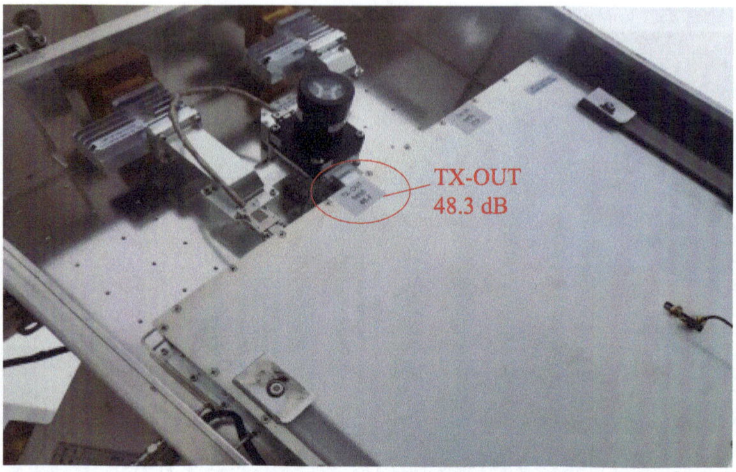

图 6-15　发射机箱内定向耦合器耦合度

6.2.3.2　机内测试

测试程序 rda_sot→详细→雷达系统状态，如图 6-16 所示。

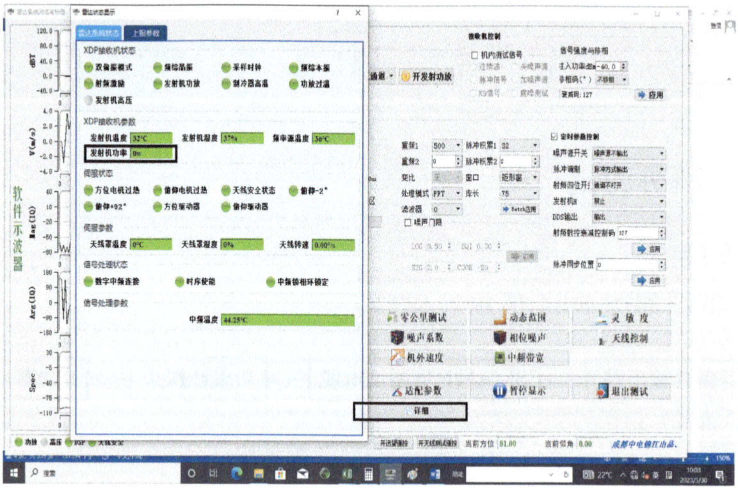

图 6-16　机内发射机功率测试图

6.2.3.3　标校调整

当机外测试功率与机内显示功率差异较大时（误差＞0.2 dB），可调整 RDA 软件目录下 rda.ini 适配文件中的 Pwrbias 值，调整方法为：10×lg（机外功率/机内功率）＋当前 Pwrbias 值。

6.2.4　发射脉冲射频频谱测试

6.2.4.1　测试连接

测试连接框图如图 6-17 所示。

图 6-17　测试连接框图

6.2.4.2　测试流程

将频谱仪与发射耦合 XS03 连接。

在测试程序界面分别选择 0.5 μs、1 μs 脉宽，1000 Hz 重复频率，点击“开发射功放”，进行测量，记录数据，并保存左频偏和右频偏－40 dB 处频谱仪的测试截图（图 6-18）。

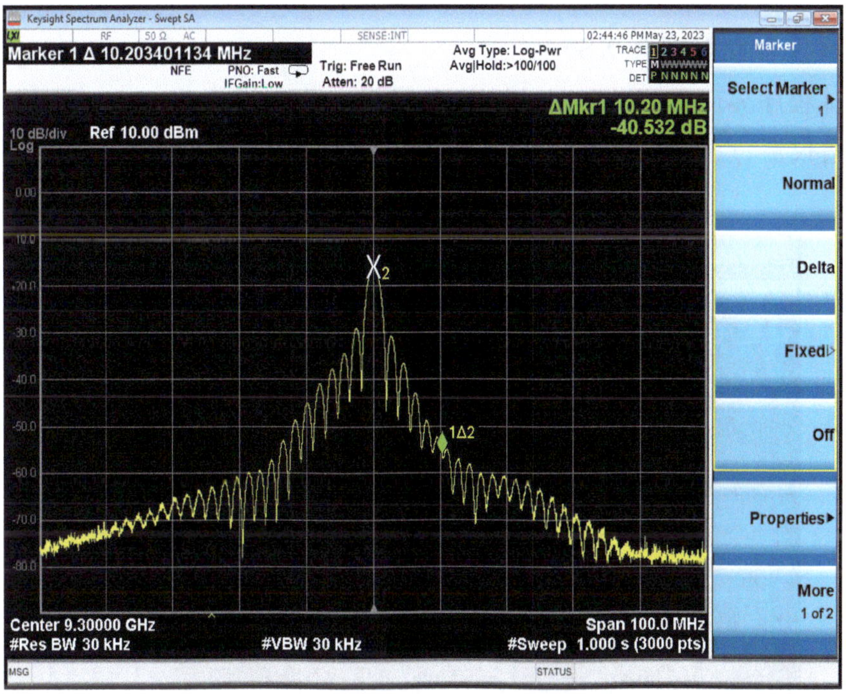

图 6-18　发射射频频谱测试实例（窄脉冲）

6.2.5 发射机输出极限改善因子及杂噪比测试

发射机输出端极限改善因子及杂噪比测试：对雷达高脉冲重复频率（2000 Hz 左右）和低脉冲重复频率（1000 Hz 左右）时的发射机信噪比分别进行测试并计算极限改善因子。

极限改善因子 I[单位为分贝（dB）]计算方法如下：

$$I=\mathrm{SNR}+10\lg B-10\lg F$$

式中：SNR——信噪比，单位为分贝（dB）；

B——频谱分析仪设置的分析带宽，单位为赫兹（Hz）；

F——脉冲重复频率，单位为赫兹（Hz）。

6.2.5.1 测试连接

测试连接框图如图 6-17 所示。

6.2.5.2 测试流程

将频谱仪与发射耦合 XS03 连接。

在测试程序界面选择 0.5 μs 脉宽，重复频率分别设置为 1000 Hz 或 2000 Hz。设置好频谱仪后，点击“开发射功放”，读取信噪比（图 6-19）、杂噪比（图 6-20）并记录和截图。

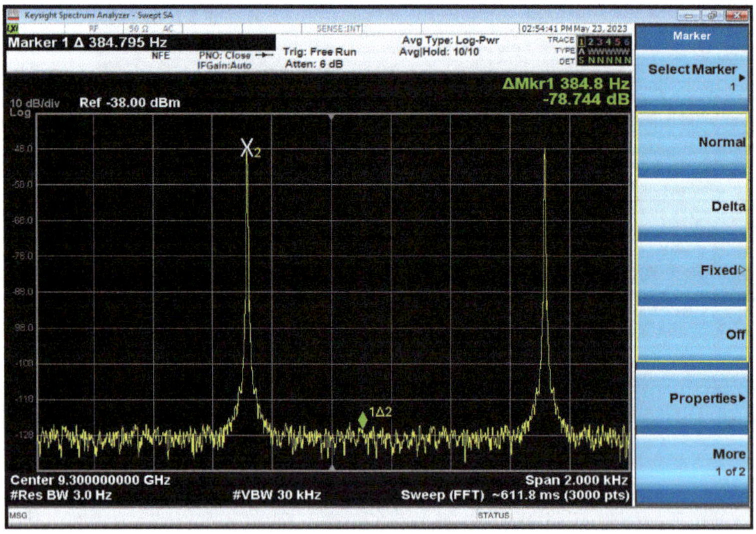

图 6-19 发射机信噪比测试示例（窄脉冲 1000 Hz）

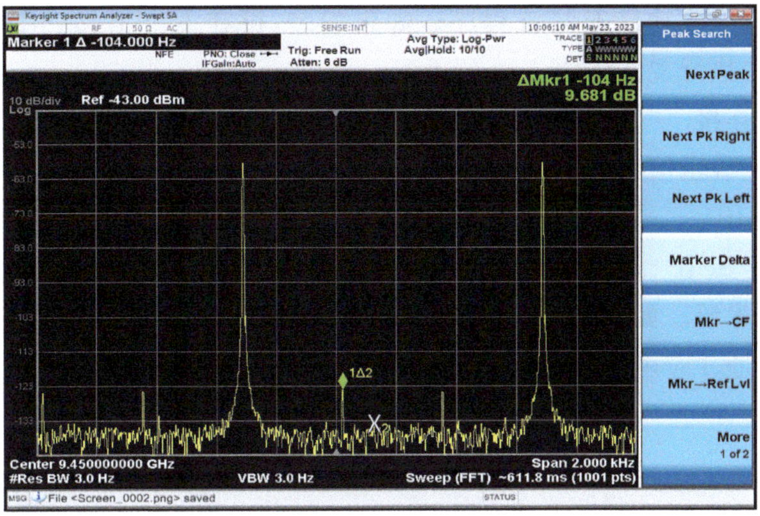

图 6-20　发射机输出杂散信号测试图(窄脉冲 1000 Hz)

频谱仪设置：

(1)“Span X Scale”设置 2×重频(分别 2 kHz、4 kHz)；

(2)“BW/Avg”输入 3 Hz；

(3)“Average”,使之处于“ON”状态,一般取 10；

(4)“Peak Search”,“Delta”,1/2 PRF。

6.3　接 收 机

6.3.1　测试仪表

信号源、频谱仪、噪声源。

6.3.2　信号源通信连接

由于接收机的机外测试项目如机外动态范围、径向速度、最小可测功率、中频带宽等,均需测试程序控制信号源来完成,所以需要将终端电脑与信号源通过网线连接。

（1）安装仪表控制程序

雷达在出厂前均已安装该程序。如未安装，可在 E:\工具\NIVISA1750full 文件夹下点击执行文件添加。

（2）网线连接

将网线连接至信号源和控制柜 XS02 网口。

（3）检查 IP

查看信号源 IP 地址，需确保信号源 IP 地址和终端电脑的 IP 地址在同一网段，并重启信号源。如不方便修改信号源 IP，可在终端网卡下添加与信号源同一网段的 IP 地址并应用，如图 6-21 所示。

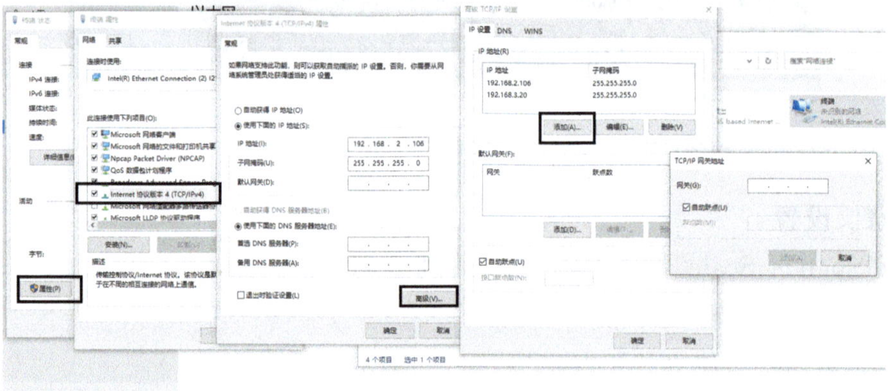

图 6-21　添加与信号源同一网段的 IP 地址

检查是否与信号源连接成功：ping 192.168.2.100（信号源 IP 地址）。如未能 ping 通，可关闭 Windows 防火墙，连接成功后进入测试程序。完成所有信号源相关测试后删除添加的 IP。

6.3.3　数据存储

测试结果在软件显示的测试项目，都设计了图片存储，图片存储路径为 E:\radar\rda－sc\2023-05-25，其中 E:\radar\rda－sc\路径为雷达 rda 软件安装路径，\2023-05-25 为当前测试日期。

对于测试结果数据较多的项目，如动态范围测试、速度扩展、双偏振一致性测试、标定等，数据自动保存到 E:\radar\rda－sc\log\2023-05 目录下，最后一个文件夹为当前测试时间年份和月份。保存数据为 TXT 类型，可用 EXCEL 打开，并进行数据分列，填写相应表格。

6.3.4　线性动态特性测试

6.3.4.1　机外测试

(1)测试连接

信号源→低噪声放大器前端。

打开接收与信号处理分系统箱盖,取下低噪放与限幅器(波导同轴转换处)之间的 U 形电缆,将机外测试信号线缆接到低噪放前端(图 6-22)。

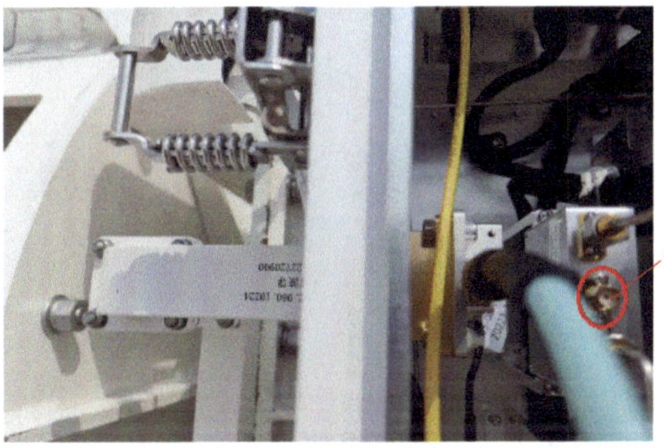

图 6-22　低噪放前端

(2)测试流程

在测试程序界面点击“动态范围”(图 6-23),根据测试需要选择脉宽、水平/垂直接收通道及机内/机外测试(图 6-24)。“机内测试信号”被勾选时为机内动态,去掉勾选时为机外动态。此时选择取消“机内测试信号”勾选,点击“自动测试”。

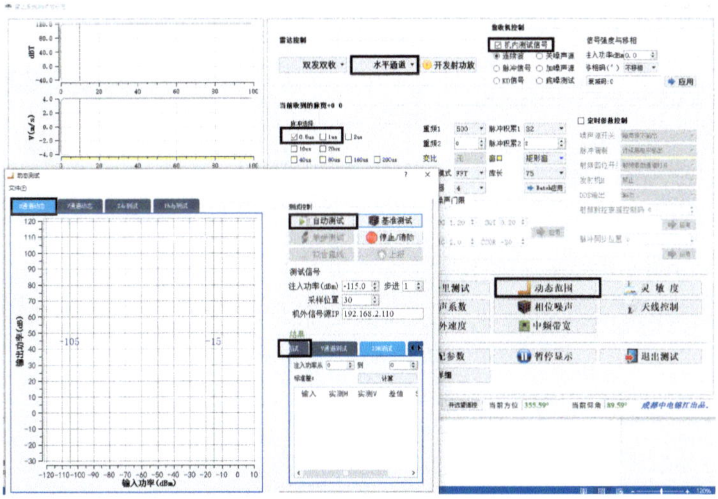

图 6-23　动态范围测试

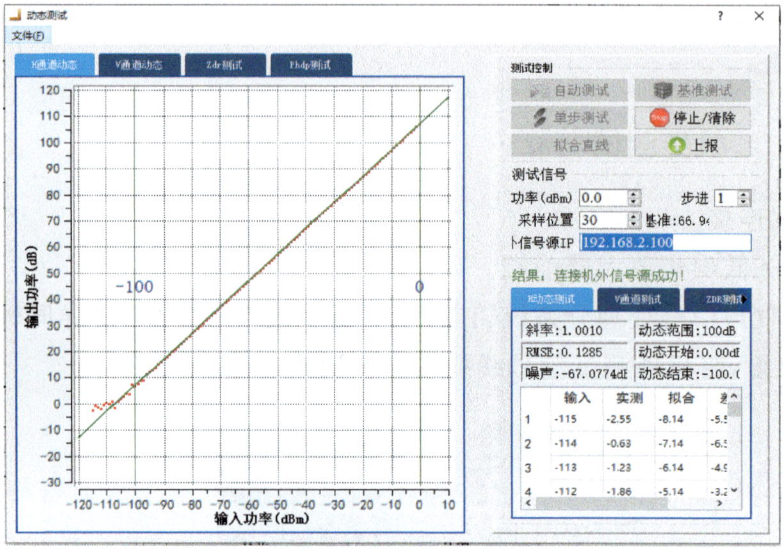

图 6-24　机外动态范围测试示例

6.3.4.2　机内测试

恢复线缆。在测试程序界面点击“动态范围”，根据测试需要选择脉宽、水平/垂直接收通道及机内/机外测试(图 6-25)。勾选“机内测试信号”，点击“自动测试”。

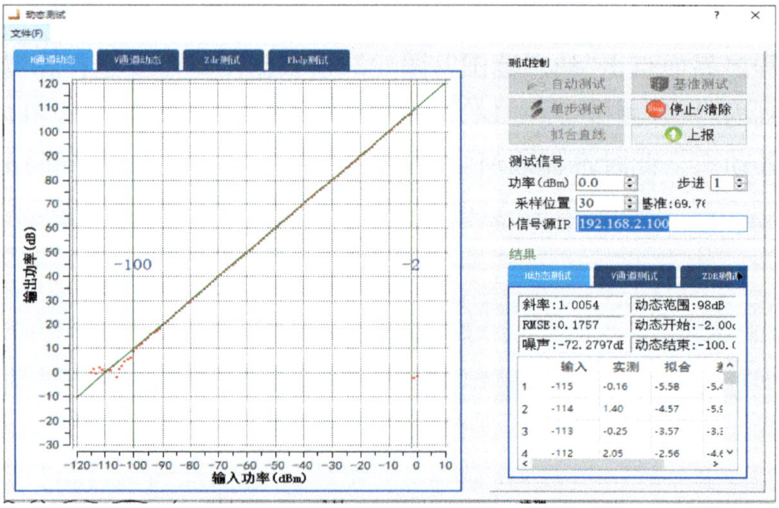

图 6-25　机内动态范围测试示例

6.3.5　最小可测功率测试

（1）将信号处理器触发接至信号源外触发输入端（图 6-26 中红色圈位置），作为同步信号。

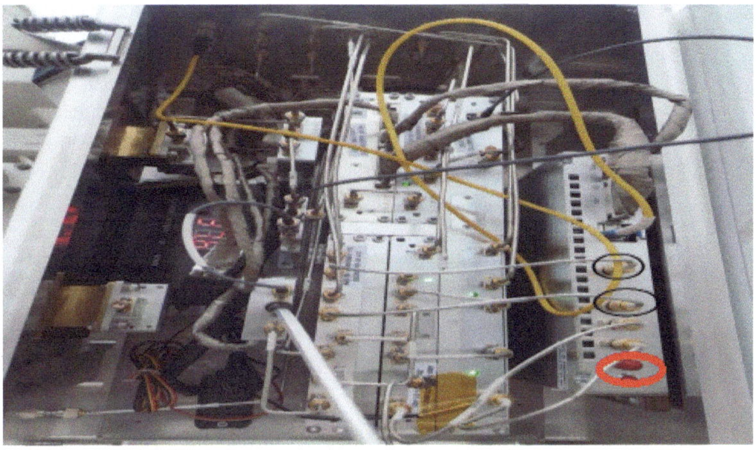

图 6-26　信号处理同步脉冲触发输出口

（2）在测试程序界面点击“灵敏度”（图 6-27），根据测试需要，选择机外、脉宽，填入实测电缆损耗值。依次采样噪声功率值及信号功率（取消“噪声”勾选）。信号功率大于噪声功率 3 dB 时，即为最小可测功率（图 6-28）。

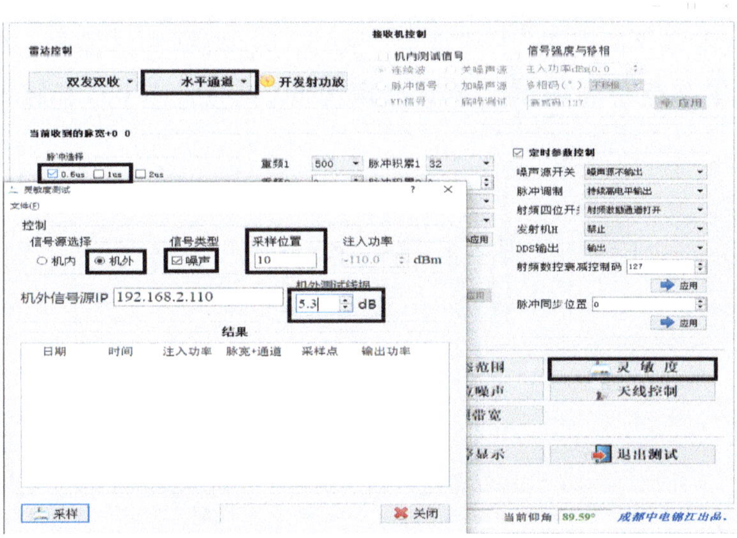

图 6-27　灵敏度测试

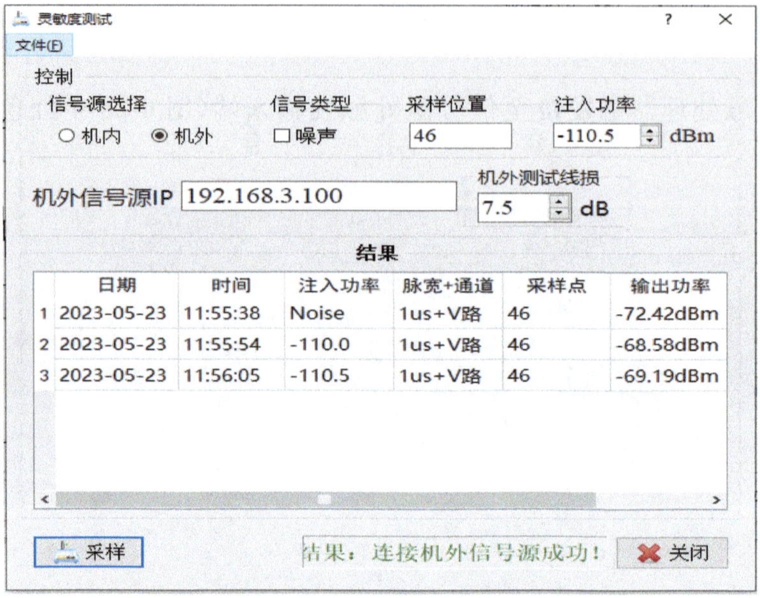

图 6-28　灵敏度测试示例

6.3.6　接收机带宽测试

(1)信号源输出信号分别连接至信号处理器 H 或 V 中频输入端，如图 6-26 所示。

(2)在测试程序界面点击“中频带宽”(图 6-29)，根据测试需要，选择脉宽并相应更改测试起始和终止频率值。窄脉冲填写 59.00 到 61.00，宽脉冲填写 59.50 到 60.50。

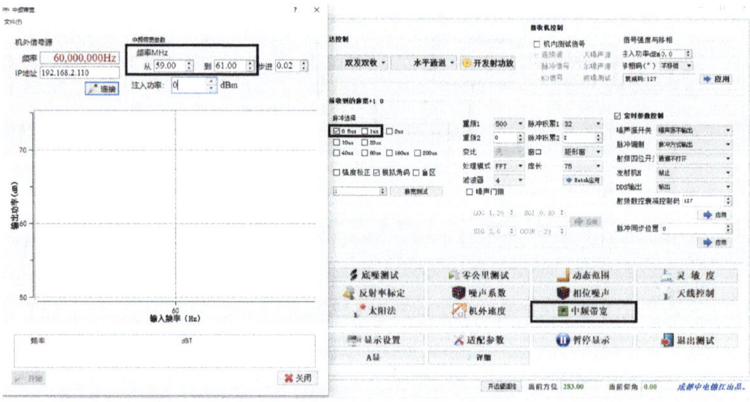

图 6-29　中频带宽测试

图 6-30 中三张图分别表示 60 MHz 时窄脉冲、信处输出值，窄脉冲、频率减小至信处输出值降低 3 dB 时中频频率输出值，窄脉冲、频率增大至信处输出值降低 3 dB 时中频频率输出值。

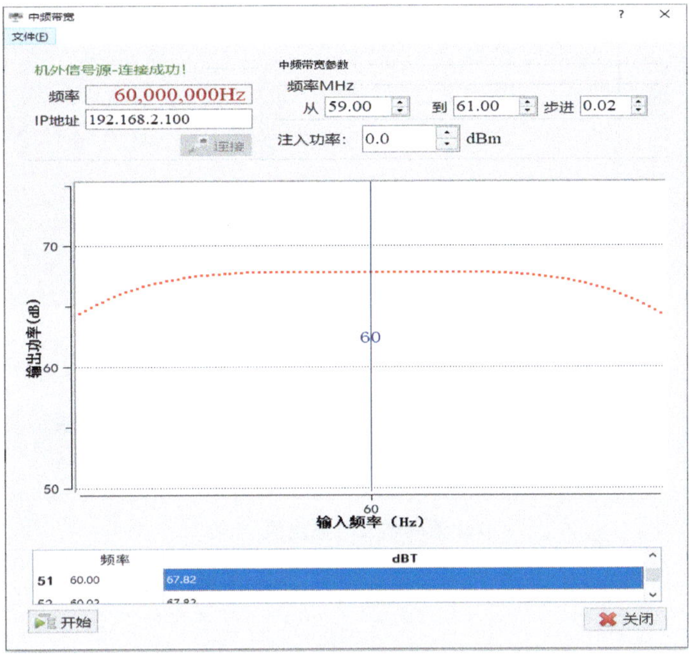

(a) 60 MHz时输出值

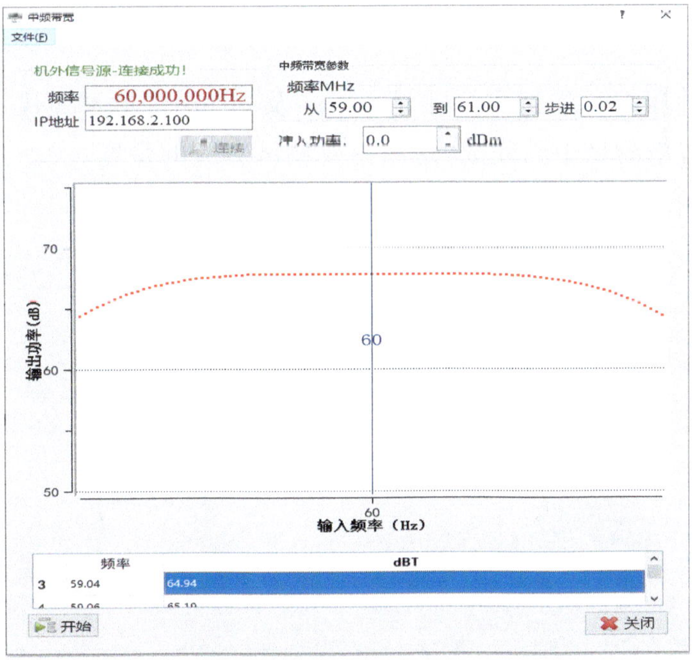

(b) 频率减小时输出值

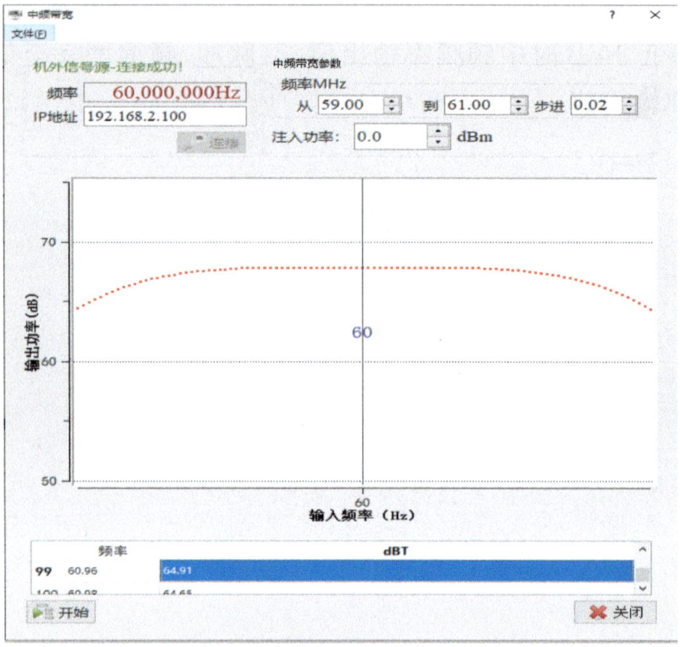

(c) 频率增大时输出值

图 6-30　接收机带宽测试示例

6.3.7　接收机脉冲压缩比测试

接收机脉冲压缩比测试主要测试 40 μs 及 80 μs 的脉冲宽度及信号带宽，脉冲宽度在发射包络测试中已完成，这里主要测试对应的带宽。

将频谱仪接至信号处理器 DDS 输出端，如图 6-31 所示。

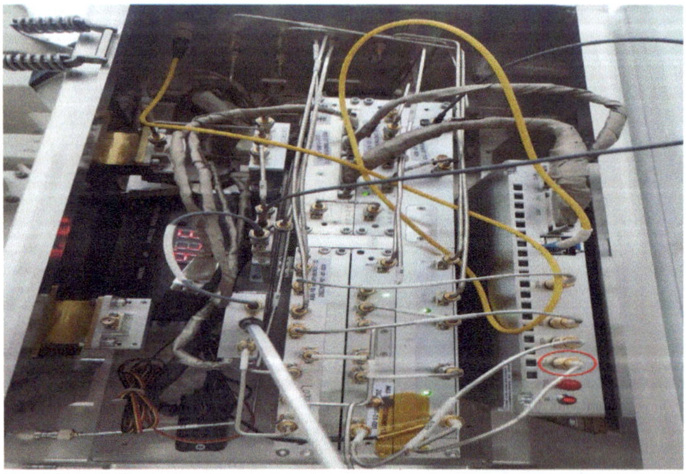

图 6-31　信号带宽测试信号输出口

频谱仪参数设置如图 6-32 所示。在频谱仪上选择“Peak”找到最大峰值，选择“Trace”菜单下“Maker Data”标记最大值左边下降 3 dB 时的位置，再次“Maker Data”标记最大值右边下降 3 dB 时（ΔMkr1 约为 0 dB）的位置，并记录此时频率差。

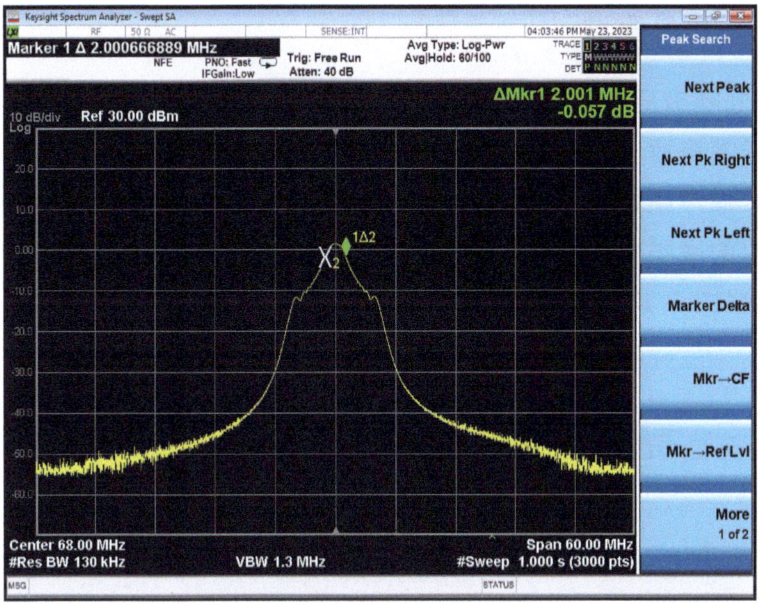

图 6-32　中频信号带宽（脉压比≥100）测试示例图

6.3.8　脉冲压缩主副瓣比测试

勾选“机内测试信号”，选择“脉冲信号”，“注入功率”填写－40 dBm 并“应用”。选择所需的测试脉宽。点击“A 显”，读取主瓣值（通常在第 0 库）及最大副瓣值。40 μs 时库数设置为 0～100，80 μs 时库数设置为 0～200。如图 6-33 所示。

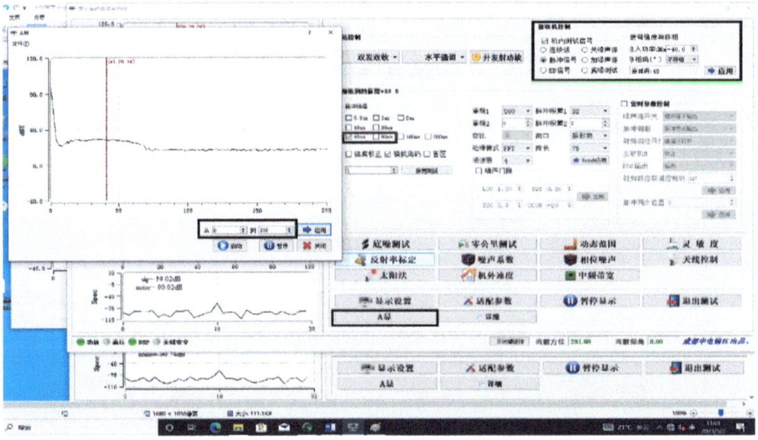

图 6-33　主副瓣比测试

6.3.9 噪声系数测试标校

6.3.9.1 机外测试

(1)取下低噪声放大器与限幅器(波导同轴转换处)之间的 U 形电缆,将机外噪声源接入低噪声放大器的前端。

(2)点击“噪声系数”(图 6-34),选择测试所需脉宽,噪声源选择“机外”。先采集不开噪声源的底噪信号(无噪声),再采集噪声源通电后的信号(加噪声),计算得到噪声系数(图 6-35)。

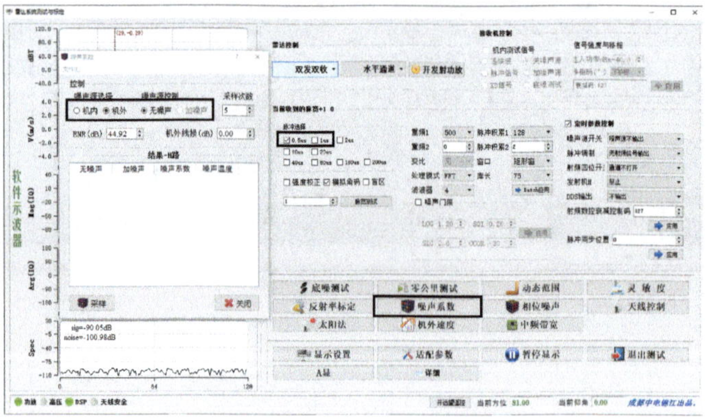

图 6-34 噪声系数测试

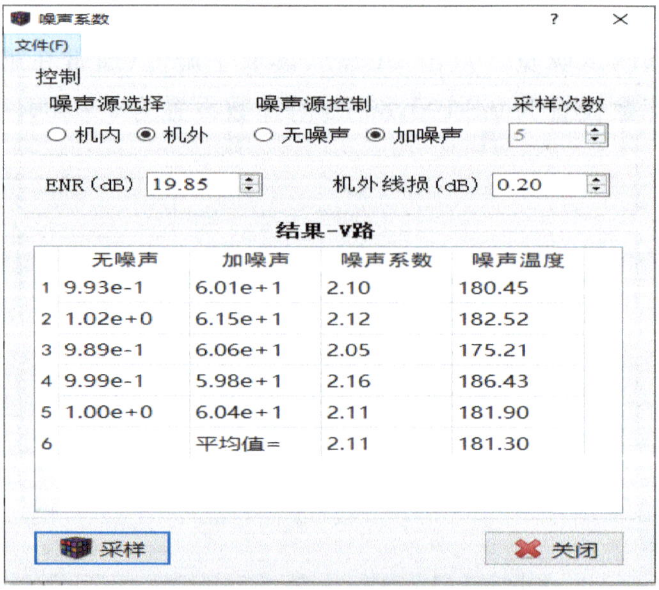

图 6-35 机外噪声系数测试示例

6.3.9.2　机内测试

用机内噪声源测试噪声系数是通过系统内置的噪声源进行测试，从测试软件中获取双通道的宽、窄脉冲 4 种模式下 5 次噪声系数测量值的平均值。

点击“噪声系数”，选择测试所需脉宽，噪声源选择“机内”。先采集无噪声信号（无噪声），噪声源通电后采样加噪声信号（加噪声）（图 6-36）。

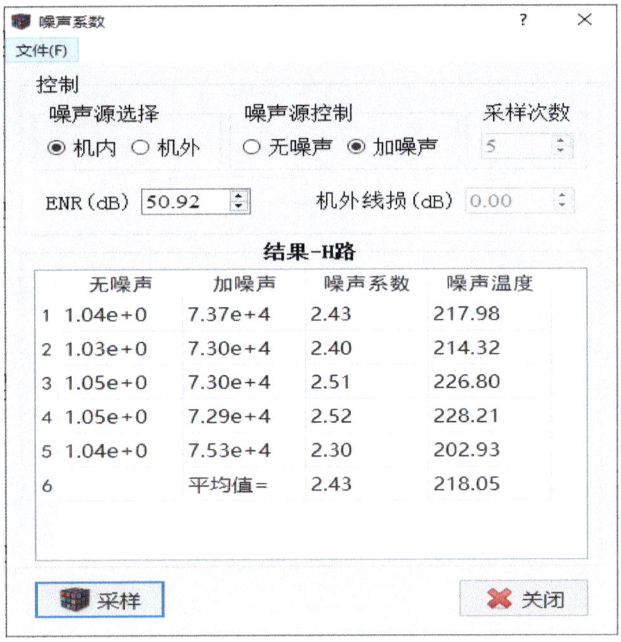

图 6-36　机内噪声系数测试示例

6.3.9.3　标校调整

在完成机内外噪声系数测试后，需以机外噪声系数为基准，调整机内噪声系数（图 6-37），差值不能大于 0.2 dB。

通过采集监控程序（或测试程序）“适配参数”中“噪声源路径损耗”参数修正，以实现机内噪声系数测量值与机外测量值保持一致。

以 H 通道为例，若机外 H 通道的噪声系数为 $F_{外}$，当前机内测试的噪声系数为 $F_{内}$，若 $F_{外}$、$F_{内}$ 的差异大于 0.2 dB，则“噪声源路径损耗 H”更改为“当前值”$+F_{内}-F_{外}$。

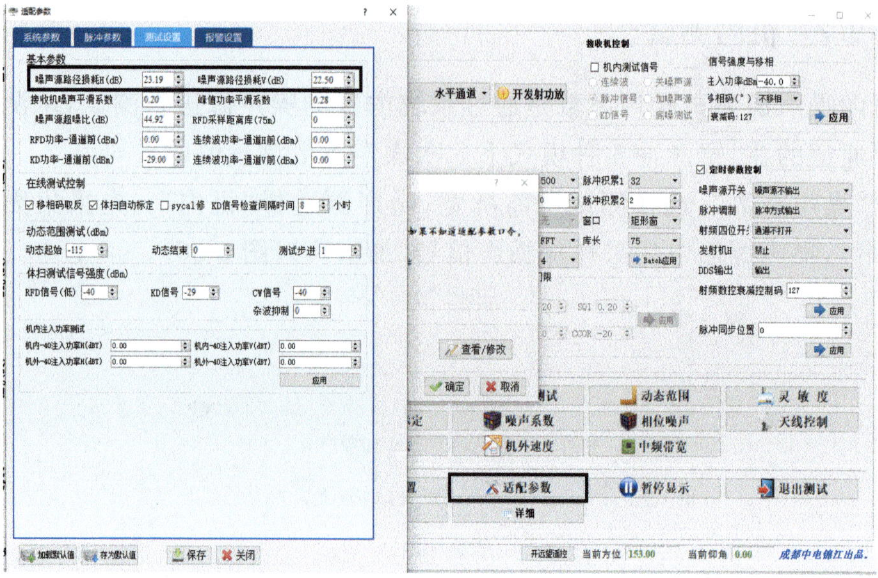

图 6-37　噪声系数标校调整

6.4　系统指标

6.4.1　测试仪表

信号源。

6.4.2　系统相干性检验测试

在测试程序中点击“相位噪声”(图 6-38)，选择极化通道、脉宽，重复频率设置为 2000 Hz，“采样位置”设为 20，点击“开发射功放”，点击“测试”。

6.4.3　估算地物对消能力检验测试

读取滤波前后功率值(图 6-39)，估算地物对消能力。

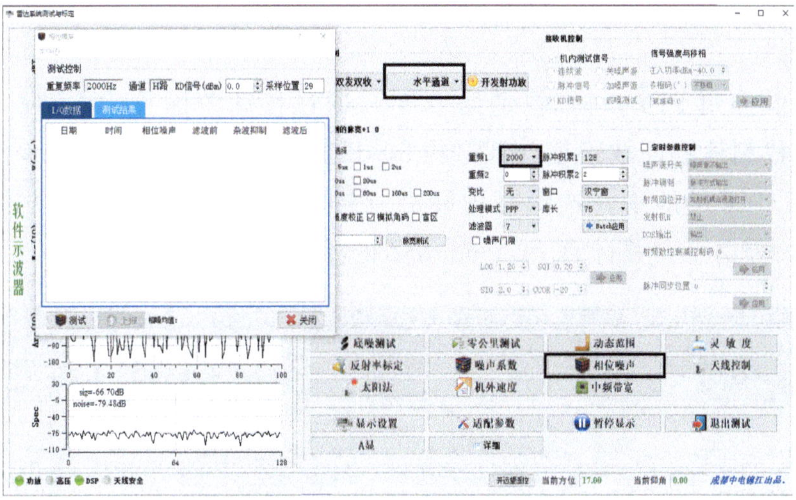

图 6-38 系统相干性测试

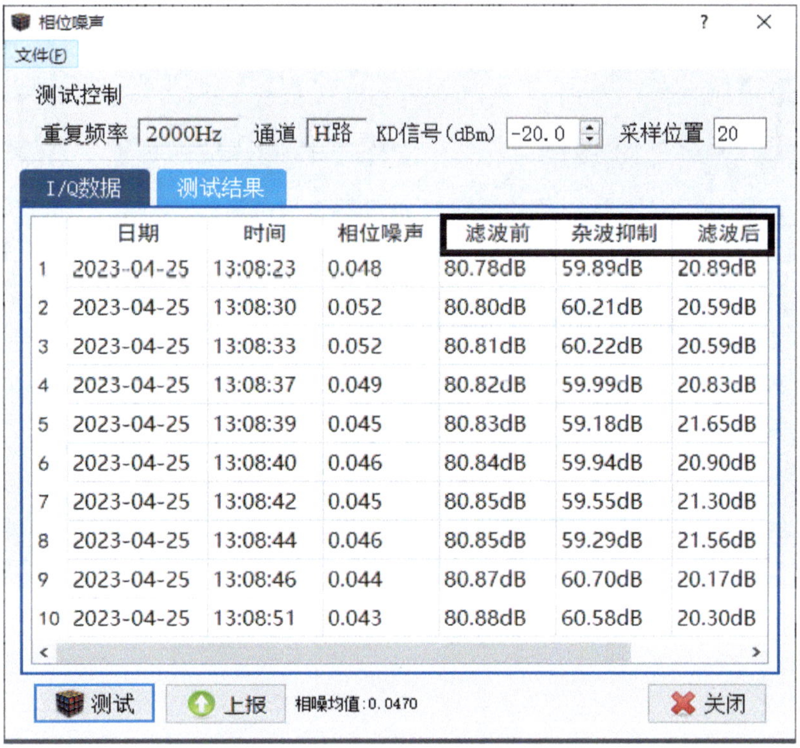

	日期	时间	相位噪声	滤波前	杂波抑制	滤波后
1	2023-04-25	13:08:23	0.048	80.78dB	59.89dB	20.89dB
2	2023-04-25	13:08:30	0.052	80.80dB	60.21dB	20.59dB
3	2023-04-25	13:08:33	0.052	80.81dB	60.22dB	20.59dB
4	2023-04-25	13:08:37	0.049	80.82dB	59.99dB	20.83dB
5	2023-04-25	13:08:39	0.045	80.83dB	59.18dB	21.65dB
6	2023-04-25	13:08:40	0.046	80.84dB	59.94dB	20.90dB
7	2023-04-25	13:08:42	0.045	80.85dB	59.55dB	21.30dB
8	2023-04-25	13:08:44	0.046	80.85dB	59.29dB	21.56dB
9	2023-04-25	13:08:46	0.044	80.87dB	60.70dB	20.17dB
10	2023-04-25	13:08:51	0.043	80.88dB	60.58dB	20.30dB

图 6-39 滤波前后功率比

6.4.4 实际地物对消能力检验测试(现场)

雷达在低仰角 PPI 扫描时(通常 0.5°),通过移动游标及读取游标信息,在实时回波图中找到地物回波强度(dBT)约 50 dBZ 的位置,地物遮挡较少的台站可以选择大于 35 dBZ 的地物。选择好地物后,根据游标引导数据读取方位值、距离、dBT、dBZ、V 等信息。并计算 dBT 与 dBZ 的差值。如图 6-40 所示。

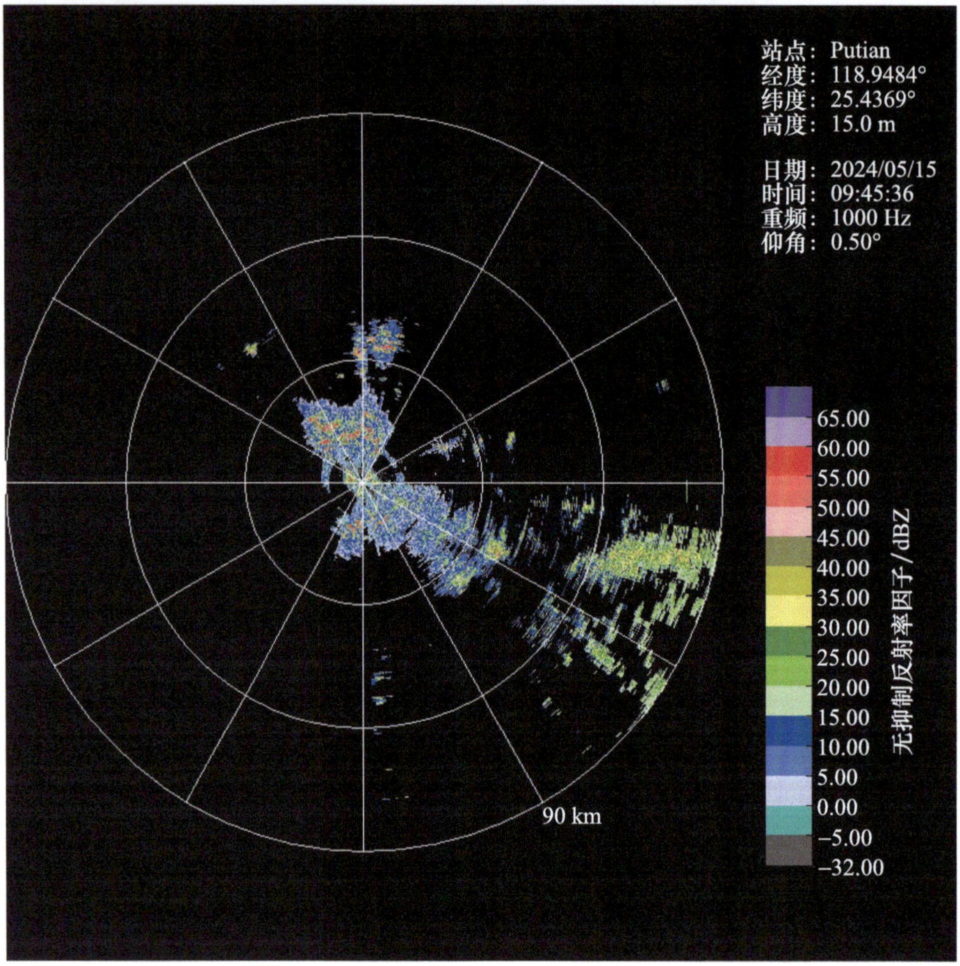

图 6-40 回波图检验实际地物对消能力

6.4.5 径向速度测量检验测试

6.4.5.1 机外测试

(1)测试连接

信号源→低噪声放大器前端。

(2)测试流程

①在测试程序上点击“机外速度”(图 6-41),在弹框中点击“连接”“校零”,设置好测试参数点击“开始”。

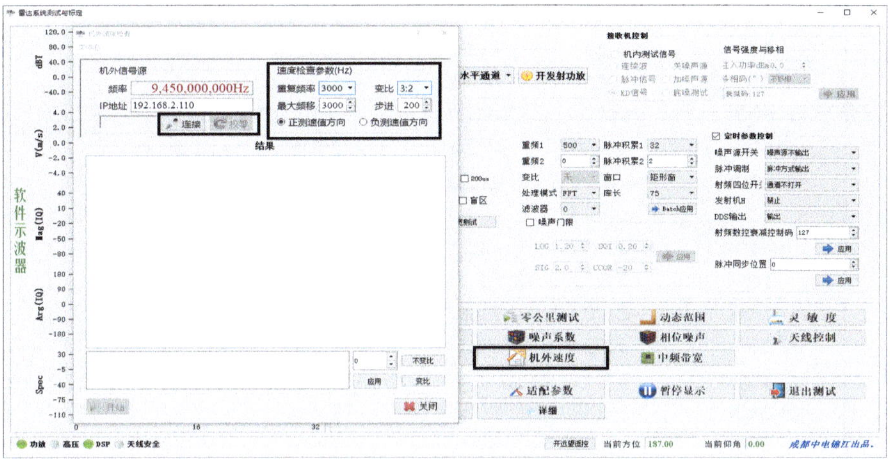

图 6-41 机外速度测试

②设置信号处理器重复频率模式为单脉冲重复频率模式,用机外信号源向接收机前端注入频率为 f_c+f_d(f_c 为雷达工作频率,f_d 为多普勒频移)的测试信号(功率为−10 dBm 左右),在终端获取速度显示值 V_2,计算出 V_2 退速度模糊后的测量值 V_3 并与理论值 V_1 进行比较,检验速度测量准确性;设置信号处理器重复频率模式为双脉冲重复频率模式(3/2 或 4/3),在终端获取速度显示值 V_4 并与 V_3 进行比较,检验测速展宽能力。测试时,重复频率设置为高重复频率,信号源输出信号的频移 f_d 分别在±3000 Hz 范围内调整(步进 200 Hz),水平通道和垂直通道分别进行的单脉冲重复频率模式和双脉冲重复频率模式的径向速度测试,分别选取正负单、单双重频速度方向测量最大误差与偏差值。机外速度测试结果如图 6-42 所示。

径向速度测试理论值 V_1(单位为 m/s)与最大不模糊速度 V_{max}(单位为 m/s)计算公式分别如下:

$$V_1=-(\lambda\times f_d)/2$$

$$V_{max}=\pm(\lambda\times F)/4$$

式中：λ——雷达波长，单位为米(m)；

f_d——多普勒频移，单位为赫兹(Hz)；

F——脉冲重复频率，单位为赫兹(Hz)。

	频移(Hz)	频理论值V1 (	频测量值V2 (	频退模糊值V3	频测量值V4 (
1	200	-3.22	-3.22	-3.22	-3.23
2	400	-6.45	-6.45	-6.45	-6.45
3	600	-9.67	-9.67	-9.67	-9.67
4	800	-12.89	-12.89	-12.89	-12.89
5	1000	-16.12	-16.11	-16.11	-16.11
6	1200	-19.34	-19.33	-19.33	-19.34
7	1400	-22.57	-22.55	-22.55	-22.56
8	1600	-25.79	22.60	-25.75	-25.78
9	1800	-29.01	19.37	-28.98	-29.00
10	2000	-32.24	16.16	-32.19	-32.22
11	2200	-35.46	12.93	-35.42	-35.44
12	2400	-38.68	9.71	-38.64	-38.67
13	2600	-41.91	6.49	-41.86	-41.89
14	2800	-45.13	3.27	-45.08	-45.11
15	3000	-48.35	0.05	-48.30	-48.25

图 6-42　机外速度测试结果(负测速)

6.4.5.2　机内测试

由接收机前端输入机内测试信号，从终端获取对应径向速度估算值，与期望值进行比较。

该测试为机内自动测试，在每次完成体扫后给出测试结果。查看位置如图 6-43 所示，依次点击“详细”“上报参数”。

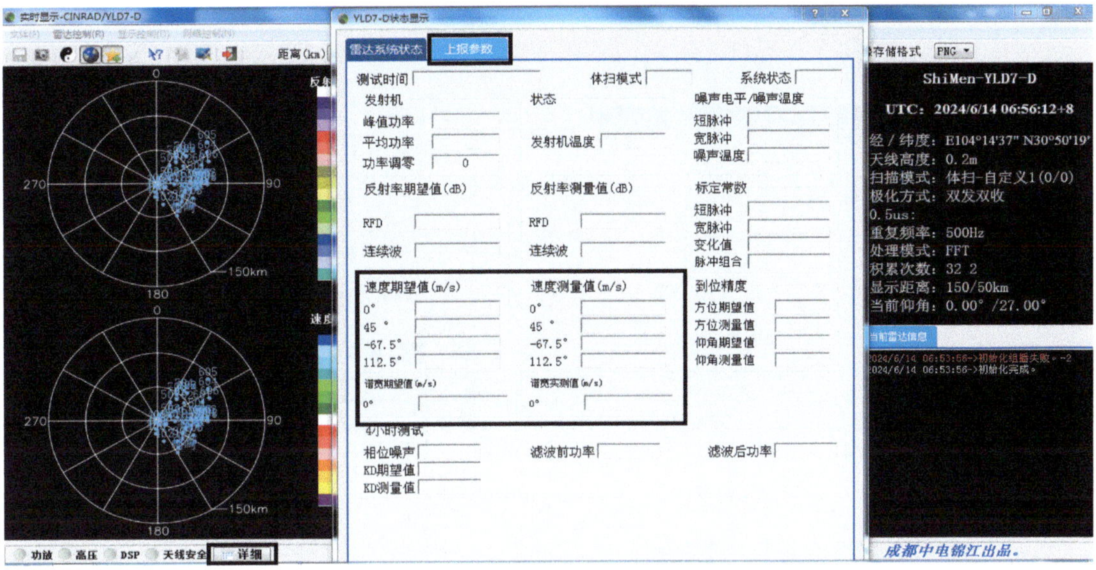

图 6-43　机内径向速度测试截图

6.4.6　双偏振参数测试

6.4.6.1　机外测试

(1)测试连接

信号源→二路功分器→水平和垂直通道低噪声放大器前端。

(2)测试流程

用机外信号源输出连续波测试信号(步进 1 dB),进入二路功分器,功分成两路信号分别送入水平和垂直接收通道,在终端获取水平和垂直通道信号强度的比值(即差分反射率)和信号相位的差值(即差分传播相移),计算差分反射率和差分传播相移标准差来分别检验幅度一致性和相位一致性。

测试数据取值规则如下:取信噪比≥20 dB 且信号强度值比机内动态范围上拐点低至少 10 dB 的数据。

在动态范围测试界面进行自动测试,方法同机外动态测试。

根据本次动态范围测试的数据及结果,按上述要求选择参与该参数计算的范围值(通常为－90～－10 dB)设置好后,点击“计算”得到测试结果,如图 6-44、图 6-45 所示。

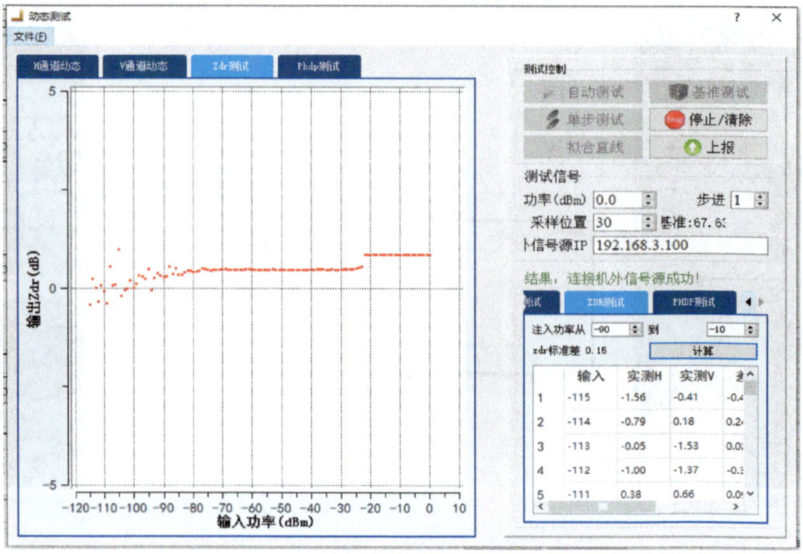

图 6-44 机外差分反射率测试图

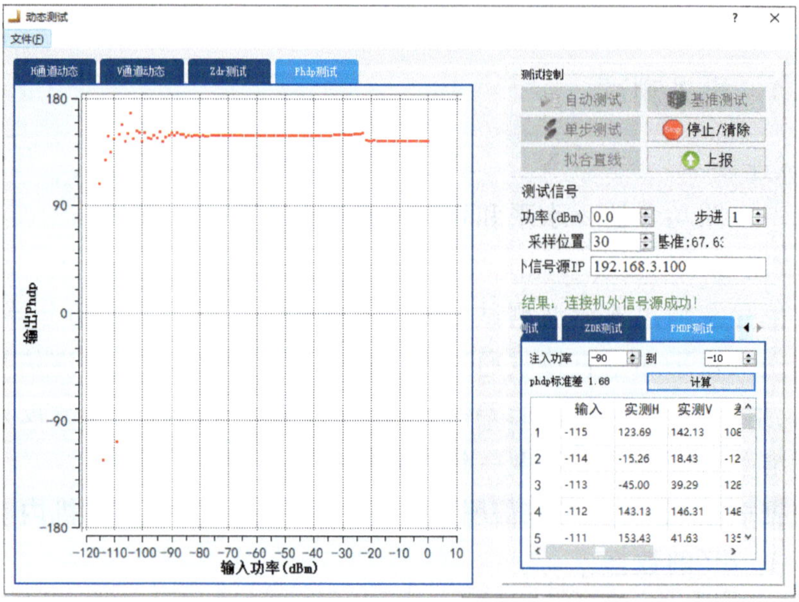

图 6-45 机外差分传播相移测试图

6.4.6.2 机内测试

勾选“机内测试信号”，进行机内测试（图 6-46、图 6-47）。

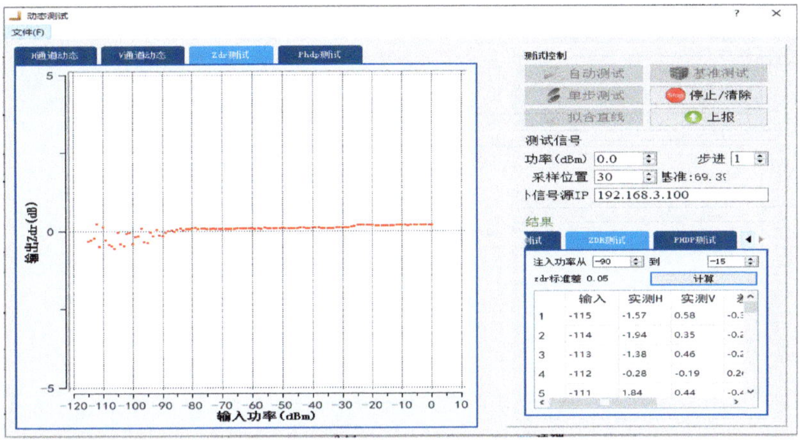

图 6-46　机内差分反射率测试图

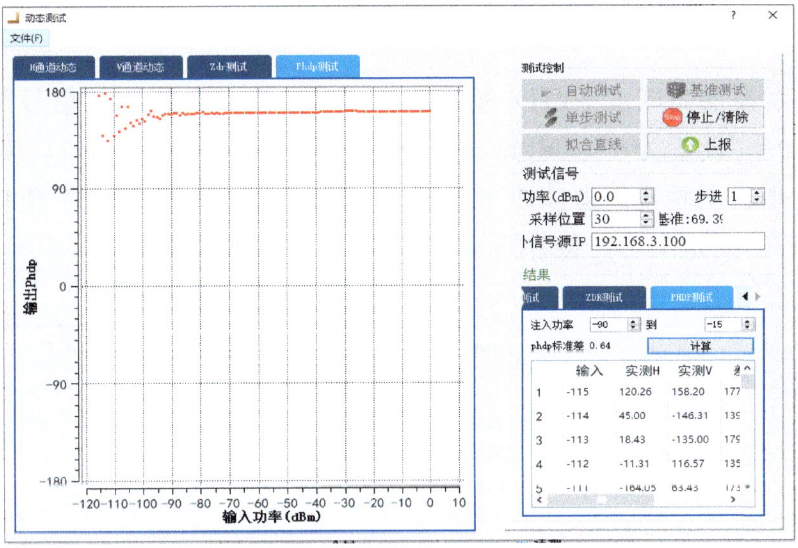

图 6-47　机内差分传播相移测试图

6.4.7　回波强度标校

6.4.7.1　接收机前端注入功率标校

目的:通过机外信号源标定机内信号注入功率。

(1)将适配参数中机内功率更改为 0(图 6-48)。

(2)记录机内功率值。

①机内 CW 信号。此步骤操作应在雷达正常工作的状态下进行(恢复低噪放前端 U 形电缆,盖上接收机盖子)。

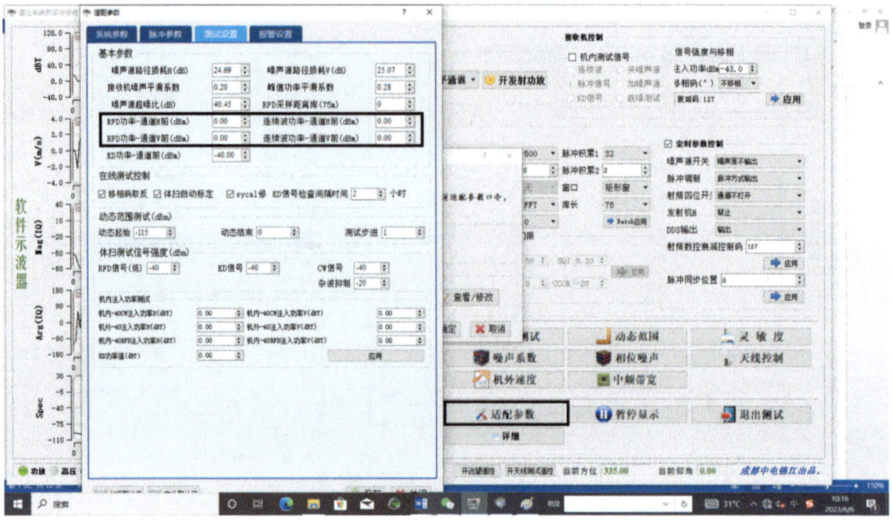

图 6-48　初始设置

在软件示波器完成水平(H)/垂直(V)通道选择,“机内测试信号”选择“连续波”,“注入功率”设置为－40 dBm,并“应用”(此时衰减码应为 40),读取 dBT 值(图 6-49)。切换至垂直通道读取 V 通道的 dBT 值,将对应的 dBT 值填入适配参数中对应 H/V 通道中,并“保存”。机内 CW 信号标校结果如图 6-50 所示。

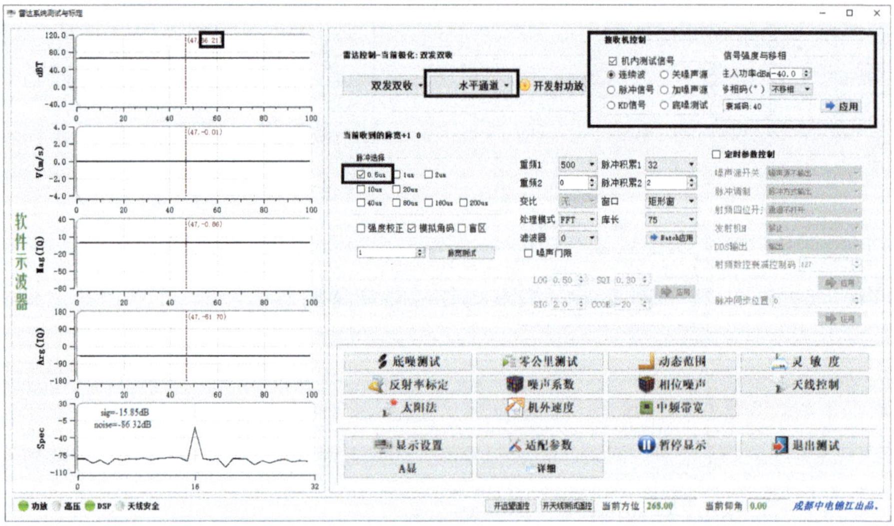

图 6-49　机内信号水平通道连续波 dBT 值读取

②机内 RFD 信号。在软件示波器完成水平/垂直通道选择,“机内测试信号”选择“脉冲信号”,“注入功率”设置为－40 dBm,并“应用”(此时衰减码应为 40),读取 dBT 值(图 6-51)。切换至垂直通道读取 V 通道的 dBT 值,将对应的 dBT 值填入适配参数中对应 H/V 通道中,并“保存”。机内 RFD 信号标校结果如图 6-52 所示。

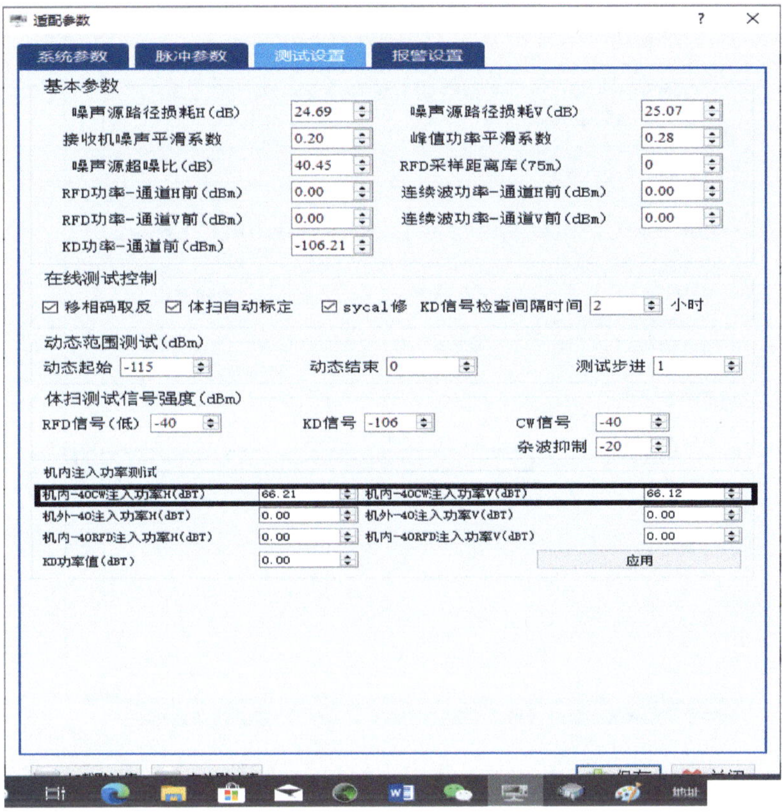

图 6-50 机内 CW 信号标校

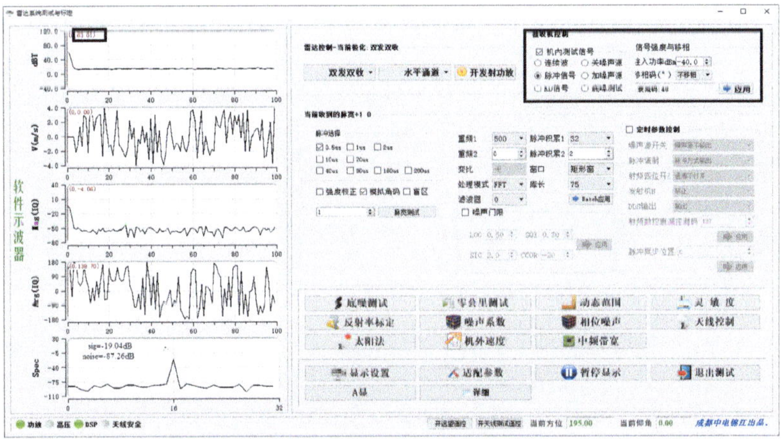

图 6-51 机内信号水平通道 RFD 信号 dBT 值读取

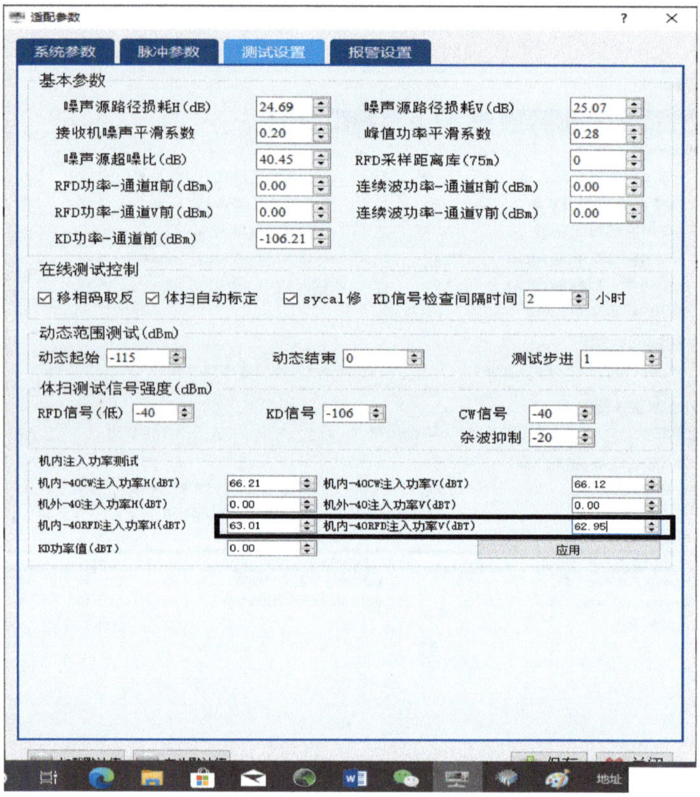

图 6-52　机内 RFD 信号标校

③机内 TD 信号。在软件示波器完成“水平通道”选择，“机内测试信号”选择“KD 信号”，开发射功放，读取 dBT 值(图 6-53)，将对应的 dBT 值填入适配参数中“KD 功率值”，并“保存”。机内 TD 信号标校结果如图 6-54 所示。

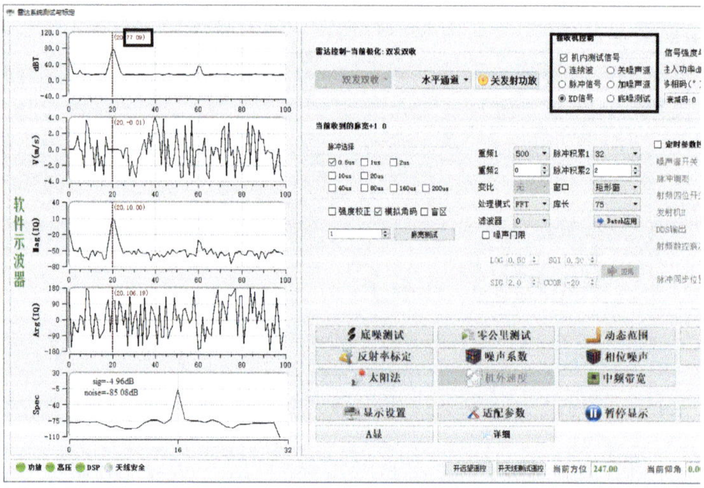

图 6-53　机内信号水平通道 TD 信号 dBT 值读取

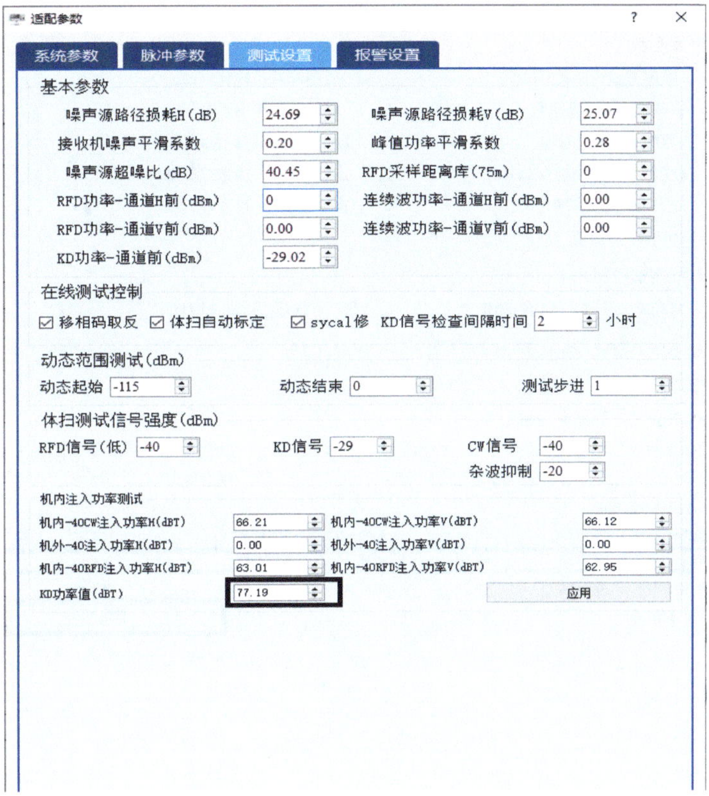

图 6-54　机内 TD 信号标校

(3)记录机外功率值。

在接收机前端断开，连接信号源。信号源设置如下：

①频点：当前雷达频率。

②幅度：－40 dBm(扣除线损后)，如线损 7 dB，幅度为　33 dBm；输出连续波射频信号(MOD OFF，RF ON)。

③在测试软件上读取 dBT 值，将对应的 dBT 值填入适配参数中对应 H/V 通道中，并点击“应用”，将自动计算出机内注入功率值，保存退出。

机外功率标校如图 6-55 所示。

(4)进行零公里测试。

目的：得到每个脉冲的零距离库和标定常数(Syscal)值。

在“单发双收”模式下进行“水平通道”零公里测试。

在“双发双收”模式下分别进行“水平通道”零公里测试、“垂直通道”零公里测试(图 6-56)。

点击“开始”，待测试完成后“保存”，“退出”。

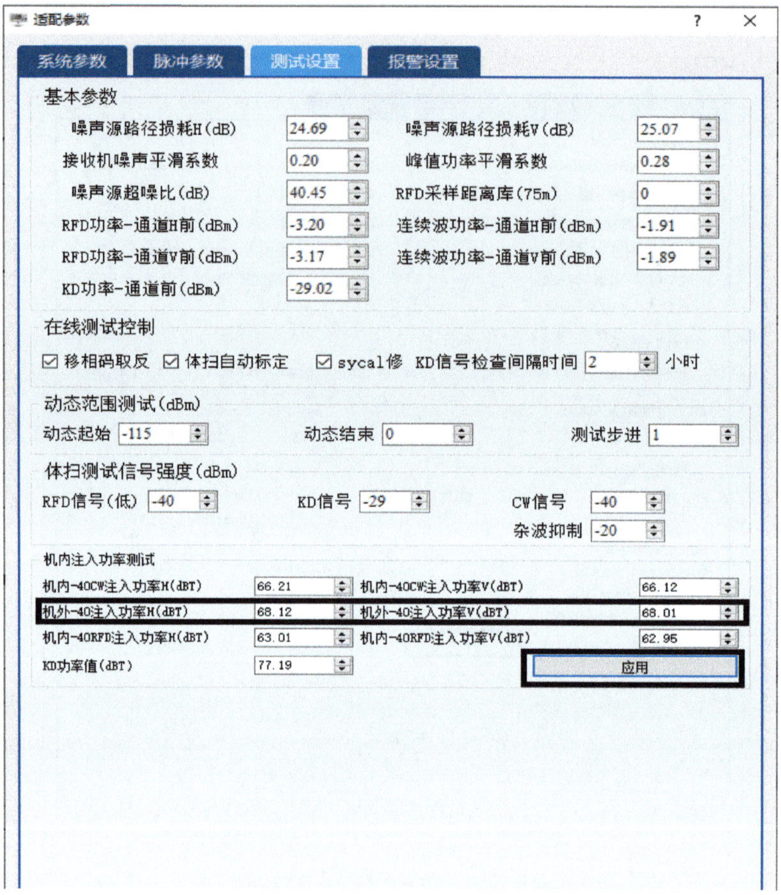

图 6-55 机外功率标校

共进行“单发双收”+“水平通道”、“双发双收”+“水平通道”、“双发双收”+“垂直通道”三次零公里测试。

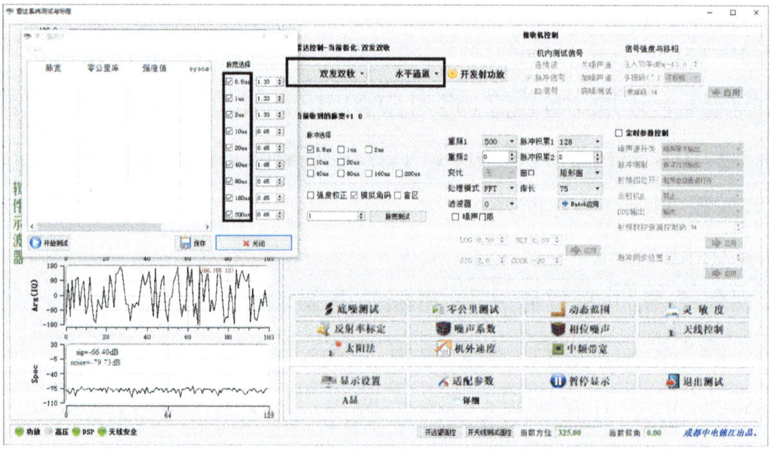

图 6-56 零公里测试设置

6.4.7.2　机内测试

机内反射率标定需将接线恢复至雷达正常工作时进行。

选择标定的模式、通道及脉宽(图 6-57)。

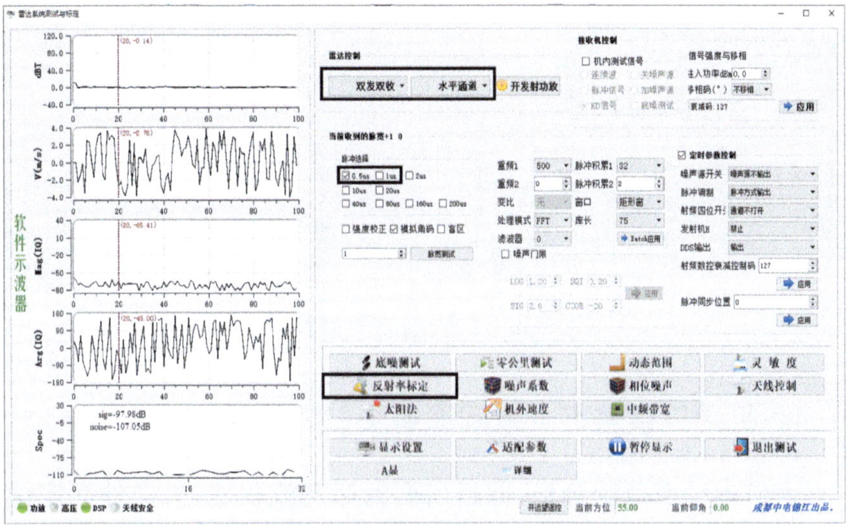

图 6-57　反射率标定前参数选择

在测试软件上点击“反射率标定”(图 6-58),在弹框中选择“标定”,信号源选择“机内”。点击“开始”进行测试。

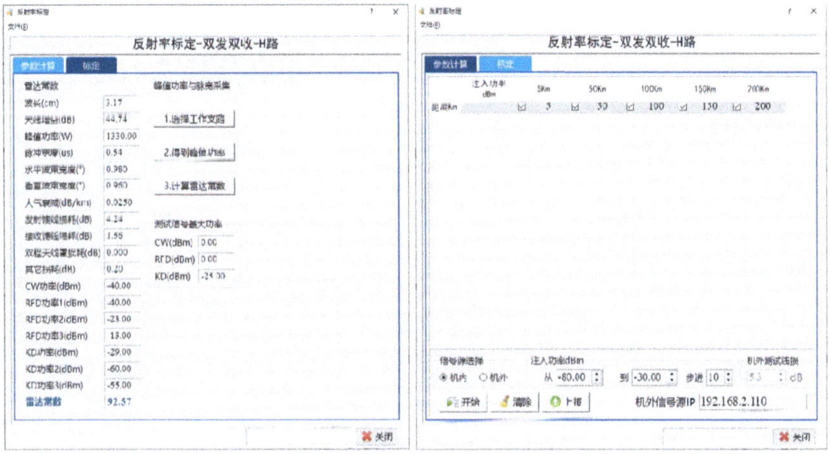

图 6-58　反射率机内标定

6.4.7.3　机外测试

信号源选择“机外”,并填写“机外测试线损”,点击“开始”进行测试(图 6-59)。

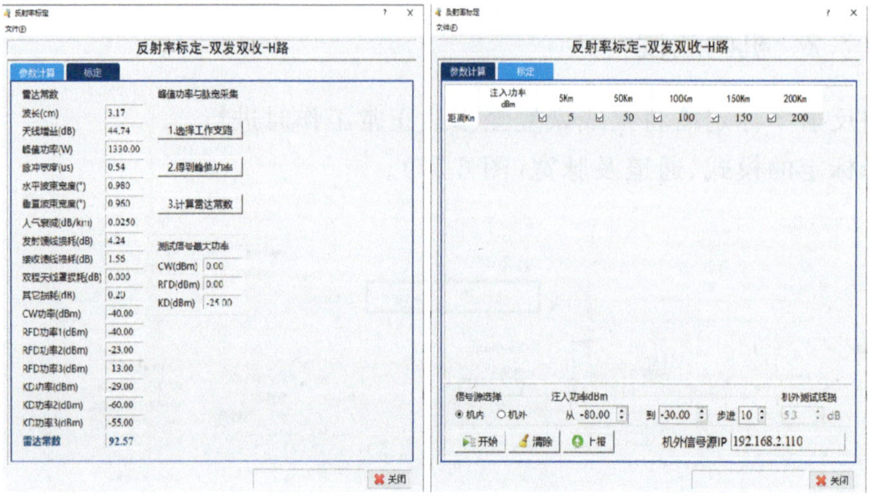

图 6-59　回波强度机外标定

6.4.7.4　机内外误差不一致问题解决

通常，只要机内动态范围合格，通过前面的标定流程后，机内外标定误差均会在要求范围内。但考虑标定是在－80 dBm 至－30 dBm 范围内进行，极端情况可能存在机外标定合格，而机内标定结果个别功率点的标定误差偏大或超差的情况。

此时可以通过“机内 CW 注入功率值”的方法重新确定 CW 通道前注入功率。方法如下：图 6-49 中，将注入功率依次改为－80 dBm、－70 dBm、－60 dBm、－50 dBm、－40 dBm、－30 dBm，并手动记录 6 次的终端显示 dBT 值，取平均后＋15的值填入图 6-50“－40 dBm 机内注入功率”中。然后进行零公里标定，更新定标常数 Syscal 值。